计算机视觉实战

语义分割与目标检测

贾　壮◎编著

中国铁道出版社有限公司
CHINA RAILWAY PUBLISHING HOUSE CO., LTD.

北　京

图书在版编目（CIP）数据

计算机视觉实战：语义分割与目标检测/贾壮编著.—北京：
中国铁道出版社有限公司，2024.7
ISBN 978-7-113-31222-0

Ⅰ．①计… Ⅱ．①贾… Ⅲ．①计算机视觉 Ⅳ．①TP302.7

中国国家版本馆 CIP 数据核字（2024）第 092490 号

书　　名：**计算机视觉实战——语义分割与目标检测**
　　　　　JISUANJI SHIJUE SHIZHAN：YUYI FENGE YU MUBIAO JIANCE

作　　者：贾　壮

责任编辑：于先军　　　　编辑部电话：（010）51873026　　　电子邮箱：46768089@qq.com
封面设计：宿　萌
责任校对：安海燕
责任印制：赵星辰

出版发行：中国铁道出版社有限公司（100054，北京市西城区右安门西街 8 号）
网　　址：http://www.tdpress.com
印　　刷：河北宝昌佳彩印刷有限公司
版　　次：2024 年 7 月第 1 版　2024 年 7 月第 1 次印刷
开　　本：787 mm×1 092 mm　1/16　印张：17.5　字数：443 千
书　　号：ISBN 978-7-113-31222-0
定　　价：79.80 元

前　言

随着人工智能技术的发展，计算机视觉技术逐渐发展成为工业生产和日常生活中不可或缺的组成部分，被广泛应用于各种领域，比如自动驾驶、医学图像分析、人脸识别、工业机器视觉等，为众多不同的场景提供了基础能力的支撑。计算机视觉技术的最终目的是训练计算机使用一定的算法达到像人一样通过视觉理解和解释世界，从而辅助人类完成一些较大工作量或者含有较复杂先验知识的工作。从技术类型角度上来说，多数实际场景中的计算机视觉任务通常可以被还原为图像分类、语义分割和目标检测等基础任务。本书主要集中讨论语义分割和目标检测的基础理论和经典方案，并辅助以相关的实战任务帮助读者加深理解。

语义分割的目的是对图像或者视频进行像素级别的分类，即将目标类别所在图像中的范围精细地描绘出来。比如，对于街景图像，可以将其中的每个像素分类为"树木""行人""汽车""建筑物"等类别。目标检测则在于将图像或者视频中的目标类别检出并定位，通常是用一个矩形框将目标类别的物体在图中的范围框选出来。语义分割和目标检测在许多领域都有应用。比如在自动驾驶系统中分割和识别信号灯与交通标志，以及周围的行人、车辆，从而帮助汽车感知周围环境；在医学图像分析中，语义分割和目标检测可以帮助医生识别医学影像中的肿瘤或者病变，从而辅助医生做出诊断和制定治疗方案。本书兼顾理论讲解与实战优化指导，主要包括以下内容：

第 1 章主要对深度学习与计算机视觉的概念和发展进行简要介绍，并对后续学习所必须掌握的代码和数学基础进行了简要梳理。

第 2 章详细讲解了神经网络模型的基本原理（包括优化方法、正则化方法等），以及常见神经网络结构的基本组件的原理和实现（比如卷积操作、注意力操作等）。最后对于网络整体训练和推理流程进行了介绍。

第 3、4 章主要讲解了语义分割算法的原理、模型方案及相关的实战项目。在第 3 章中，首先对语义分割的目标和度量指标进行介绍说明，然后分别讲解了语义分割领域的经典模型的核心思路与实现方式，并对各重点模型结构进行代码实现以辅助理解其实现细节。最后，针对语义分割中的小样本分割、弱监督分割和交互式分割的基本设定和典型解决方案进行了介绍。在第 4 章中，通过宠物分割、视网膜血管分割和基于 SAM 的分割实战项目，展示了实现一个分割任务的整体流程及可能的改进，从而帮助读者提高将相关原理应用到实际中的能力。

第 5、6 章主要讲解了常见的目标检测算法及相关实战项目。第 5 章主要是理论部分，对于目标检测任务中经典的一阶段模型、两阶段模型及无锚框检测模型进行了详细介绍。并对小目标检测和旋转目标检测的问题点和典型解决方案进行讲解。第 6 章通过口罩人脸检测、交通工具检测和手势检测识别等示例项目，介绍了目标检测任务的整体流程和相关开源代码库的使用方法。

书中实例的相关源代码文件可通过 http://www.m.crphdm.com/2024/0326/14704.shtml 链接下载。

本书适合有一定编程基础的人工智能领域从业人员学习计算机视觉之用，也可作为高校或培训机构人工智能及其相关专业的教材。

感谢编辑老师对稿件的整体定位以及文字审校等方面给出的大量专业的建议和帮助。另外，书中的各种算法参考了相关领域研究者的论文，已于参考文献中列出，如希望进一步了解相关内容的读者可以自行查阅文献，在此也对各位研究者的出色工作谨致谢意。

贾　壮

2024 年 5 月

目　录

第 1 章　深度学习与计算机视觉基础知识

第 2 章　神经网络模型：原理、模型与流程

第 3 章　语义分割算法原理

第1章 深度学习与计算机视觉基础知识

随着深度学习技术的发展和在各类行业中的广泛应用，人工智能这个词已经成为一个家喻户晓的概念，计算机视觉作为人工智能的重要应用场景，也经常出现在人们的视野当中。人们在享受着它带来的便利的同时，也对它将给我们的社会和工作造成的影响有所担忧。那么，人工智能的概念到底是什么，它又是如何发展到今天的程度，以及它究竟是怎样工作的呢？本章简要介绍人工智能及深度学习的发展历史，并对计算机视觉的概念及其任务场景进行介绍。同时，对于后面的学习中可能会用到的主要数学概念和方法，也进行了简要介绍。

1.1 深度学习与人工智能

人工智能是一个内涵广泛的技术领域，它的基础目的就是通过计算程序的设计来模拟人的智能。尽管早期的人工智能经历过决策树、专家规则系统方式，但是对于当前的技术实现方式来说，人工智能与深度学习技术是密不可分的。我们首先简单回顾一下人工智能概念的发展历史，然后简单介绍一下深度学习技术的原理和应用。

1.1.1 人工智能历史回顾

创造一个具有人类的智慧或思维能力的机器人或者计算程序是人类长久以来的梦想。在早期的神话传说中，总有些匠人希望可以将自己制作的机械作品赋予真实的生命，使它拥有人的思想和情感。比如，希腊神话中的雕塑家皮格马利翁，他希望让自己创作的雕塑拥有生命，以至于感动了爱神阿芙洛狄忒，结果真的让他的雕塑活起来了。至今，我们在教育心理学中还常见到"皮格马利翁效应"这个说法。

到了近代，随着科学的发展，对于人造的智能体的设想已经不仅仅局限于神话幻想的领域，人们可以更大胆地想象一个通过科学手段创造出来的机器人形象，它可以和人类交流对话，也可能有自己的意识和情绪，具有人类所有的思想能力。其中，经典的可能当属科幻小说家阿西莫夫的机器人系列。阿西莫夫的小说为我们描述了一个人类和拥有高度智能的机器人交往的世界中的各种故事，他甚至还为智能机器人的行为设定了几条准则。其中，作为最高准则的"机器人不得伤害人类"也可以看出他对于智能机器人未来潜在地威胁或者干预人类生活的可能性还是有着某种不安和隐忧。另外，在各种影视作品中，人工智能也一直是一个经常出现的形象，比如《流浪地球》中完全理性地延续人类文明火种的 MOSS 等，都体现出了人们对于成熟的、强大的人工智能技术的想象与期待。

而在科研领域，人工智能的研究和发展则要复杂得多。一方面，人工智能及其相关领域其实早就进入研究者的视野，它不仅仅是一个科幻的意向，而是切实的理论和实践探索；然而另一方面，我们也可以看到，想要达到像上面那些科幻作品中的程度，对于人工智能研究来说实际上是非常困难的，因此，人工智能研究的发展并不是一帆风顺的。站在现在的时间向前回顾，我们会发现人工智能领域的发展经历了许多起起伏伏，在这些波动中，最主要的就是两次寒冬与寒冬之间的繁荣时期。

人工智能这个概念第一次被提出是在 1956 年的达特茅斯会议上。这个会议的一个议题就是如何对学习和智能进行精确表述，以便让机器可以理解和计算。正是在这次会议中，计算机科学家约翰·麦卡锡提出了"人工智能"（artificial intelligence，AI）这个概念，参会的专家接受了这一概念，从而人工智能作为一个研究领域正式诞生。而这次会议中的参会者组成了首批 AI 研究者。因此，人们往往将达特茅斯会议视为人工智能领域诞生的标志。但实际上，在更早些的时候，AI 已经有两个重要的成果出现了，那就是沃尔特·皮茨和沃伦·麦克洛克提出的 M-P 神经元模型，以及著名计算机科学家和数学家阿兰·图灵（Alan Turing）提出的"图灵测试"。M-P 神经元正是在后来大放异彩的深度学习的基石，而图灵测试则为后来的人工智能模型的评估提供了一个可操作的要求。

在达特茅斯会议之后，人工智能进入了第一个繁荣期。在这个阶段产生出了一批模型，这些模型可以被用于解题、证明定理、甚至可以作为聊天机器人与人对话交流。这些模型的成功使得研究者们对于人工智能的前景的估计过于乐观，对于这项技术的难度也没有准确的预期，因此，到了 20 世纪 70 年代，人工智能的发展遇到了第一次所谓的寒冬期。之所以被称为寒冬期，是因为这一时期的人工智能开始遭受质疑和批评，当时的人工智能技术的局限性被人们发现，而研究机构的相关投资和拨款也被削减。与此同时，由于马文·明斯基等对于感知机（也就是后来的神经网络模型的雏形）的局限性的讨论，联结主义（即通过神经网络来自动学习模型的结构，从而实现某种任务的方式）也受到打击。

人工智能研究的下一次回暖是在 20 世纪 80 年代左右，这个时期"专家系统"开始受到人们的认可和欢迎，大大提高了人们对于人工智能的信任和热情。专家系统顾名思义，就是利用某一个领域内的专家知识作为基础，对一些特定的问题进行推理并且输出结果的程序和方法。另外，由于 Hopfield 网络与反向传播算法的出现，联结主义也重新进入人们的视野。人工智能重新进入发展期。

然而，由于专家系统的固有的弱点：无法自我学习从而难以维护和更新，人们不得不投入高昂的成本用于对专家系统的维护和升级。而到了 20 世纪 80 年代后期，随着苹果和 IBM 的台式机性能的提升，专家系统也逐渐在市场上不再有优势，对于人工智能的预期又一次回落，对于人工智能研发的资助也又一次被削减。AI 迎来了第二次寒冬期。

直到 1997 年，一个经常被人们提到的里程碑事件出现：IBM 的国际象棋人工智能"深蓝"击败了当时的冠军卡斯帕罗夫。这让人们不得不再次审视人工智能可能蕴藏着的强大的潜力。与此同时，人们对于人工智能的发展路径的思想也逐渐发生变化。相比于之前过渡依赖于规则和先验知识的专家系统，人们开始重新发现联结主义这一方式的有效性。相比起利用人们已经建立好的复杂规则和方法，让智能体利用统计和概率的方式对于数据进行建模，从而自发地形成规则和处理模式，这个路径可能更符合人类通过学习获取知识和思维的过程。随着理论研究和在各类任务上的惊艳的成果，深度学习（deep learning）作为人工智能和机器学习的一个分支开始蓬勃发展。从 2012 年 ImageNet 上横空出世的 AlexNet，到 3∶0 完胜当时人类围棋第一人柯洁的 AlphaGo，再到当下引人瞩目的 Midjourney 和 ChatGPT 等生成类图像和语言模型，深度学习用它在各类任务上的效果证实了自己的实力，也让联结主义成了当前人工智能的基本范式。

1.1.2　深度学习原理及其应用简介

深度学习是机器学习领域的一类方法，也是人工智能在目前阶段的前沿和有代表性的方法。深度学习利用深度神经网络，在样本数据中进行学习，并对网络的参数进行调整，最终得到可以适用于某类或者某几类问题的模型结构，并且可以在一定程度上捕获到数据在该任务下的特征层面的表示。

为了更好地理解深度学习的概念，我们先来简单介绍机器学习（machine learning）。机器学习的方法和传统编程式的算法不同，传统编程式方法需要先将处理逻辑完全确定下来，然后人工设计各种条件和参数，直接应用到任务场景数据中，用来解决某类问题。机器学习则不同，它通过预先设计的学习方法和架构，对于任务场景的数据样本进行基于统计或者规则的建模，然后自适应地从数据分布中找到一个最优的参数组合或者模型结构，如图 1.1 所示。

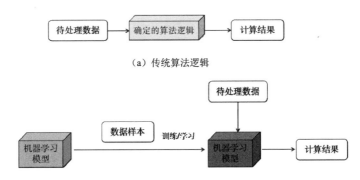

（a）传统算法逻辑

（b）机器学习的一般算法流程

图 1.1　传统算法与机器学习算法的区别

这个表述相对比较抽象，我们来举一个例子：假如要设计一个算法，从各种水果的图片中找出所有苹果的图片。如果是传统算法，就需要先根据我们对于这个任务的先验知识对规则进行总结，然后设计方案流程。比如，如果颜色和红色的接近程度大于某个阈值，那么它属于苹果的概率就增加一些；如果形状是圆形，那么概率也增加一些……这样一来，我们就可以利用已有的各种知识，设计出一套规则体系，然后将苹果与其他非苹果的图片区分开来。而对于机器学习算法，它的流程往往是首先收集一批苹果和非苹果的图片，然后用某种方式提取出它的图像特征用来训练模型，通过施加约束使得对于苹果图片的输出为 1，否则为 0。经过重复多次的训练或者学习的过程之后，机器学习模型就可以自动地理解那些特征和特征组合有助于判别是苹果，并且置信度分别能提高多少。这样模型训练好以后，就可以对待分类的数据集进行推理，输出判断的结果。

而深度学习相比于机器学习来说，它的主要特征在于其所训练或者用于学习的模型结构。机器学习中有各种模型可以用来从数据中获取信息，比如支持向量机（SVM）、决策树、模式编码等等。但是对于深度学习来说，它所使用的模型是深度神经网络（deep neural network，DNN）。

图 1.2 展示了一个 5 层的深度神经网络模型。图中的圆点表示神经元（最左侧的输入除外），神经元是神经网络模型处理数据的最小单位。在这个神经网络中，有 9 个输入节点，中间有三层隐藏层（hidden layer），其中每层都有 12 个神经元。最后是输出层，只有一个神经元，因此输出的是一个值。用之前的苹果分类问题举例的话，这个值可以是 0 或者 1，0 表示

输入特征所对应的图不是苹果，1表示是苹果。关于深度神经网络的具体细节，我们会在下一章中详细讲述。

在实际的生产和应用中，深度学习或者深度神经网络模型既可以作为端到端的整体解决方案，也可以作为一个整体流程中的一个模块插入到问题处理的流程中。作为端到端的方案的深度学习策略往往是已经较为成熟的任务，比如图像的分割、识别。这种任务往往有着较为统一的输入输出格式，并且对于模型的研究也已经较为稳定。在其他的一些任务中，可能更多的还是较为传统的方法和策略，但是对于传统方法难以准确建模或者没有显式计算方法的，可以利用深度神经网络来通过学习和拟合的方式完成这一环节。

在目前，深度学习已经有了非常丰富的应用场景，按照技术大类来分，主要包括：计算机视觉、自然语言处理、语音识别、推荐系统等等，以及像图文检索、图像生成等需要涉及多种类型数据的多模态技术。本书主要讲述的检测和分割技术属于计算机视觉领域，因此，我们接下来先对计算机视觉这个方向作一个整体的介绍，主要说明计算机视觉的基本任务类型和应用场景。

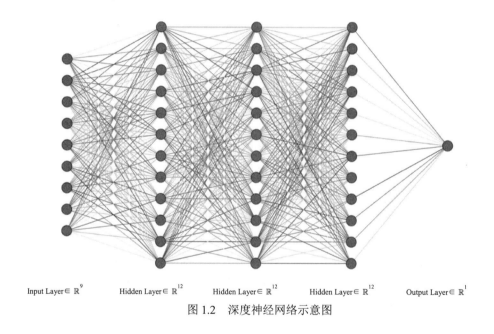

图 1.2　深度神经网络示意图

1.2　计算机视觉及其应用场景简介

目前，计算机视觉的主要技术任务可以分为两大类别：一类是涉及语义层面的，也就是关注图像所包含的场景和目标的内容的任务，比如图像及视频的通用分类、分割、检测，以及目标跟踪、行人重识别、人脸识别等等；另一类主要是与图像风格和画质相关的，主要涉及底层视觉技术和图像处理技术的任务，比如图像和视频的去噪、超分辨率、缺损修复、老照片/老电影修复上色，以及图像的风格化。除了这两大类以外，还有其他的一些任务也有广泛应用，比如3D视觉模型（包括处理3D点云数据的识别、分割与检测，三维渲染，单目深度图生成等等任务），以及一些特殊限定条件的视觉任务（比如小样本和弱监督下的分类、分割、检测，视觉模型的预训练，真实世界的开集目标检测识别等等）。

计算机视觉技术在实际产品中的应用也很多，这里举几个日常生活中可能经常会遇到的例子。

首先，应用最广泛的可能就是人脸识别技术了。无论是单位的门禁、还是手机支付时候的人脸核验，都离不开计算机视觉技术，具体来说就是目标检测和识别技术的加持。

既然提到人脸，就不得不让人联想到各种美颜算法，磨皮、美肤、眼睛放大、唇色修改等等功能，其基础也正是计算机视觉中的人脸五官分割，再加上去噪、去斑点的底层视觉技术。在当下大火的直播短视频领域，画质提升与各种风格化的玩法，其背后依赖的正是底层视觉技术中的超分、去噪和图像风格迁移等技术。

在 To B 的业务中，计算机视觉也为解决行业内的一些难题提供了支持，降低了成本，解放了繁重的人力。比如，对于环境行业的垃圾分类的智能化，工业场景中的缺陷检测分割、残次品质检分类，以及农业场景的遥感地物分类，医疗场景的医学影像智能识别等等，每一项业务的进步，都离不开计算机视觉技术的发展。最近各大公司纷纷入局的自动驾驶领域，其中的许多核心任务，比如行人车辆检测、车道线检测、交通牌识别等等，也都是计算机视觉的范畴。可以说，掌握和应用计算机视觉技术，即便是对于非计算机和互联网行业，也是非常必要和有意义的。

因此，我们接下来就对计算机视觉中的两类核心的任务：分割与检测，进行系统的梳理和学习。在正式进入学习之前，先来学习（或者复习）一下后面将要用到的一些基础知识，主要是一些代码工具和数学工具。这里采用最小必要原则，只介绍那些如果不了解就可能会影响后续学习的概念和知识，并不会面面俱到。

1.3 开始之前的准备工作

在开始正式进入深度学习与计算机视觉的相关内容学习之前，需要快速了解一些必要和通用的先修知识。代码部分包括后面将要用到的 Python 语言的基本特性、常用工具包（package）的用法；数学部分主要包括理解深度学习与计算机视觉问题的一些必要的数学知识，包括高等数学、概率论、优化理论中的相关内容。

1.3.1 代码工具准备

在本书中，所有的示例程序和实战代码都由 Python 语言编写（版本为 Python 3.9）。选择 Python 作为本书的代码语言主要考虑到以下几方面的原因：

首先，Python 是目前最容易学习和上手的一种脚本语言，即便对于计算机和编程基础较少的学习者来说，经过几次练习后，基本也可以使用 Python 处理一些简单的工作；其次，Python 是当前深度学习领域研究和应用中的主流语言，大部分前沿的开源代码都是基于 Python 实现的，因此学习 Python 有助于后续自学跟进领域的最新进展；最后，Python 语言有非常丰富的 package 可供调用，因此学习者可以很大程度上避免从头开始实现复杂的底层代码（比如卷积、矩阵操作、优化、匹配等）的工作，从而更加直接地专注于要学习的算法和模型结构等内容。

我们首先来讲解一下 Python 的基本数据结构类型。在 Python 中，不需要像 C/C++或者 Java 等语言那样先声明变量类型，再创建对象，而是直接就可以用赋值语句创建新的变量。这个可以简单理解为给某个变量类型取了个名字，比如 a=10，让 a 这个名字代表整数 10，但是在后面也可以让它改为代表字符串"abc"，只需要 a="abc" 即可。另外，对于常见的类型，比如整型、浮点数、字符串等，都可以通过简单的方式进行相互转换。参见代码 1.1。

代码 1.1　Python 基本数据类型实验

```
1.  # int 类型变量a，打印其type
2.  a = 10
3.  print(a, type(a))
4.
5.  # 强制转换为 float 型，再打印 type 看看
6.  b = float(a)
7.  print(b, type(b))
8.
9.  # 类似的，还可以将 float 转为 int，只是会损失精度
10. c = 3.14
11. d = int(c)
12. print(c, type(c))
13. print(d, type(d))
14.
15. # 甚至可以把 d 直接赋值一个字符串
16. d = "hello world!"
17. print(d, type(d))
```

上述代码的输出结果如下：

```
10 <class 'int'>
10.0 <class 'float'>
3.14 <class 'float'>
3 <class 'int'>
hello world! <class 'str'>
```

可以看到，经过 float(*)操作后，int 类型的 10 被转为了浮点数 float；同理，也可以将浮点数 float 转为整型 int，此时会直接截断，因此有精度的损失。另外，还可以将原本是 int 类型的 d 直接赋值一个字符串，此时，d 的类型也就自动转为了字符串，这正是 Python 作为动态类型语言的简洁之处。动态类型语言不像需要编译、连接的 C/C++或者是 Java 那样在编译的时候变量类型就要固定下来，它在程序运行过程中才会检查数据类型。因此，在这个过程中修改变量类型是被允许的。当然，有利就有弊，这个特性带来的弊端就是 Python 一般要比 C/C++运行速度慢，同时由于变量类型可能不固定，会很容易产生一些意想不到的 bug。这是我们在编码时需要注意的。

接下来，介绍一下 Python 语言内置的一些常用数据结构。主要有列表（list）、元组（tuple）、字典（dict）、集合（set），当然还有上面已经使用过的字符串类型。

首先，我们来了解列表的应用场景和使用方法。列表是一个有序的结构，依据下标索引值来操作其中存放的数据。在 Python 中，列表里的数据类型不要求相同。另外，列表可以作增加、合并、删除、访问、修改等操作。下面，我们参考代码 1.2 来说明列表的各类操作。

代码 1.2　Python 中的列表的相关操作

```
1.  # 建立一个空列表的两种写法
2.  a = []
3.  a = list()
4.
```

```
5.  # 初始化一个列表，长度为 4，默认值为 0
6.  a = [0] * 4
7.
8.  # 建立一个列表并按照下标索引或者切片访问
9.  a = [14, 22, 63, 10]
10. print("a[0] 和 a[3] ", a[0], a[3])
11. print("a[1-2] ", a[1:3])
12.
13. # 根据下标索引修改列表中的值
14. a[2] = 64
15. print("a ", a)
16.
17. # 列表元素可以有不同的数据类型
18. b = [666, 1.63, "basketball"]
19. print("b[0-2] ", b[0], b[1], b[2])
20.
21. # 当然了，不同数据类型自然也包括列表自身
22. c = [[1, 2, 3], [4, 5, 6]]
23. print("c ", c)
24. print("c[0][1] ", c[0][1])
25.
26. # 列表后面增加元素
27. b.append(123)
28. print("b ", b)
29.
30. # 列表的拼接
31. d = a + b
32. print("d ", d)
33.
34. # 列表的删除
35. d.remove(123)
36. print("d removed 123 ", d)
37.
38. # 列表推导式 (list comprehension)
39. e = [i * 2 for i in a]
40. print("test list comprehension ")
41. print(a)
42. print(e)
```

上述代码的输出结果为：

```
a[0] 和 a[3]  14 10
a[1-2] [22, 63]
a [14, 22, 64, 10]
b[0-2]  666 1.63 basketball
c [[1, 2, 3], [4, 5, 6]]
c[0][1]  2
b [666, 1.63, 'basketball', 123]
d [14, 22, 64, 10, 666, 1.63, 'basketball', 123]
d removed 123 [14, 22, 64, 10, 666, 1.63, 'basketball']
test list comprehension
```

```
[14, 22, 64, 10]
[28, 44, 128, 20]
```

下面我们对代码 1.2 中的一些内容做进一步解释。首先，列表用默认值初始化可以用"[0] *"的方式来写，"*"后面的即为数组的长度。前面的表示用哪个数字初始化；列表可以用索引访问，索引的下标从 0 开始。另外，数组还可以用切片（slicing）的方式访问和取用，对于 a[start:end]这样一个切片，输出的是一个子列表，元素从索引值为 start 到 end-1（注意这里的 end-1，end 下标的元素是不被包含的）。如果用 a[start:]，则表示从 start 开始，直到最后一个元素，同理 a[:end]则表示从首元素到 end-1。另外，索引也支持从后向前，比如 index=-1 代表列表的最后一个元素，负数的索引也可以参与切片。

另外，Python 的列表非常灵活，它的元素可以是任何类型的，比如整型、浮点数，甚至是字符串，当然也可以是列表本身。列表的元素是列表本身的话，就成了二维甚至多维列表，这样就可以用来表示二维数组或者矩阵了。

为已经有的列表新增加一个元素，需要使用 append 函数，如果将两个列表合并，直接用"+"即可。有新增就有删除，列表支持直接根据元素值删除该元素。

最后，列表有一个比较特殊的功能，叫作列表推导式（list comprehension）。它的写法是这样的：先写一个 for 循环，for 后面的是可循环的对象，比如一个列表，它可以从首元素循环到尾元素。然后，再在 for 前面写上对于每个 for 循环中的循环变量所做的操作，最后用方括号将这个语句括起来，得到的就是对可循环对象的每个元素操作后得到的新列表。这个过程也可以用 for 循环和依次 append 的方式实现，列表推导式为我们提供了一个更简单的方式。

下面，我们来了解一下元组的定义和相关操作。元组用圆括号将元素括起来，形式和列表非常相近，参考代码 1.3，可以看到元组的相关操作。

代码 1.3　Python 中的元组的相关操作

```
1.  # 建立一个空元组
2.  a = ()
3.
4.  # 一个元素的元组
5.  b = (3,)
6.
7.  # 两个元组进行合并
8.  c1 = (1, 2, 3)
9.  c2 = ('a', 'b', 'c')
10. c = c1 + c2
11.
12. # 尝试修改元组元素
13. # c[0] = 3
14. # TypeError: 'tuple' object does not support item assignment
15.
16. # 按照下标和切片访问元组
17. d = (14, 22, 63, 10)
18. print("d[0] 和 d[3] ", d[0], d[3])
19. print("d[1-2] ", d[1:3])
20.
```

输出结果：

```
d[0] 和 d[3] 14 10
```

```
d[1-2]   (22, 63)
```

可以看出，元组和列表在多数操作中的表现是类似的，但是其区别于列表的特点在于，元组是不能修改和删除其中的元素的（当然也可以用 del 语句将整个元组都删除掉）。元组类似于 C 代码中的 const 修饰，也就是尽量使用于只读的场景，比如读取函数的参数等等。而列表则是可以参与一些运算的，因此常常用于动态地增删，用来保存中间的计算结果等情况。

接下来，我们来看字典类型的形式与用法。字典类型是以键值对的方式存储数据的，每个元素的格式为 key:value。它主要用在需要查表得到对应数值的场合，比如某表格存储了一个班级所有学生的成绩，就可以以学号为 key，成绩为 value，建立起 dict，并且可以很方便地根据学号查询到对应学生的成绩。字典类型的相关操作见代码 1.4。

代码 1.4　Python 中的字典的相关操作

```
1.   # 建立一个空字典
2.   a = dict()
3.   a = {}
4.
5.   # 用已有的数据初始化一个字典
6.   score_tab = {"001": 95,
7.                "002": 60,
8.                "003": 73,
9.                "004": 59,
10.               "005": 80}
11.  print("score table : ", score_tab)
12.
13.  # 添加一个元素
14.  score_tab["006"] = 40
15.  print("score table (add new) : ", score_tab)
16.
17.  # 删除一个元素
18.  del score_tab["003"]
19.  print("score table (delete item) : ", score_tab)
20.
21.  # 查找一个元素是否在字典中，如果再返回它的值
22.  print("is 004 in table? ", "004" in score_tab)
23.  print("is 003 in table? ", "003" in score_tab)
24.  print("score of 005", score_tab["005"])
25.
26.  # 打印所有的元素对，所有的 key，所有的 value
27.  print("all item k-v pairs : ", score_tab.items())
28.  print("all keys : ", score_tab.keys())
29.  print("all values : ", score_tab.values())
30.
31.  # 结合列表推导式，看看谁没及格
32.  failed_ls = [k for k in score_tab if score_tab[k] < 60]
33.  print("failed id : ", failed_ls)
34.
```

上述代码的输出结果如下：

```
score table :  {'001': 95, '002': 60, '003': 73, '004': 59, '005': 80}
```

```
    score table (add new) :    {'001': 95, '002': 60, '003': 73, '004': 59, '005':
80, '006': 40}
    score table (delete item) :    {'001': 95, '002': 60, '004': 59, '005': 80, '006':
40}
    is 004 in table?  True
    is 003 in table?  False
    score of 005 80
    all item k-v pairs :    dict_items([('001', 95), ('002', 60), ('004', 59), ('005',
80), ('006', 40)])
    all keys :  dict_keys(['001', '002', '004', '005', '006'])
    all values :  dict_values([95, 60, 59, 80, 40])
```

结合上面的结果，我们详细讲解一下 dict 的操作。dict 的主要用途就是根据 key 查询，这个功能可以用 in 的方式实现，a in some_dict 语句返回一个 bool 值，如果 a 在 some_dict 中，返回 True，否则为 False。如果要查找的 key 在 dict 中，可以用 some_dict[a] 的方式取出其对应的 value。在上面代码块的最后，我们利用前面刚刚学的列表推导式，筛选了 dict 中分数小于 60 的同学对应的学号，并且存成一个 list。这里的列表表达式里加入了 if 语句，相当于在 for 循环中加入条件判断，符合条件的元素才可以被加入列表中。

最后，我们简单介绍一下集合类型的一些特殊操作。集合类型的概念就是数学中的集合概念，元素无序且不重复。集合的交、并及元素的增删见代码 1.5。

代码 1.5　Python 中的集合的相关操作

```
1.  # 将一个 list 转为 set
2.  a = [1, 3, 2, 2, 4, 5, 1]
3.  b = set(a)
4.  print("list is : ", a)
5.  print("set is : ", b)
6.
7.  # 新建两个 set，进行集合运算
8.  c = set([1, 2, 3, 4, 5])
9.  d = set([4, 5, 6, 7, 8])
10.
11. # 求交集、并集、差集
12. print("set c and d : ", c, d)
13. print("intersect(c, d) is : ", c & d)
14. print("union(c, d) is : ", c | d)
15. print("c - d is : ", c - d)
16.
17. # 元素是否在集合中
18. print("is 9 in set c? ", 9 in c)
19. print("is 1 in set c? ", 1 in c)
20.
```

输出结果为：

```
list is :  [1, 3, 2, 2, 4, 5, 1]
set is :  {1, 2, 3, 4, 5}
set c and d :  {1, 2, 3, 4, 5} {4, 5, 6, 7, 8}
intersect(c, d) is :  {4, 5}
union(c, d) is :  {1, 2, 3, 4, 5, 6, 7, 8}
c - d is :  {1, 2, 3}
```

```
is 9 in set c?  False
is 1 in set c?  True
```

集合类型 set 需要一个可迭代的对象进行初始化，比如上面用的 list。可以看出，经过 set 处理后，list 中的元素被去重，并且没有了顺序。set 用大括号表示，与 dict 类似，只是没有 key:value 的形式。set 类型支持常规的集合操作，交集、并集、差集分别可以用逻辑运算符 "&" "|" 以及减号 "–" 来操作。

介绍完了 Python 中的数据类型以后，我们再来简单了解一下 Python 中的各种语句的写法，以及函数和类的定义方法。参考代码 1.6。

代码 1.6　Python 语句、函数和类的写法

```
1.  # 一个判断语句
2.  a = 8
3.  if a > 10:
4.      print("a is bigger than 10")
5.  elif a > 0:
6.      print("a is bigger than 0 but smaller than (or equal to) 10")
7.  else:
8.      print("a is non-positive")
9.
10. # 一个循环语句
11. a = [1, 3, 5, 7, 9]
12. for i in a:
13.     print("test iter ", i)
14.
15. # 还可以用 range 循环下标
16. print("test range")
17. for i in range(len(a)):
18.     print(i, a[i])
19.
20. # 或者用 enumerate 直接得到下标和元素
21. print("test enumerate")
22. for i, val in enumerate(a):
23.     print(i, val)
24.
25. # 定义一个简单的函数，计算列表中的最大值
26. def find_max(ls):
27.     max_val = ls[0]
28.     for item in ls:
29.         if item > max_val:
30.             max_val = item
31.     return max_val
32.
33. # 用数组来测试一下
34. print("list a is : ", a)
35. print("max of list a is : ", find_max(a))
36.
37. # 定义一个类（class），表示一个学生的基本信息
38. class Student:
39.
```

```
40.      # 初始化函数，类似于 C++中的构造函数
41.      def __init__(self, stu_id, name):
42.          self.stu_id = stu_id
43.          self.name = name
44.          self.scores = {
45.              "math": -1,
46.              "english": -1,
47.              "physics": -1,
48.              "biology": -1
49.          }
50.          self.avg_score = -1
51.
52.      # 更新一项科目的分数
53.      def update_score(self, cate, score):
54.          if cate in self.scores:
55.              self.scores[cate] = score
56.          else:
57.              print("wrong category name, please check")
58.
59.      # 计算平均分
60.      def get_avg_score(self):
61.          cnt = 0
62.          summ = 0
63.          for cate in self.scores:
64.              if self.scores[cate] >= 0:
65.                  cnt += 1
66.                  summ += self.scores[cate]
67.          if cnt > 0:
68.              self.avg_score = summ / cnt
69.
70.      # 打印基本信息
71.      def print_student_info(self):
72.          print(f"name: {self.name}, id_number: {self.stu_id}")
73.          for cate in self.scores:
74.              print(f"category: {cate}, score: {self.scores[cate]}")
75.          print(f"average score is {self.avg_score}")
76.
77.
78.  # 使用上面定义的类创建一个学生对象，并进行相关操作
79.  xiaoming = Student(stu_id="20230101", name="Xiao Ming")
80.  xiaoming.update_score("math", 99)
81.  xiaoming.update_score("english", 80)
82.  xiaoming.update_score("biology", 75)
83.  xiaoming.update_score("physics", 30)
84.  xiaoming.get_avg_score()
85.  xiaoming.print_student_info()
86.
```

上述代码块输出结果为：

```
a is bigger than 0 but smaller than (or equal to) 10
test iter 1
```

```
test iter  3
test iter  5
test iter  7
test iter  9
test range
0 1
1 3
2 5
3 7
4 9
test enumerate
0 1
1 3
2 5
3 7
4 9
list a is : [1, 3, 5, 7, 9]
max of list a is : 9
name: Xiao Ming, id_number: 20230101
category: math, score: 99
category: english, score: 80
category: physics, score: 30
category: biology, score: 75
average score is 71.0
```

结合代码 1.6，可以看出条件和循环在 Python 中的实现方法。条件即为 if-else，对于多条件还可以写成 if-elif-else；对于循环来说，只要是可迭代的数据类型，比如 list、dict 等，都可以用 for...in iterable 的方式循环。如果仅仅作为循环次数的计数器，可以用 for i in range(n) 的语句，其中函数 range(n)生成了一个可迭代的数据类型，长度为 n，范围从 $0\sim(n-1)$。另外，还有一种 enumerate 的语法，对于一个可迭代的数据类型，enumerate 在 for...in enumerate(iterable)时，每次循环返回的是(idx, val)的元组，其中 idx 表示当前的索引下标，也就是序号，而 val 表示当前遍历到的值。

Python 中的函数定义用 def 关键字来操作，def 后面接的就是函数名和输入参数，内部逻辑执行完后，通过 return 返回；Python 中也可以通过类（class）来实现面向对象。在 class 中，__init__ 函数用来初始化该类，函数的入参即为用类名创建一个对象时所需要传入的参数。其他的函数可以在 class 中进行定义。要注意的是，类的成员方法（或者叫成员函数）第一个参数为 self，在类中调用类的成员函数和类的成员变量，需要用 self.xxx 的方式操作。在上面的示例代码中，实现了一个简单的类，用来表示学生的信息与考试分数。可以参考这个类的实现，理解类的定义，实例的创建，以及成员函数调用的方法。另外需要提到的是在这段代码里，用到了 f-string，也就是 f"some_string {var}"的格式，这个格式是一个简单的格式化字符串的方法，可以将输出的数字类型的变量放在字符串中的指定位置进行输出。

以上介绍了 Python 相关的一些基础语法，正如前面所讲，Python 的一大优势就是它有丰富的 package 可供调用。Python 的 package 安装简单（pip install xxx 或 conda install），调用方便（直接用 import 即可调用），并且针对很多行业和任务都有质量较高的第三方库。对于我们将要学习的深度学习计算机视觉算法来说，有几个库是必备的，那就是 Numpy、OpenCV 以及 PyTorch。下面，对这几个库常用的方法和语句通过示例进行讲解。

NumPy 是一个科学计算库，它的主要作用是提供了一个多维数据类型，可以利用这个数据类型实现向量、矩阵等的运算。NumPy 支持各种数学计算、逻辑计算、基本的线性代数等。下面结合代码 1.7 来介绍 NumPy 的一些基本用法。

代码 1.7 NumPy 的基本用法

```
1.  import numpy as np
2.
3.  # numpy 数组的几种初始化方法
4.  print("\n=== test numpy array init ===")
5.  # 全 0 和全 1 初始化，指定 size 和元素类型
6.  mat = np.zeros((3, 5), dtype=np.float32)
7.  print("all zero initialization")
8.  print(mat)
9.  mat = np.ones((3, 5), dtype=np.float32)
10. print("all one initialization")
11. print(mat)
12. # 生成一个单位矩阵
13. mat = np.eye(4, dtype=np.float32)
14. print("unity matrix initialization")
15. print(mat)
16.
17. print("\n=== test random array ===")
18. # 随机生成一个矩阵，rand 和 randn 分别为均匀分布和正态分布
19. randmat = np.random.rand(3, 4)
20. print("random uniform U(0, 1) initialization")
21. print(randmat)
22. randnmat = np.random.randn(3, 4)
23. print("random normal N(0, 1) initialization")
24. print(randnmat)
25.
26. print("\n=== test zeros like ===")
27. # 生成一个与给定数组大小、类型一致的全 0 数组
28. mat = np.zeros_like(randnmat)
29. print(f"zeros    like    test,    origin    size:    {randnmat.shape}    type:
    {randnmat.dtype}")
30. print(f"new mat size: {mat.shape} type: {mat.dtype}")
31.
32. # 数组之间的运算
33. print("\n=== test basic array calculation ===")
34. # 数组与标量
35. mat1 = np.ones((2,2), dtype=np.float32)
36. mat1 = mat1 * 2 + 3
37. print("mat calc with scalar (2x+3) : \n", mat1)
38.
39. # 等大小的数组逐元素相加
40. mat2 = np.ones((2,2), dtype=np.float32)
41. print("mat sum : \n", mat1 + mat2)
42.
43. # 数组的逐元素相乘与矩阵乘法
```

```
44. print("test multiplication, mat1 : \n", mat1)
45. print("mat2 : \n", mat2)
46.
47. mat = mat1 * mat2
48. print("elementwise multiplication using * : \n", mat)
49. mat = np.multiply(mat1, mat2)
50. print("elementwise multiplication using np.multiply: \n", mat)
51.
52. mat = np.matmul(mat1, mat2)
53. print("matrix multiplication using np.matmul : \n", mat)
54. mat = np.dot(mat1, mat2)
55. print("matrix multiplication using np.dot : \n", mat)
56.
57. # 通过下标和切片读取数组元素
58. print("\n=== test indexing and slicing ===")
59. mat = np.random.rand(4, 6)
60. print("mat is \n", mat)
61. print("row=2, column=4 element is : ", mat[2, 4])
62. print("row=1-3, column=2-4 slice is : \n", mat[1:4, 2:5])
63.
```

上述代码段的输出如下：

```
=== test numpy array init ===
all zero initialization
[[0. 0. 0. 0. 0.]
 [0. 0. 0. 0. 0.]
 [0. 0. 0. 0. 0.]]
all one initialization
[[1. 1. 1. 1. 1.]
 [1. 1. 1. 1. 1.]
 [1. 1. 1. 1. 1.]]
unity matrix initialization
[[1. 0. 0. 0.]
 [0. 1. 0. 0.]
 [0. 0. 1. 0.]
 [0. 0. 0. 1.]]

=== test random array ===
random uniform U(0, 1) initialization
[[0.63320216 0.00625102 0.02059839 0.81244673]
 [0.72785166 0.15721511 0.51007155 0.26331879]
 [0.88898472 0.48255036 0.55710917 0.2381748 ]]
random normal N(0, 1) initialization
[[ 0.14861719 -0.26020063 -1.76752894  0.59528021]
 [ 0.88849775  0.07471227 -1.82701626  0.48704697]
 [ 0.77347426 -0.44910635 -0.4773177   0.69914352]]

=== test zeros like ===
zeros like test, origin size: (3, 4) type: float64
new mat size: (3, 4) type: float64
```

```
=== test basic array calculation ===
mat calc with scalar (2x+3) :
 [[5. 5.]
 [5. 5.]]
mat sum :
 [[6. 6.]
 [6. 6.]]
test multiplication, mat1 :
 [[5. 5.]
 [5. 5.]]
mat2 :
 [[1. 1.]
 [1. 1.]]
elementwise multiplication using * :
 [[5. 5.]
 [5. 5.]]
elementwise multiplication using np.multiply:
 [[5. 5.]
 [5. 5.]]
matrix multiplication using np.matmul :
 [[10. 10.]
 [10. 10.]]
matrix multiplication using np.dot :
 [[10. 10.]
 [10. 10.]]

=== test indexing and slicing ===
mat is
 [[0.22074294 0.72803913 0.12369951 0.1172469  0.59420263 0.96556329]
 [0.81655009 0.41748084 0.44157018 0.64432019 0.10319023 0.91022198]
 [0.32849168 0.81868399 0.32290007 0.4234574  0.27420655 0.34685999]
 [0.48391186 0.35365028 0.24822903 0.85296398 0.36795945 0.709206  ]]
row=2, column=4 element is :  0.2742065463987807
row=1-3, column=2-4 slice is :
 [[0.44157018 0.64432019 0.10319023]
 [0.32290007 0.4234574  0.27420655]
 [0.24822903 0.85296398 0.36795945]]
```

下面参考上述代码与结果，对 NumPy 的使用进行进一步的解释。

在 Python 中导入一个 package 的常用命令是 import package_name，如果后面频繁用到这个 package 的名称，那么可以用 import package_name as alias_name 的写法，给 package 起一个别名，即这里的 alias_name。在 import numpy 时就是用的 np 作为它的别名，便于后面的书写。

在使用 NumPy 进行矩阵运算时，需要注意区分逐元素相乘（element-wise multiplication）还是矩阵乘法（matrix multiplication）。逐元素相乘可以用普通的乘号"*"或者 multiply 方法，而矩阵乘法可以用 matmul 或者 dot。这里的 dot 也可以用于计算向量（也就是一个维度为 1 的数组）的内积。使用矩阵乘法时，需要保证可乘，也就是前面的矩阵的列数等于后面矩阵的行数。

下面介绍 OpenCV 的相关功能和基本操作。

OpenCV 是一个开源的计算机视觉库，内置了许多图像处理与视觉相关的函数功能，底层用

C++实现，可以兼容不同平台，并且开放了不同语言的接口，使各种平台和不同语言的开发者都能快速上手使用。这里使用的其实就是 OpenCV 的 Python 接口。之所以先介绍 NumPy 再介绍 OpenCV，是由于在 Python 中，OpenCV 读进来的图像都是 Numpy 数组的形式，因此可以用 NumPy 的方法进行处理。参考代码 1.8，来看一看 OpenCV 的基本用法。

代码 1.8　OpenCV 的基本用法

```python
1.  import os
2.  import cv2
3.  import numpy as np
4.
5.  os.makedirs('./opencv_test', exist_ok=True)
6.
7.  # 读取图片并输出图片相关信息
8.  img = cv2.imread('./data_samples/lena256rgb.png')
9.  img = cv2.resize(img, (256, 256), interpolation=cv2.INTER_AREA)
10.
11. print("read image type : ", type(img))
12. print("image size : ", img.shape)
13. print(f"image value type: {img.dtype}, min: {np.min(img)}, max: {np.max(img)}")
14.
15. # 颜色空间转换（BGR2GRAY）
16. img_gray = cv2.cvtColor(img, cv2.COLOR_BGR2GRAY)
17. print("gray image size : ", img.shape)
18. print(f"gray image value type: {img.dtype}, min: {np.min(img)}, max: {np.max(img)}")
19. # 保存灰度图片
20. cv2.imwrite('./opencv_test/gray_image.png', img_gray)
21.
22. # 高斯模糊，边缘提取
23. gauss_blurred = cv2.GaussianBlur(img, ksize=(11, 11), sigmaX=3)
24. cv2.imwrite('./opencv_test/gauss_blur_image.png', gauss_blurred)
25.
26. edge_canny = cv2.Canny(img, threshold1=100, threshold2=200)
27. cv2.imwrite('./opencv_test/edge_canny.png', edge_canny)
28. edge_laplace = cv2.Laplacian(img, -1, ksize=5, scale=1, delta=0)
29. cv2.imwrite('./opencv_test/edge_laplace.png', edge_laplace)
30. edge_sobelx = cv2.Sobel(img, -1, dx=1, dy=0)
31. cv2.imwrite('./opencv_test/edge_sobelx.png', edge_sobelx)
32. edge_sobely = cv2.Sobel(img, -1, dx=0, dy=1)
33. cv2.imwrite('./opencv_test/edge_sobely.png', edge_sobely)
34.
35.
36. # 图像缩放
37. small_img = cv2.resize(img, (100, 50), interpolation=cv2.INTER_NEAREST)
38. cv2.imwrite('./opencv_test/resized_small.png', small_img)
39.
40. # 通过索引和切片直接修改像素值
41. img_redbox = img
```

```
42. img_redbox[50:200, 100:240, :] = (0, 0, 255)
43. cv2.imwrite('./opencv_test/img_redbox.png', img_redbox)
44.
```

在执行该代码时，需要用到 data_samples 文件夹下的 lena256rgb.png 示例图像。执行上述代码段，可以在命令行得到如下输出，并在 opencv_test 文件夹下获得保存的各结果图像。

```
read image type : <class 'numpy.ndarray'>
image size : (256, 256, 3)
image value type: uint8, min: 3, max: 255
gray image size : (256, 256, 3)
gray image value type: uint8, min: 3, max: 255
```

在 Python 中引入 OpenCV 库，需要 import cv2。由 OpenCV 读入的图像是以 NumPy 数组存放的，我们的示例图片读进来的数据类型是 uint8，也就是 0~255。数组尺寸为 256×256×3，表示边长为 256 的正方形，有 BGR 三个通道。

在上述代码中，我们做了如下操作：将输入的 BGR 彩色图像转为灰度图；对输入的图进行高斯模糊，ksize 为 11，x 和 y 方向的高斯函数的 sigma 为 3；对输入的图像进行了三种边缘提取操作，分别是 canny、laplacian 和 sobel 算子；实验了给定目标尺寸的缩放，其中缩放用到的插值方法是 INTER_AREA，即区域插值（缩小时常用），在 OpenCV 中还支持最近邻插值（INTER_NEAREST）、线性插值（INTER_LINEAR）以及三次样条插值（INTER_CUBIC）。最后，展示了如何直接对图像的某个区域或者某个像素进行修改操作，这实际上是 NumPy 数组的特性。

图 1.3 所示是 opencv_test 文件夹里得到的各个操作的输出图像。图 1.3（a）为 BGR 转灰度图；图 1.3（b）为高斯模糊结果；图 1.3（c）为 Canny 边缘效果；图 1.3（d）为拉普拉斯边缘效果；图 1.3（e）和图 1.3（f）分别为 Sobel x 和 y 方向提取的边缘效果；图 1.3（g）为 resize 的结果，等比例放大便于展示；图 1.3（h）为利用 NumPy 的切片和赋值直接将给定区域内的像素改为红色的效果。

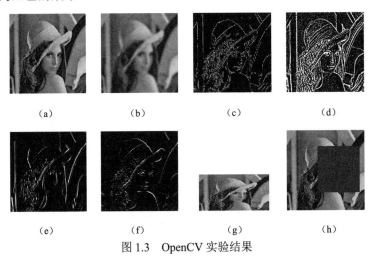

图 1.3 OpenCV 实验结果

最后，介绍一下 PyTorch 的一些基本数据类型和使用方式。由于后面的模型和工程实战项目都会采用 PyTorch，在这里就仅介绍一些较为通用的操作和方法，关于 PyTorch 的更多知识和技巧，在后面的内容会随着具体的 PyTorch 实现进行针对性地讲解。

代码 1.9　PyTorch 的基本特性与常规操作

```
1.  import torch
2.
3.  # torch.Tensor 相关操作: 创建、打印信息、改变形状
4.  print("\n=== test Tensor create ===")
5.  # 创建一个 3×5 的全 0 张量
6.  ten = torch.zeros(3, 5)
7.  print("type of ten : ", type(ten))
8.  print("all zero tensor : \n", ten)
9.  # 创建一个 3×5 的全 1 张量
10. ten = torch.ones(3, 5)
11. print("all one tensor : \n", ten)
12. # 创建一个 3×5 的随机张量
13. ten = torch.rand(3, 5)
14. print("random tensor : \n", ten)
15.
16. # 打印 Tensor 的大小、数据类型等信息
17. print(f"tensor size : {ten.size()}, dtype : {ten.dtype}")
18.
19. # 形状改变: view/reshape/permute/transpose
20. print("\n=== test Tensor shape transforms ===")
21. # 使用 view 改变形状
22. ten_view = ten.view(1, 15)
23. print("view 3x5 tensor as 1x15 : \n", ten_view)
24. print("ten_view size : ", ten_view.size())
25. # 使用 reshape 改变形状
26. ten_reshape = ten.reshape(5, 3)
27. print(ten_reshape, ten)
28. print("reshape 3x5 tensor as 15x1, size is : ", ten_reshape.size())
29. # 使用 permute 交换各个维度顺序
30. ten_permute = ten.permute(1, 0)
31. print("permute ten dim 0 and 1, size is : ", ten_permute.size())
32. # 使用 transpose 进行矩阵转置
33. ten_trans = ten.transpose(0, 1)
34. print("transposed size is : ", ten_permute.size())
35.
36. # 增加一个维度与压缩一个维度
37. ten_unsqu = ten.unsqueeze(0)
38. print("unsqueeze for dim 0, size : ", ten_unsqu.size())
39. ten_squ = ten_unsqu.squeeze(0)
40. print("squeeze back for dim 0, size : ", ten_squ.size())
41.
42. # tensor 的拼接与堆叠
43. ten_cat0 = torch.cat((ten, ten, ten), dim=0)
44. print("cat 3 3x5 tensor in dim 0, size : ", ten_cat0.size())
45. ten_cat1 = torch.cat((ten, ten, ten), dim=1)
46. print("cat 3 3x5 tensor in dim 1, size : ", ten_cat1.size())
47. ten_stack = torch.stack((ten, ten, ten))
48. print("stack 3 3x5 tensor in dim 0, size : ", ten_stack.size())
```

49.

上述代码的输出结果为：

```
=== test Tensor create ===
type of ten : <class 'torch.Tensor'>
all zero tensor :
 tensor([[0., 0., 0., 0., 0.],
        [0., 0., 0., 0., 0.],
        [0., 0., 0., 0., 0.]])
all one tensor :
 tensor([[1., 1., 1., 1., 1.],
        [1., 1., 1., 1., 1.],
        [1., 1., 1., 1., 1.]])
random tensor :
 tensor([[0.9803, 0.1608, 0.7801, 0.0420, 0.3067],
        [0.4674, 0.6204, 0.8645, 0.7237, 0.4939],
        [0.5729, 0.5870, 0.3599, 0.8764, 0.2858]])
tensor size : torch.Size([3, 5]), dtype : torch.float32

=== test Tensor shape transforms ===
view 3x5 tensor as 1x15 :
 tensor([[0.9803, 0.1608, 0.7801, 0.0420, 0.3067, 0.4674, 0.6204, 0.8645,
0.7237,
         0.4939, 0.5729, 0.5870, 0.3599, 0.8764, 0.2858]])
ten_view size : torch.Size([1, 15])
 tensor([[0.9803, 0.1608, 0.7801],
        [0.0420, 0.3067, 0.4674],
        [0.6204, 0.8645, 0.7237],
        [0.4939, 0.5729, 0.5870],
        [0.3599, 0.8764, 0.2858]]) tensor([[0.9803, 0.1608, 0.7801, 0.0420,
0.3067],
        [0.4674, 0.6204, 0.8645, 0.7237, 0.4939],
        [0.5729, 0.5870, 0.3599, 0.8764, 0.2858]])
reshape 3x5 tensor as 15x1, size is : torch.Size([5, 3])
permute ten dim 0 and 1, size is : torch.Size([5, 3])
transposed size is : torch.Size([5, 3])
unsqueeze for dim 0, size : torch.Size([1, 3, 5])
squeeze back for dim 0, size : torch.Size([3, 5])
cat 3 3x5 tensor in dim 0, size : torch.Size([9, 5])
cat 3 3x5 tensor in dim 1, size : torch.Size([3, 15])
stack 3 3x5 tensor in dim 0, size : torch.Size([3, 3, 5])
```

PyTorch 的计算主要基于 torch.Tensor 这个数据类型。创建和打印大小、数据类型等 Tensor 的基本操作的写法已经在代码里展示过了。下面重点介绍几个改变 Tensor 形状的函数。

首先是 view，通过指定所需的 Tensor 形状参数，可以返回一个该形状的 Tensor 的视图。比如将一个 3×5 的矩阵变为 1×15，就可以借助 view。类似的还有一个函数，叫作 reshape，顾名思义，就是将矩阵变为总元素数量相同的其他形状。另外，对于一个多维数组，如果想要交换各个维度的顺序，可以采用 permute 函数。这个在后面训练模型时数据读入的时候会经常用到，比如将 H×W×C 的图像数组变成通道在先的 C×H×W，就需要用到 permute。transpose

函数是 permute 的一种特殊情况，指的是交换两个维度，对于一个二维矩阵来说，就是求它的转置矩阵。

squeeze 和 unsqueeze 可以用来压缩等于 1 的维度，比如一个 3×1×2 的张量，可以用 squeeze 指定 dim=1，将其压缩成 3×2。unsqueeze 是 squeeze 的逆操作，是在某个维度位置增加一个等于 1 的维度出来。

最后，介绍了拼接 Tensor 的方法，一种是 cat，指的是沿着某个维度拼接。这样需要另外的维度尺寸一致才行，比如 3 个 3×5，沿着 dim=0 拼接就是 9×5，沿着 dim=1 拼接就是 3×15。而另一种是 stack，是将多个相同大小的 Tensor 在某个维度堆叠起来。比如 3 个 3×5 的矩阵，沿着 dim=0 堆叠起来，就可以得到一个 3×3×5 的张量。这些操作在后续的实例项目中也会遇到。

关于 Tensor 的基本操作已经基本讲完了。下面说明一下在 PyTorch 当中的 Tensor 的重要特性，那就是 Autograd 机制。这个机制对于神经网络来说是非常必要的，当我们建立起一个计算图并进行计算时，Autograd 机制就会为图中的所有变量计算并记录下梯度。这样就可以利用梯度来更新参数，达到训练网络的目的。

Autograd 的实现主要依赖 Tensor 中的 grad 属性，它保存着反向传播到该变量的梯度值。如果对 Tensor 的 requires_grad 属性置为 True，那么在进行计算过程中，PyTorch 就会自动构建计算图，并且记录下每个操作的种类，以及各个变量之间的相互关系，每个变量是如何得到的等等，用于后面反向传播计算梯度。在 PyTorch 中，利用 backward 函数可以进行反向传播，也就是把输出对于每个变量的值的梯度都计算出来并放到对应变量的 grad 属性中，后面就可以利用这些 grad 对需要求导的参数进行更新。

下面参考代码 1.10 中的一个简单的例子来看一下 PyTorch 的求导具体是怎样操作的。

代码 1.10　PyTorch 的自动求导机制示例

```
1.  import torch
2.
3.  # 创建一个Tensor，并赋初值。Tensor 大小为 1×2，设置 requires_grad 为 True 用于求导
4.  x = torch.tensor([1., 2.], requires_grad=True)
5.
6.  # 经过计算，得到输出 y，其中 y 是一个标量
7.  # 这里的计算公式为 y = x^2 + 2x，其导数应为 2x+2
8.  y = torch.sum(x ** 2 + 2 * x)
9.
10. # 调用 backward 函数进行自动求导，并打印 x 的梯度
11. y.backward()
12. print("grad of x is : ", x.grad)
13.
```

输出结果为：

```
grad of x is :  tensor([4., 6.])
```

可以根据导数表达式 2x+2，带入 x=[1, 2]，导数应该为[4, 6]，与自动求导结果一致。在后面的神经网络优化流程中，我们还会再次看到 backward 函数和自动求导的过程。

1.3.2　相关数学工具准备

前面已经将学习后续内容所需的必要的代码工具讲解完毕了，接下来是对一些数学工具和基础知识的补充。

首先要介绍的是微积分中的导数和梯度的问题。深度神经网络的优化需要依赖反向传播算法与梯度下降，其底层数学原理就是微分运算和优化问题。因此，我们首先来简单回顾一下多元函数的微分求导以及复合函数求导的链式法则。

对于一个函数 $y = f(x)$，其中 x 是一个 n 维向量，表示 n 个自变量（从程序的角度理解就是输入），y 是一个标量，f 是映射规则，可以将 n 维空间中的一个点映射到 1 维。那么，对于该函数来说，在某一点 x^0 的导数，即 $\mathrm{grad}(x^0)$，可以如下计算：

$$\mathrm{grad}(x^0) = \left[\frac{\partial y}{\partial x_0^0}, \frac{\partial y}{\partial x_1^0}, \cdots, \frac{\partial y}{\partial x_n^0}\right]$$

其中，$x^0 = [x_0^0, x_1^0, \ldots, x_n^0]$，也就是说，多元函数在某一点的导数值也是一个向量，它的维度与输入向量的维度相同。多元函数的导数向量称为梯度（gradient），梯度是一元函数导数的一个推广。沿着梯度的方向，是函数 f 在该点 x^0 变化最快的方向（这是对于导数不为 0 的情况，如果等于零说明任何方向都没变化了）。其梯度的模值就表示了这个"最快"的变化率。

如果我们将多元函数的图像想象成一个曲面的山坡（为了不超出我们想象力的三维限制，假设 f 是一个二元函数，那么此时 f 的图像可能是一个类似山坡的一个曲面，如图 1.4 所示），那么，某一个点 x^0 处的函数值就表示这个位置的山坡的高度，而梯度大小则表示这个位置的陡峭程度，如果是一个陡坡，梯度值就会比较大，反之如果是平缓的话，梯度值就会比较小。而梯度的方向也就是站在 x^0 点的山上，转一圈之后找到的最陡的方向（确切来说，如果是下山应该是梯度的反方向）。

梯度是神经网络模型优化的基础，因为如果将每一层网络都看成一个函数，网络的权重看成自变量的话，那么优化网络就是根据梯度去修改权重的过程。而对于深度网络来说，除了输入层和输出层，中间的每一层网络都以前面一层的输出作为自己的输入，而又将自己的输出送入下一层作为输入进行计算。因此，将整个网络如上面的形式写成函数的话，就变成了：

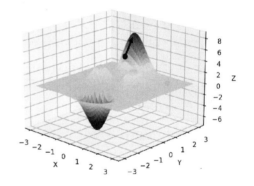

图 1.4　梯度方向就是"山坡最陡的方向"

$$y_1 = f_0(x)$$
$$y_2 = f_1(y_1)$$
$$y_3 = f_2(y_2)$$
$$\cdots$$
$$y = f_m(yx)$$

这个过程可以简化为一个复合函数：

$$y = f_m(f_{m-1}(\cdots f_0(x)))$$

如果我们想要用最终的输出 y 对原始输入 x 求导，那么就需要用到链式法则（chain rule），它的基本逻辑就是：先将上一次的输入看成自变量，对其求导，得到该层的导数，再对上一次的函数进行同样的操作，最后将所有求导的结果相乘，就是最终的输出到最开始的输入的导数。这一过程写成数学形式如下：

$$\frac{\mathrm{d}y}{\mathrm{d}x} = \frac{\mathrm{d}f_m}{\mathrm{d}f_{m-1}} \frac{\mathrm{d}f_{m-1}}{\mathrm{d}f_{m-2}} \cdots \frac{\mathrm{d}f_1}{\mathrm{d}f_0} \frac{\mathrm{d}f_0}{\mathrm{d}_x}$$

这个过程由于分子分母前后相接，因此被形象地称为链式法则。这个法则在深度神经网络优化中有着重要的作用，可以让我们在网络输出层的损失被顺次传递到前面的层中，用于优化其网络权重参数。

接下来，我们简单介绍一下凸优化问题和非凸优化问题的概念，因为这两个概念和后面神经网络的优化以及优化器的改进有着比较密切的关系。首先，什么是优化问题？简单来说，根据某些限制的要求，需要找到某个目标函数的最小（也可以是最大）值，这种问题就是优化问题。优化问题可以数学化地写成如下的表达形式：

$$\min f(x)$$
$$\mathrm{s.t.} g_i(x) \leqslant 0, \quad i = 1, \cdots, m$$
$$h_j = 0, \quad j = 1, \cdots, n$$

在这个优化问题中，$f(x)$被称为目标函数，实际应用中一般是某种代价（cost）或者损失，因此通常取 min，即希望找到它的最小值。当然也有些任务需要找最大值，只需要加个负号仍然能符合上面的形式。s.t.（subject to）后面的等式和不等式表示的是约束条件，也就是说，我们需要在约束条件满足的情况下，找到$f(x)$的最小值。这就是一个通用的约束优化问题。

对于一个给定的优化问题，判断其为凸优化问题，需要满足两个条件：①目标函数是凸函数；②问题的可行域（同时满足目标函数定义域以及条件约束的区域）是凸集。这里又出现了两个概念：凸集和凸函数。

如图 1.5 所示，凸集的定义是很形象的，在该集合中找两个点，它们的连线如果都在集合里，那么这个集合就是凸的。这里展示的是一个二维中的凸集的示例。如果用数学的语言来表示，那就是对于一个 N 维空间中的集合 S，对于 $x_1, x_2 \in S$，如果 $\theta_{x1} + (1 - \theta)x_2 \in S$，那么 S 就是凸集。

 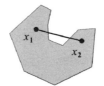

（a）凸集示意图　　　　（b）非凸集示意图

图 1.5　凸集和非凸集

那么，凸函数也可以在二维中形象理解。对于一个一元函数，自变量和函数值的二维图像如图 1.6 所示。如果在函数曲线上取两个点，它们的连线落在函数曲线的上方（或者重合），那么这个函数就是凸函数。凸函数也可以用数学的方式表达，这就是著名的琴生不等式。对于定义在 N 维空间的函数 $f(x)$，定义域中的两个点 x_1，x_2，如果

$$f(\theta_{x1} + (1 - \theta)x_2) \leqslant \theta f(x_1) + (1 - \theta)f(x_2)$$

那么函数为凸函数。凸函数的判定可以通过二阶导数

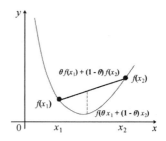

图 1.6　凸函数的性质

大于等于 0 来实现（这里是一元函数的二阶导数，如果是多元函数，二阶导数就是 Hessian 矩阵，对应于二阶导数大于等于零的就是 Hessian 矩阵是半正定的）。

现在我们已经懂得如何去判定一个问题是不是凸优化问题了。那么，为什么要如此复杂地去判定一个问题是不是凸优化问题呢？原因在于，凸优化问题有一个很好的性质，那就是"局部最优同时也是全局最优"。换句话说，对于一般的问题，导数为 0 的点不一定是最优解（可能是一个鞍点）。但是，对于凸优化问题，由于有两个凸性的保障，导数为 0 的点就是全局的最优解。这是一个非常美妙的性质。如果一个问题被转化为凸优化问题，那么我们找到导数为 0 的点就够了。这个过程可以通过梯度下降法来实现。因此，人们通常会说，如果一个问题被转为凸优化问题，也就可以说这个问题已经被解决了。

但遗憾的是，很多时候我们的优化问题并不是凸优化问题。比如后面将要讲解的神经网络算法，其作为优化问题往往不是凸的。虽然我们还是可以用梯度下降的方法来求解，但是就有了落到局部极小值（local minimum）的风险，如图 1.7 所示。因此，在设计网络训练方法时，就需要考虑这一点，尽量避免训练落入局部极小值的问题。

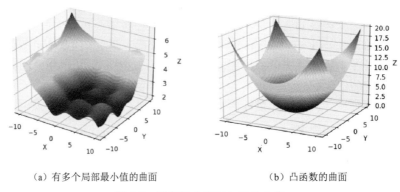

（a）有多个局部最小值的曲面　　　　　　　（b）凸函数的曲面

图 1.7　局部极小值与全局最小值

下一个数学工具是傅里叶变换与频域分析。先来介绍一下傅里叶变换（fourier transform），傅里叶变换是信号处理中的一个重要工具，傅里叶变换可以将时域信号（对于图像来说可以看成二维的空域信号）转换到频域，并根据频域特性对信号进行分析和处理。

傅里叶变换的基本原理就是利用不同频率的周期信号（正弦/余弦信号）的叠加来拟合任意一个满足一定条件的信号。换句话说，这个过程也可以看成是提取出原信号中各个频率分量的强度和相位的过程。由于我们的实际处理的数据是已经被采样过的离散数据，因此应该适用离散傅里叶变换（discrete fourier transform，DFT）。DFT 的公式如下：

$$X(k) = \sum_{0}^{N-1} x(n)\mathrm{e}^{-j2\pi kn/N}$$

这里的 $x(n)$ 为时域的离散信号；$X(k)$ 为离散的频域的变换结果；n 对应的是每个点的时间的索引；k 频域中频率的索引。可以看出，DFT 的本质是在和这样一个形式的函数求解相关性。$\mathrm{e}^{-j2\pi kn/N}$ 可以用欧拉公式 $\mathrm{e}^{ix} = \cos(x) + i\sin(x)$ 展开，其实就是固定频率的正余弦信号（在对 $x(n)$ 操作时，我们将 k 看成常数）。因此，傅里叶变换的过程可以视为将特定频率的正弦波与时域信号在所有时间的相关性进行汇总，得到的结果就是这个时域信号在多大程度上类似该频率的正弦波，或者换句话说，这个信号里"含有"多少该频率的正弦波，然后对频率逐个去计算，就可以知道信号里含有各个频率的比例了，这就是傅里叶变换的基本原理。另外，我们在这里还能看出，$X(k)$ 是一个复数的向量，这个复数向量的模一般被称为振幅谱，其相位[复平面上的角度 arctan(imag/real)]被称为相位谱。

傅里叶变换是可逆的，也就意味着，如果知道了傅里叶域的结果，可以通过反变换（inverse DFT，IDFT）将其反变换回时空域的信号。IDFT 的公式如下：

$$x(n) = \frac{1}{N} \sum_{0}^{N-1} X(k) e^{j2\pi kn/N}$$

可以看出，IDFT 的公式和 DFT 的公式在形式上比较相似。对于 IDFT 来说，求和是针对 k，也就是各个频率求的，而此时 n 是固定的。这个过程实际上就是固定下一个时间索引 n，表示要求解时域信号的某一个点的值，这个点的值其实就是构成它的各个频率的正弦波在该点的值的叠加。因此，将所有频率在这个点处带来的影响都汇总起来，就是这个点的时域的取值了。

对于我们要重点研究的图像处理来说，由于输入是二维的空域信号，因此它的 DFT 自然也是在二维上的推广。二维的 DFT 的公式如下：

$$X(k,l) = \sum_{0}^{N-1} \sum_{0}^{M-1} x(m,n) e^{-j2\pi(km/M + ln/N)}$$

下面，我们就来结合几个实例，看一看二维离散傅里叶变换有哪些特点。图 1.8 展示了三个不同的正弦条纹和它们对应的频谱。图 1.8（a）～（c）分别为竖向、正向、斜向的正弦条纹；图 1.8（d）是多个不同频率的横向、竖向和斜向正弦条纹的叠加；图 1.8（e）～（f）为对应于上方的条纹的振幅谱；图 1.8（h）为图 1.8（d）对应的振幅谱。

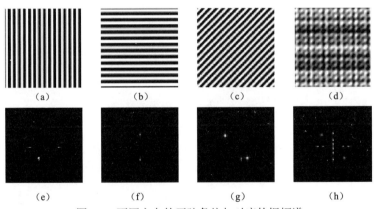

图 1.8　不同方向的正弦条纹与对应的振幅谱

首先，我们来介绍几个基础的分析频谱图的知识，在已经中心化的图像的频谱中，中间位置表示低频，越靠近四周的表示的频率越高。另外，如前面解释傅里叶变换时提到的，频谱是对时空域信号的一种全局统计，频谱图中的每个点都和时空域的所有点有关系，因此图像和其频谱在同一个位置的像素没有对应关系。

参考图 1.8，首先可以看到的是，对某频率的正弦波进行傅里叶变换，结果就是在频谱对应于该频率的位置出现一个脉冲（正负频率各一个）。另外，我们可以发现，竖条纹的频谱图是在横轴方向上有值，而横条纹则在纵轴方向有值，斜条纹的频谱角度也是与条纹方向垂直。这个属性是普遍的：如果一个图像中朝向一个方向的边缘较多的话，那么它的频谱图也会有与该方向相垂直的方向的高亮区域。其实，这也很容易理解：当条纹是横向时，它在横向上就没有变化了，因此与横向起伏的正弦函数没有相关性，而相反，它在纵向上则变化最为剧烈，因此可以与纵向起伏的正弦函数计算出相关性。类似地，当一个图中某方向边缘多的时候，垂直该方向的路径上变化就是最多的，这个特性我们可以在真实图片的频谱图中看到。另外，多张图的叠加结果反映在频谱上，就是对应频谱的叠加，见图 1.8（d）和图 1.8（h）所示，因此通过频谱就可以知道这个图像都叠加了哪些频率、什么方向的正弦条纹。

下面，我们通过代码 1.11，来对真实图像进行傅里叶变换，并且对频谱进行分析和处理。

代码 1.11　自然图像的傅里叶变换与分析

```
1.  import os
2.  import cv2
3.  import numpy as np
4.
5.  os.makedirs('./fft_test', exist_ok=True)
6.
7.  # 读取两张示例图像
8.  img_ori_1 = cv2.imread('./data_samples/lena256rgb.png')
9.  img_ori_2 = cv2.imread('./data_samples/baboon256rgb.png')
10.
11. # 转为灰度图并归一化
12. img1 = cv2.cvtColor(img_ori_1, cv2.COLOR_BGR2GRAY) / 255.0
13. img2 = cv2.cvtColor(img_ori_2, cv2.COLOR_BGR2GRAY) / 255.0
14.
15. # FFT 转到频域
16. spec1 = np.fft.fftshift(np.fft.fft2(img1))
17. spec2 = np.fft.fftshift(np.fft.fft2(img2))
18. print(spec1.shape, spec1.dtype)
19. print(spec2.shape, spec1.dtype)
20.
21. # 计算振幅谱和相位谱
22. amp1, phase1 = np.abs(spec1), np.angle(spec1)
23. amp2, phase2 = np.abs(spec2), np.angle(spec2)
24.
25. cv2.imwrite('./fft_test/amp1.png', np.clip(amp1, 0, 200) / 200 * 255)
26. cv2.imwrite('./fft_test/phase1.png', (phase1 + np.pi) / (2 * np.pi) * 255)
27. cv2.imwrite('./fft_test/amp2.png', np.clip(amp2, 0, 200) / 200 * 255)
28. cv2.imwrite('./fft_test/phase2.png', (phase2 + np.pi) / (2 * np.pi) * 255)
29.
30.
31. # 频域低通、高通滤波并反变换的结果
32. low_mask = np.zeros((256, 256), dtype=np.float32)
33. cv2.circle(low_mask, (128, 128), 10, 1, -1)
34. high_mask = 1 - low_mask
35. lowpass_spec1 = spec1 * low_mask
36. highpass_spec1 = spec1 * high_mask
37. lowpass_img1 = np.fft.ifft2(np.fft.fftshift(lowpass_spec1)).real
38. highpass_img1 = np.fft.ifft2(np.fft.fftshift(highpass_spec1)).real
39. lowpass_amp1 = np.abs(lowpass_spec1)
40. highpass_amp1 = np.abs(highpass_spec1)
```

```
41. cv2.imwrite('./fft_test/lowpass_amp1.png', np.clip(lowpass_amp1, 0, 200) /
200 * 255)
42. cv2.imwrite('./fft_test/highpass_amp1.png', np.clip(highpass_amp1, 0, 200) /
    200 * 255)
43. cv2.imwrite('./fft_test/lowpass_lena.png', lowpass_img1 * 255)
44. cv2.imwrite('./fft_test/highpass_lena.png', highpass_img1 * 255)
45.
46. # A 振幅+B 相位 vs. B 振幅+A 相位，相位的影响大于振幅
47. amp1phase2 = np.zeros_like(spec1)
48. amp1phase2.real = amp1 * np.cos(phase2)
49. amp1phase2.imag = amp1 * np.sin(phase2)
50. img_amp1phase2 = np.fft.ifft2(np.fft.fftshift(amp1phase2)).real
51. cv2.imwrite('./fft_test/amp_lena_phase_baboon.png', img_amp1phase2 * 255)
52.
53. amp2phase1 = np.zeros_like(spec2)
54. amp2phase1.real = amp2 * np.cos(phase1)
55. amp2phase1.imag = amp2 * np.sin(phase1)
56. img_amp2phase1 = np.fft.ifft2(np.fft.fftshift(amp2phase1)).real
57. cv2.imwrite('./fft_test/amp_baboon_phase_lena.png', img_amp2phase1 * 255)
58.
```

为了运行上述代码，"./data_samples"路径下应该有 lena256rgb.png 和 baboon256rgb.png 两张样例图片。上述代码的输出结果如下：

```
(256, 256) complex128
(256, 256) complex128
```

输出结果表示，两张图的频谱都是 256×256 的复数矩阵。下面我们详细讨论代码 1.11 究竟做了哪些操作。

首先，读取了两张 RGB 图像，并将它们转为灰度图和归一化 0～1，便于后续的操作。然后，利用 NumPy 中的 fft2 函数对两张图分别进行了离散傅里叶变换，并用 fftshift 将低频由原来的四个角转移到频谱的中心。

由于频谱是复数的，需要计算它的模（np.abs）与相位角（np.angle），分别代表频谱的振幅和相位。保存下来的结果如图 1.9 所示。图 1.9（a）和（d）为输入的彩色原图；图 1.9（b）和（c）分别为（a）的振幅谱和相位谱；图 1.9（e）和（f）分别为（d）的振幅谱和相位谱。

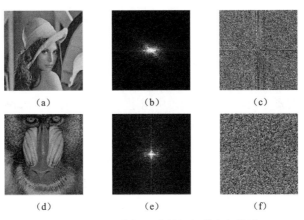

(a)　　　　　　　　　(b)　　　　　　　　　(c)

(d)　　　　　　　　　(e)　　　　　　　　　(f)

图 1.9　自然图像与对应的振幅谱和相位谱

从图 1.9 中可以看到，自然图像的振幅谱有个共同的特点：能量主要向低频附近集中。这个观察与我们的经验是一致的，因为自然图像中更多的是变化平缓的平面而非纹理和边缘。曾有研究表明，自然图像的振幅与频率呈现倒数幂律（reciprocal power law），也就是说，随着频率增加，振幅谱的能量减少。

尽管有着相似的成分，我们仍然可以用振幅谱来对图像的特征进行区分。还是图 1.9 中的例子，对于图 1.9（b）和（e）的比较来说，首先，（b）中有一个向着左上方倾斜的亮带，这个基本对应的就是 lena 图中的向右上方倾斜的帽檐，而（e）中的条带比较平直，说明原图的边缘也是较为平直的。另外，与图 1.9（b）相比，（e）中的高频（远离重心）的能量较多一些，这个与图 1.9（d）中的丰富的细节和纹理是可以相互参照的。

既然频谱将原图中不同的频率进行了分离，并且傅里叶变换可逆，可以通过傅里叶逆变换重新回到原图。那么，是否可以在频谱图内做一些操作，删掉或者增强某些目标频率值，然后反变换回空域，从而实现对图像的某种修改。这个想法就是频域滤波的思路，在代码 1.11 中，我们用一个圆形的 mask 实现了保留低频并反变换的低通滤波（lowpass filter），以及去除低频后反变换的高通滤波（highpass filter）操作，结果如图 1.10 所示。图 1.10（a）为全频带频谱；图 1.10（b）为低通滤波后的结果，近保留低频成分；图 1.10（c）为反变换后的低频图像；图 1.10（d）和（e）分别为高通滤波后的频谱与空域图像。

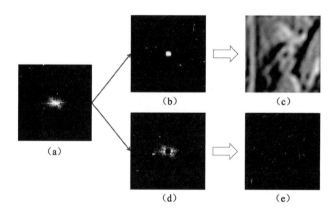

图 1.10　频率域滤波

从图 1.10 中可以看到，经过低通滤波后的图像变模糊了，丢失了高频细节；而高通滤波后的图像则仅仅保留了边缘和纹理等细节，亮度变化丢失。这个结果是符合预期的。

最后，结合代码 1.11 中的最后一段再来探讨一下振幅和相位的问题。对于图像的频谱来说，振幅表示的是各个频率分量的强度，而相位表示的是在空域中的位置移动。因此，自然相位对于重建图像更重要一些，我们在代码中用了一个简单的实验来说明这一点：将 lena 图的振幅和 baboon 图的相位结合后反变换成图像，将 baboon 图的振幅和 lena 的相位结合后也进行反变换，结果如图 1.11 所示。

可以看出，重建后的结果视觉上更像取得相位的那张图像，说明相位谱对于图像的内容信息是非常重要的，图像内容对于相位的改变非常敏感，而对于振幅的改变相对不那么敏感。

傅里叶变换与频域分析的相关知识就先讲到这里，接下来介绍贝叶斯公式。

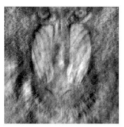

（a）lena 振幅 baboon 相位　　　　（b）baboon 振幅 lena 相位

图 1.11　振幅和相位对重建质量的影响

先来介绍一下条件概率的概念。考虑一个机器学习中的动物分类的场景：对于一个特征 A，比如身体是黑色，可能不同类型的动物都会具有该特征，比如黑色的猪、黑色的马、黑色的蝙蝠等等，把第 i 个动物类别记作 C_i，那么，对于一个确定的动物类别，可以用条件概率表示它有多大的概率是黑色，即 $p(A|C_i)$，它表示给定了类别 C_i 以后，A 特征出现的概率大小。如果考虑类别本身的概率（比如马更常见，蝙蝠更少见），那么可以计算出拥有该特征的动物出现的概率值，即：

$$p(A, C_i) = p(C_i)p(A|C_i)$$

这就是联合概率。举一个具体的例子：如果想要计算黑色蝙蝠的出现概率，首先，蝙蝠出现的概率可能比较低，比如 $p(蝙蝠) = 0.1$，但如果确定这个动物是蝙蝠，它是黑色的概率就较高，比如说是 $p(黑色|蝙蝠) = 0.9$，那么，黑色蝙蝠的出现概率就是 $p(蝙蝠)p(黑色|蝙蝠) = 0.09$；而对于马来说，它出现的概率较高，比如 $p(马) = 0.4$，但是马的颜色各种各样，它是黑色的概率较低，比如 $p(黑色|马) = 0.1$，那么黑马出现的概率就是 $p(马)p(黑色|马) = 0.04$。

如果对所有的已知的动物都这样计算，那么理论上就可以把黑色动物的概率都表示出来。也就是说，对于某个集合的一个互斥且完备的划分（各个子集不相交，且它们的并集就是全集），将其每个子集与某个特征的联合概率求和，就可以得到该特征的总概率：

$$p(A) = \sum_i p(C_i)p(A|C_i)$$

这个公式被称为全概率公式。它表示的是如何根据类别确定可观测的特征，或者说根据假设确定观察事实。但是在实际操作中，我们遇到的更多的是根据观察事实和特征与推测哪个假设（类别）的概率更大，也就是说，我们要求的是 $p(C_i|A)$。根据条件概率和联合概率的公式，我们发现：

$$p(A)p(C_i|A) = p(C_i)p(A|C_i)$$

由于 $p(A)$ 是观测结果或者特征，因此对于一次根据结果推断，这个值是相同的，对上面这个等式进行变换，并把 $p(A) = \sum_k p(C_k)p(A|C_k)$ 带入，就可以得到：

$$p(Ci|A) = \frac{p(C_i)p(A|C_i)}{\sum_k p(C_k)p(A|C_k)}$$

这个公式就是贝叶斯公式（Bayes Theorem），它的目的是用来从经验观察中进行推断或者验证假设。由于右边分母项在给定 A 的情况下是相同的，因此我们只需要关注分子的这两

项。$p(C_i)$表示的是这个类别本身的概率，这个是在我们没有经验事实 A 的时候的一个假设，这一项通常被称为先验概率（prior probability），即先于经验的概率。$p(A|C_i)$为条件概率，即在该假设下出现该观测事实的概率。最后要求的 $p(C_i|A)$ 被称为后验概率（posterior probability）。贝叶斯估计的目的就是通过经验来修正先验，从而使逆向推断更加符合实际情况。贝叶斯公式与贝叶斯理论在机器学习和深度学习中有着非常广泛的应用，因为贝叶斯理论的实质就是基于学习（learning-based）的思想。

最后，我们再来复习一下向量和矩阵相关的一些概念和知识。矩阵计算是各种机器学习相关算法的基本实现步骤，在深度学习中，特征也都是通过特征向量或者特征图（矩阵，或其推广形式张量）等方式表示和计算。

对于一个 n 维向量 $x = [x_1, x_2, ..., x_n]$，首先来了解它的一些基本属性。n 维向量可以看成 n 维空间中的一个坐标点，也可以理解为从 n 维空间的原点指向这个点的一条有方向的线段。n 维空间就是我们熟悉的二维空间或者三维空间的推广，因此可以通过对应到二维或者三维空间去想象它的属性。向量的最基本属性就是范数（norm），或者叫模长，即这条有方向线段的"长度"。常用的范数有如下几种：

首先是 L_2 范数，也叫作欧几里得范数或欧式范数，它的定义为向量所有维度的平方之和的平方根。写成数学形式如下：

$$\| x \|_2 = \sqrt{x_1^2 + x_2^2 + \cdots + x_n^2}$$

如果将维度 n 置为 2 或 3，这就是我们常见的欧几里得空间的长度定义。因此，L_2 范数是较为常用的一种向量度量。

此外，还有几种常用范数。比如 L_1 范数，它的定义为向量所有分量的绝对值之和。数学形式如下：

$$\| x \|_1 = | x_1 | + | x_2 | \cdots + | x_n |$$

L_1 范数往往和稀疏性约束有关，下面就这个问题详细说明一下。首先，介绍一种特殊的向量度量，通常称为 0 范数。但实际上它并不符合范数的定义（比如不满足线性性质），因此并不是真正的范数。0 范数的定义是向量中非零元素的个数。比如对于一个向量 $[1,0,3,2]$，它的 0 范数就是 3。非零元素的个数用来度量向量的稀疏性，这个性质在压缩感知、稀疏编码等特征提取相关的任务中都有重要用途。但是由于计算非零元素这个操作是不可导的，因此在很多优化问题中无法直接使用，而是通过凸松弛的策略，用 L_1 范数来代替。L_1 范数是凸函数中最接近 0 范数的度量，因此，如果在优化问题中需要对某个向量形式的优化变量约束其稀疏性（希望它的零元素多一些，非零元素少一些），那么往往就会加入 L_1 范数进行优化。

另外，还有一个 L_∞ 范数，即无穷范数。它的定义为所有元素的最大值。

$$\| x \|_\infty = \max\{x_1, x_2, \cdots, x_n\}$$

如果一个向量的范数为 1，那么这个向量被称为单位向量。对于一个向量，只需要除以它的长度，即可将其变成一个单位向量。

介绍完单个向量的属性，接下来介绍两个向量之间的关系。首先，向量的加减法就是逐元素相加减。在向量空间中，向量的加减法符合平行四边形法则。另外，向量之间还可以定义内积和夹角。首先两个向量的内积定义为：

$$\langle x, y \rangle = x_1 y_1 + x_2 y_2 + \cdots + x_n y_n$$

也就是两个向量的各个元素分别相乘后再相加。内积表示的是向量之间的相似程度。它也可以用来计算向量的夹角。如果两个向量的夹角为 θ，那么：

$$\cos\theta = \frac{\langle x, y \rangle}{\|x\| \cdot \|y\|}$$

也就是说，用两个向量的内积除以向量的范数的乘积（欧式范数），即可得到两者之间的夹角的余弦值。如果用我们熟悉的三维欧式空间来想象其物理意义的话，这里的夹角就是从原点到 x 和 y 两条射线形成的夹角。从这个公式可以自然地推论出：如果两个向量都是单位向量的话，那么它们的夹角余弦值就是它们的内积，由于夹角越小，余弦值（内积）就越大（夹角为 0 的时候余弦取到最大值 1），而夹角越小自然表示两个单位向量更接近。从这个视角也可以看出向量内积作为相似性度量的意义。

接下来，介绍矩阵。矩阵是一组数值排成的阵列，具有 $m \times n$ 的矩形结构。m 表示矩阵的行，n 表示矩阵的列。对于一个向量，我们可以将其视作一个只有一个列的矩阵。也就是 $m \times 1$，这样的向量称为列向量（如果将其看成是横向排列的，那就是只有一个行的行向量）。因此，矩阵可以视为 m 个行向量沿着纵向堆叠形成，也可以视为 n 个列向量横向排布形成。向量的一些性质也可以推广至矩阵。比如矩阵上也可以定义范数，常见的是矩阵的 F-范数（frobenius norm），它的数学形式如下：

$$\|M\|_F = \sqrt{\sum_{i=1}^{m}\sum_{j=1}^{n} m_{i,j}^2}$$

矩阵的 F-范数即矩阵中各个元素的平方和再开根号。类似向量的 L_2 范数。

另外，还需要介绍的是矩阵的乘法运算。常用的矩阵相关的乘法有两种。一种是对于两个大小相同的矩阵的逐个元素相乘，这种乘法一般称为阿达玛乘法（hadamard product），写成数学形式如下：

$$O = M \odot N$$
$$O_{i,j} = m_{i,j} \cdot n_{i,j}$$

阿达玛乘积对于两个 $m \times n$ 的矩阵 M 和 N，其乘积 O 矩阵也是 $m \times n$。这个乘法相当于将两个矩阵看成只是一些元素的容器，对应元素对应操作。

而另一种乘法应用更为普遍，就是矩阵乘法。它是将矩阵看成空间变换（这实际上也是矩阵的本来意义）而得到的一种算子。它对于输入的要求是：第一个矩阵的列数等于第二个矩阵的行数。还是以 M 和 N 相乘为例，那么 M 应该为 $m \times p$，而 N 为 $p \times n$。相乘后得到的矩阵中的第 (i, j) 位置的元素值，代表 M 的第 m 行和 N 的第 j 列的内积（所以需要要求第一个矩阵的列数等于第二个矩阵的行数）。写成数学形式如下：

$$O = MN$$
$$O_{i,j} = \sum_{k=1}^{p} m_{j,k} \cdot n_{k,j}$$

矩阵的乘法可以视为对于多次向量内积计算的一种简便表示，也就是说将 m 个向量与另外 n 个向量进行两两计算内积（相似度），并排布成矩阵的结构，矩阵每个元素表示对应两个向量的相似程度。这个形式在神经网络中对输入计算加权和时会反复使用，另外在一些特殊模型结构设计，比如自注意力机制计算中也显式利用了矩阵乘法的这个性质。

最后简单介绍一下张量（tensor）的概念。正如从向量（一个维度）推广得到矩阵（行列两个维度），将矩阵的概念继续推广，就可以得到张量的概念（任意多个维度）。从张量的视角看来，一个标量（scalar）就是零维张量，向量就是一维张量，矩阵就是二维张量，大于等于三维的就是高维张量。比如，我们可以用一个数字 n 表示向量的尺寸，即向量有 n 个元素，用两个数字 $[m, n]$ 就可以表示矩阵的大小，即 m 行 n 列。对于张量来说，也可以以此类推，比如用 $[m, n, p, q]$ 来表示一个四维张量 T 的尺寸，它在第一个维度的长度为 m，第二个维度为 n，第三个和第四个维度分别为 p 和 q。这个张量可以看成是一个大小为 $mnpq$ 的数据块，其中每个元素都可以用各个维度的下标的方式找到。比如 $T(i, j, k, r)$ 表示的就是第一个维度为 i，第二个维度为 j，第三个维度为 k，第四个维度为 r 的位置所保存的数值。张量的概念之所以重要，是因为在后面的神经网络计算中的数据和参数基本都是以张量的形式保存的。而常用的深度学习框架，比如 TensorFlow 和 PyTorch 中也将张量作为基本的数据结构。

以上就是对于在学习计算机视觉与深度学习时可能会用到的数学概念和方法的简要介绍。

第2章 神经网络模型：原理、模型与流程

本章系统梳理一下神经网络的基础知识，主要包括神经网络的基本特性和工作原理，常用的神经网络结构模块部件，训练和测试（或者称为推理）阶段的整体流程以及一些常用的基础操作。

2.1 神经网络模型的基本原理

神经网络的基本原理主要涉及神经元与神经网络的结构，梯度下降与反向传播算法的优化方法以及神经网络的正则化策略。其中，神经元是构建神经网络模型的基本单元，通过层层连接构成网络，实现信息传递和计算。梯度下降与反向传播算法是神经网络参数优化，即网络训练中的关键技术。为了避免过拟合和提高泛化能力，神经网络的正则化策略通常也是必不可少的。

2.1.1 神经元与人工神经网络

人工神经网络在某种意义上可以看作是仿生学的成果，其模仿的正是人类或者动物的神经网络的工作方式。当然，神经网络模型对生物的神经网络做了许多简化和抽象。神经网络在开始即受到了生物神经网络特征的启发，其中的改进也依赖于生物学理论的发现。直到后来慢慢形成了一个领域，发展出了自己的一些规则和方法，逐渐开始向更加数学化的方向前进了。

神经网络模型最早可以追溯到 M-P 神经元模型。我们知道，对于生物体的神经元来说，它可以通过突触结构来传递信息，将电信号转化为化学信号后传递给下一个神经元，并重新驱动该神经元的电信号。一个神经元可以从多个前面的神经元得到不同的信号进行整合处理，并且在达到某个阈值的条件下，会产生动作电位，也就是神经细胞的兴奋。这个过程如果用数学的方式抽象出来，那就意味着：一个神经元应该是一个多输入的函数，这个函数根据多元输入计算出结果后，如果超过某个阈值，就得到一个输出结果。这个就是 M-P 神经元模型的基本思路。这个模型的形式如图 2.1 所示。

参考图 2.1，在 M-P 神经元模型中，x_1 到 x_N 表示的是 N 个输入，对应的 w_1 到 w_N 表示它们的权重，而神经元的作用就是对传进来的这 N 个输入按照各自权重加权求和。得到的结果就代表了生物神经元中的膜电位，因此需要看它是否大于阈值来决定是

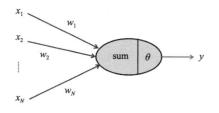

图 2.1 M-P 神经元模型

否激活。激活阈值就是图中的 θ。可以看出，如果 $\sum w_i x_i > \theta$，那么输出 1，否则输出 0。

M-P 神经元简洁地确定了单个神经元处理信息的方式，但是，其中的权重和阈值都是预先设定的，因此对于应用来说并不友好。在 M-P 神经元提出的几年后，神经心理学家唐纳

德·赫布（Donald Hebb）提出了突触可塑性的学习理论，也就是说，神经元之间的连接会随着学习的过程而有所改变，如果一个神经元可以经常激活后面的神经元，那么它们之间的联系也会被加强。这个理论对于人工神经元也有着重要的启发作用，通常被称为赫布准则。基于突触可塑性的观点，人工神经元中对于各个输入的权重应该是可以随着学习的过程发生变化的才合理。因此，可以对权重先设置一个初始值，然后通过数据训练，使权重根据对数据的学习发生变化，从而得到一个可以用来处理该类数据的神经元模型。在这个思路的指导下，产生了罗森布拉特（Frank Rosenblatt）的感知机模型（perceptron）。

罗森布拉特感知机的基本结构如图 2.2 所示。它接受一个 n 维输入及一个偏置项，然后根据加权求和后的结果进行判断是正例（输出结果为+1）还是负例（输出结果为-1）。它的数学表达形式为：

$$o = f(\boldsymbol{W}^\mathrm{T}\boldsymbol{x} + b)$$

其中

$$f(k)\begin{cases} +1, \text{if } k > 0 \\ -1, \text{if } k \leqslant 0 \end{cases}$$

可以看出，感知机模型与 M-P 神经元是等价的，它将阈值放到了偏置项的位置，并且用了简单的符号函数作为最后的激活。

感知机模型的重点在于它是可以训练的，实际上，这个模型就是高维空间中的一个超平面，它可以将空间中的区域分成正负两部分。感知机的训练目标就是，让数据中所有的正样例都被分到超平面计算结果为正的一侧，而所有负样例被分到超平面计算结果为负的一侧。因此，当出现某个样本被错分时，就需要对感知机的超平面进行修改，使错分的点到超平面的距离减少。如果所有的点都被正确分类，那么就不需要再优化了。

通过基于数据的学习，感知机模型可以解决一些二分类问题，但是其也有很明显的局限，其中一个就是它无法处理逻辑中的基本操作——异或（XOR）。如图 2.3 所示，异或操作实际上是对角线的点属于同一类，因此无法用一个超平面直接分开。由于这个缺陷，再加上后来马文·明斯基对于罗森布拉特感知机的局限性的详细描述，使人们对人工智能发展的预期急剧下降，这也就是前面提到过的 AI 的第一次寒冬期。

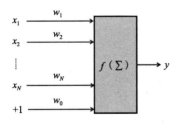

图 2.2 罗森布拉特的感知机模型

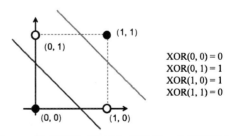

图 2.3 异或问题（XOR）无法被一个超平面分类

实际上，感知机的这个缺陷是可以弥补的，主要的方法就是堆叠感知机的层数，增加它的表示能力。但是这个解决方案在当时是行不通的，因为多层网络的没有很好的训练方法，并且具有很大的计算开销。直到反向传播算法在神经网络应用后，这个问题才算有了合理的解决。而这种方案就是现在的多层神经网络的雏形。

对于多层的神经网络模型，为网络提供非线性是一个重点。因为网络的每一层都是用矩阵相乘的方式表示的，因此都是线性操作，如果不对每层的输出进行激活，那么就相当于用多个矩阵依次处理输入数据，而由于矩阵的乘法性质我们可以知道，这样的过程可以最终化简为一个矩阵乘法，显然这样的模型表现力是有限的。因此，现在的网络都会采用一些非线性函数作为每层数据的后处理，这些被称为激活函数（activation function）。

常用的激活函数有这么几种：sigmoid 函数、ReLU 族、swish 激活函数，以及 maxout 这种特殊形式的激活函数结构。下面，我们分别进行简单介绍。

首先是 sigmoid 函数，sigmoid 是一种较早被使用并且较为常用的激活函数，它可以将(-inf, inf)的输入映射到(0, 1)的区间内，映射后的结果往往被作为概率值使用。它的函数形式为：

$$\text{sigmoid}(x) = \frac{1}{1+e^{-x}}$$

函数图像如图 2.4 所示。

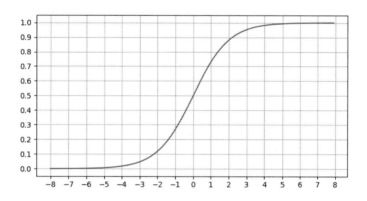

图 2.4 sigmoid 函数图像

传统机器学习中的逻辑斯蒂回归就是用的上面形式的激活函数。在逻辑斯蒂回归中，输入数据先进行线性加权求和，然后再将结果经过 sigmoid 函数，输出一个二分类的概率值，表示样本属于该类别的概率。一般来说，如果 sigmoid 的输出大于 0.5，就认为属于该类，否则就认为不属于该类（负样例）。

sigmoid 函数输出结果易于解释，且可以求导，并且在中间部分（prob=0.5 左右）导数斜率较大，也就是说对于落到这个位置的数据较为敏感，可以有较大的梯度用于更新。但是，sigmoid 函数也有一些固有的缺陷，使得它最终在深度学习模型领域被 ReLU 类函数所取代。

首先，sigmoid 函数在输入较大或者较小的时候分别趋近于 0 和 1，并且曲线较为平坦，导数较小，通常被称为饱和区。这也就意味着，一旦输入落到这些位置，想要通过梯度下降的方式对输入进行更新就很困难了；另外，sigmoid 函数中需要计算 exponential 值，这个计算也需要较大的开销。因此，后面发展出了更加简单的 ReLU 函数用来替代 sigmoid 激活函数。

ReLU 函数的全称为 rectified linear unit，直译过来就是"修正线性单元"。它的函数形式非常简单：

$$\text{ReLU}(x) = \max(0, x)$$

其函数图像如图 2.5 所示。

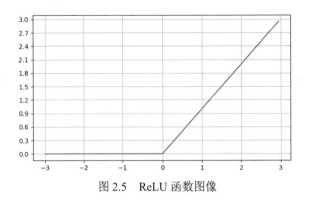

图 2.5 ReLU 函数图像

ReLU 函数在负半轴输出全部为 0，在正半轴为 $y=x$ 的最简单的线性映射。因此它被称为"修正"的线性单元。从函数图像就可以看出，ReLU 避免了 sigmoid 容易饱和的情况，而且导数也更加简单：负半轴为 0，正半轴为 1。ReLU 负半轴为 0 的特性使它所训练出来的网络具有一定程度的稀疏性。但是，这种设计也有一定的副作用：因为如果输出值为 0，说明它落在负半轴，也不会被梯度更新，那么这些神经元在后面就不再起作用了，这样的神经元被称为死亡神经元（dead neuron）。为了避免这个问题，一些新的改进方案也被人们提出，最常见的就是 LeakyReLU、PReLU 以及 ELU，这三者的公式如下：

$$\text{LeakyReLU}(x) = \max(ax, x)$$
$$\text{PReLU}(x) = \max(0, x) + p\min(0, x)$$
$$\text{ELU}(x) = \begin{cases} x & x \geqslant 0 \\ \alpha(e^x - 1) & x < 0 \end{cases}$$

对应的函数图像如图 2.6 所示。

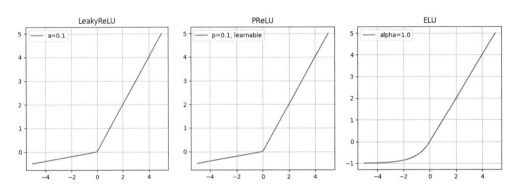

图 2.6 LeakyReLU、PReLU 和 ELU 的函数图像

首先来看 LeakyReLU。LeakyReLU 的想法很简单直接，既然负半轴为常数 0 所以才会死亡，那么给它一个微小的斜率，使在负半轴的取值和导数都不再是 0 就可以解决问题了。LeakyReLU 需要一个参数 a，即负半轴的斜率，一般这个值取得比较小，比如 0.1 或者 0.01，从而在基本保持 ReLU 特性的前提下缓解神经元死亡。

PReLU 的形式和 LeakyReLU 类似，都是通过加入负半轴斜率修改 ReLU 负半轴死亡的问题。但是 PReLU 中的负半轴斜率 p 是一个可以学习的参数。这样的修改可以使函数通过学习的方式对不同的神经元的负半轴进行更加精细的区分，以提高网络的表达能力。

最后看 ELU（exponential linear units）激活函数。ELU 在负半轴采用了指数形式，由于指数函数是大于 0 的，因此负半轴逐渐趋近-α。ELU 也可以缓解负半轴死亡带来的问题，并且指数函数曲线的求导是连续的。

除了上述三种常见的以外，ReLU 类的激活函数还有其他的变种，在不同的任务上也取得了比较好的效果，这里就不再详述。下面我们来看 swish 激活函数。swish 函数的数学形式如下：

$$\mathrm{swish}(x) = \frac{x}{1 + e^{-\beta x}}$$

其中 β 是可调的参数，将 β 设置为不同的数值，函数图像如图 2.7 所示。

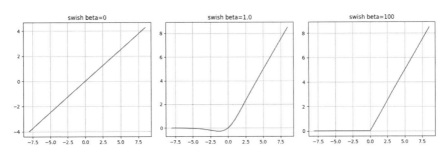

图 2.7　swish 激活函数图像

可以看出，随着参数的改变，swish 激活函数的变化也非常灵活：当 β=0 的时候，swish 函数就退化为了线性函数；当 β=1 时，swish 函数相当于 x*sigmoid(x)；β 取值较大的时候，swish 就会变成类似于 ReLU 的形式。

swish 函数的一阶导数和二阶导数都是连续且平滑的，因此相比于 ReLU 的分段式的导数更有利于优化。另外，swish 函数在 β>0 的时候，是有下界无上界的，因此综合了无上界而不会饱和的优点和有下界对于较大的负数输入不敏感的优点。swish 函数的思路借鉴了类似 LSTM 中的门控的思想，并结合 sigmoid 和 ReLU 的特点，swish 相当于将输入本身的值作为门控的输入，所以本质上是一个通过自身门控来实现的激活函数。

以上就是神经网络中常用的集中激活函数，下面通过代码 2.1 列举一下在 PyTorch 中如何调用这些激活函数。

代码 2.1　在 PyTorch 中调用各种激活函数

```
1.  import torch
2.  import torch.nn as nn
3.
4.  # 创建一个张量作为输入，包含正值和负值
5.  x = torch.tensor([-1, 0, 1, 2], dtype=torch.float32)
6.
7.  # ReLU 激活函数
8.  relu = nn.ReLU()
9.  print("ReLU activation output: ", relu(x))
10.
11. # LeakyReLU 激活函数，负半轴斜率 0.01
12. leakyrelu = nn.LeakyReLU(negative_slope=0.01)
```

```
13. print("LeakyReLU output: ", leakyrelu(x))
14.
15. # PReLU 激活函数,一个可学习参数,初始值设为 0.25
16. prelu = nn.PReLU(num_parameters=1, init=0.25)
17. print("PReLU activation output: ", prelu(x))
18.
19. # swish 激活函数可以用 PyTorch 中的 SiLU 代替,也可以自己根据公式实现
20. # SiLU 相当于 beta 为 1 的 swish, 即 y = x * sigmoid(x)
21. silu = nn.SiLU()
22. print("SiLU activation output: ", silu(x))
23. # 利用 torch 的 sigmoid 函数, 手动实现一个 swish
24. class Swish(nn.Module):
25.     def __init__(self, beta=1.0):
26.         super().__init__()
27.         self.beta = beta
28.     def forward(self, x):
29.         return x * torch.sigmoid(self.beta * x)
30.
31. swish = Swish()
32. print("Swish activation output: ", swish(x))
33.
```

上述代码段的执行结果如下:

```
ReLU activation output: tensor([0., 0., 1., 2.])
LeakyReLU output: tensor([-0.0100, 0.0000, 1.0000, 2.0000])
PReLU activation output: tensor([-0.2500, 0.0000, 1.0000, 2.0000],
grad_fn=<PreluKernelBackward0>)
SiLU activation output: tensor([-0.2689, 0.0000, 0.7311, 1.7616])
Swish activation output: tensor([-0.2689, 0.0000, 0.7311, 1.7616])
```

代码 2.1 展示了当输入为一个 [-1, 0, 1, 2] 的向量时各个激活函数的输出结果。首先,ReLU 直接将负半轴的值为 0;LeakyReLU 则会根据它的参数值给予一定的释放;PReLU 的输出也是同样,但是注意到它的 grad_fn 不为空,说明它是需要求导的,即需要对参数进行学习。在 PyTorch 中,PReLU 有两个重要参数:num_parameters 和 init,其中 init 即为上述的 p 的初始值,而 num_parameters 指的是需要几个可学习的参数。这个位置只能允许两种取值:1 或者通道数(通道数这个概念会在后面的卷积神经网络相关内容详述,这里可以简单理解为特征的组数),取值为 1 即使用对所有通道用同样的参数,否则各个通道数的参数值 p 分别学习,因此最后的取值可能不同。

对于 swish 激活函数,在 PyTorch 中一般用 SiLU 来替代,它相当于是 β=1 时的 swish 函数。如果想要调节 β,可以用代码 2.1 中的方法通过调用 torch.sigmoid 这个函数自己实现一个 swish。在代码 2.1 中,由于 swish 函数的 β=1.0,因此应该和 SiLU 的结果是相等的。上面的输出结果也验证了这一点。

最后,再来讨论一个特殊但有意思的激活函数(结构),称为 maxout,它在 2013 年被伊恩·古德费洛(Ian Goodfellow,GAN 的作者,对抗生成网络奠基人之一)提出。maxout 的基本思想是:通过多个分片线性函数去拟合任意凸函数,从而实现拟合表征能力更强的非线性结构。

maxout 的实现方式很直观,如图 2.8 所示。首先,将输入先传入一个隐层(hidden layer),隐层的每个神经元都相当于对输入计算了一个线性函数,然后,通过一个 max 操作,将所有线

性函数的最大值取出来，作为激活函数的最终输出。

　　那么，为什么这样的结构可以拟合任意凸函数呢？我们可以这样考虑：在输入为任意值的时候，隐层节点总有一个最大值被取到。如果遍历所有的输入值，那么对于输入值某一个区间，它的输出是其中的某个线性函数的输出，如果把所有的可能取值的区间都遍历过后，输出就相当于多个按照输入分段的连续的线性函数的组合。而由于取的是 max 而非 min，因此可以想象一下，在两条直线相交的情况下，我们只取各自位于上面的那一部分，如果是多条直线，取出来的必然是一个凸函数的形式。因此，maxout 是可以拟合

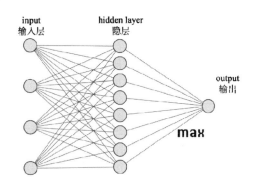

图 2.8　maxout 激活函数示意图

任意凸函数的。如图 2.9 所示，展示了 maxout 拟合 ReLU 函 $y=\max(0, x)$、绝对值函数 $y=|x|$ 以及二次函数 $y=x^2$ 的结果。

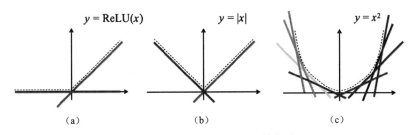

图 2.9　maxout 拟合各种凸函数的结果

　　另外，如果用两个 maxout 拟合的凸函数相减，那么非凸函数也可以被拟合了。如图 2.10 所示，展示了用两个凸函数相减得到一个非凸函数的例子。这里的图 2.10（a）和（b）分别为 ReLU 函数与绝对值函数，两个都是凸函数，相减后的结果图 2.10（c）就是一个非凸函数。这一特点表明了 maxout 具有很强的拟合能力。当然，maxout 的这种强大的拟合能力是有代价的，那就是它用一个神经网络代替了通常由一个函数计算的激活函数功能，使得计算量大大增加，因此，在现有的神经网络模型中，通常还是采用类似 ReLU 及其变种等传统的激活函数。

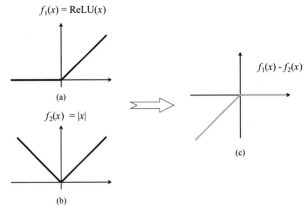

图 2.10　两个凸函数相减得到非凸函数的示例

代码 2.2 是用 PyTorch 简单实现一个 maxout 的结构。

代码 2.2　PyTorch 实现 maxout 激活函数

```
1.  import torch
2.  import torch.nn as nn
3.
4.  class Maxout(nn.Module):
5.      def __init__(self, d_in, d_hid):
6.          super().__init__()
7.          self.d_in = d_in
8.          self.d_hid = d_hid
9.          self.hid_layer = nn.Linear(d_in, d_hid)
10.
11.     def forward(self, inputs):
12.         # inputs size: [n, c]
13.         out = self.hid_layer(inputs)
14.         print("hidden output : ", out)
15.         maxi = torch.max(out)
16.         return maxi
17.
18. maxout_act = Maxout(d_in=3, d_hid=5)
19. input_tensor = torch.rand([1, 3])
20. output = maxout_act(input_tensor)
21. print("Maxout output : ", output)
```

输出结果为：

```
ihidden output :  tensor([[-0.4706, -0.8459, 0.6163, 0.7018, -0.3088]],
        grad_fn=<AddmmBackward0>)
Maxout output :   tensor(0.7018, grad_fn=<MaxBackward1>)
```

在代码 2.2 中，首先，建立一个名为 maxout 的 class，继承自 PyTorch 定义的作为网络结构模块的一个基础的类 nn.Module。在初始化阶段（即 __init__）中，定义了输入的尺寸以及隐层的节点数，并且生成了一个线性层（即 nn.Linear），该层的输入和输出分别为 d_in 和 d_hid。nn.Module 类型的网络结构在 forward 阶段进行前向计算，即计算隐层各个线性输出的结果，然后取最大值。为了方便查看中间结果，还在 forward 里面打印了隐层的输出。在调用过程中，只需要用实例名加括号即可执行 forward 内的操作。另外需要注意的是，虽然在 maxout 结构里定义的输入是一维的（实例化后的尺寸为 3），但是这里的 input_tensor 是二维的，多出来的维度是第一个维度，叫作 batchsize，相当于对一维的尺寸为 3 的输入进行批量处理。第二个维度就是每个输入的尺寸，因此这里是 3。从输出可以看出，maxout 对隐藏层的各个输出取了最大值，符合预期。

到此为止，介绍完了神经元的非线性的来源——激活函数。这样一来关于单个神经元的内容应该都有一个基本了解了。下面要做的，就是如何利用这个神经元构造神经网络并进行学习。

首先来了解如何通过神经元构建神经网络。其实在前面讲解 maxout 的时候已经看到一些类似的部分了。对于一个神经网络来说，最简单的就是多层感知机模型（multi-layer perceptron，MLP），它通过感知机（广义的"感知机"，保留了计算方式，但是激活函数可以不同）的堆叠和连接形成网络，后面的复杂网络都可以看成是对 MLP 模型在某些领域加入先验的一些改进。

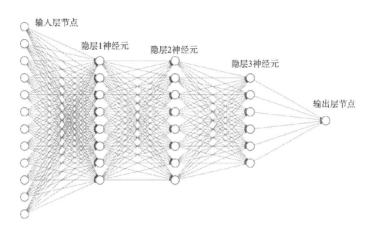

图 2.11　MLP 神经网络模型结构示意图

MLP 模型的结构如图 2.11 所示。输入层和输出层之间是网络的隐藏层。上面的每个节点都是一个感知机模型，因此它们会将输入进来的值进行加权求和并经过激活函数处理。每层的输入就是上一层的输出。如果将每层的输入输出都以向量的形式表示，那么，对于第 i 层的第 j 个神经元来说，它的值由第 $i\text{-}1$ 层的所有神经元组成的向量与对应于该神经元的所有权重形成的向量相乘后再经过激活函数处理得到。因此可以写成向量点相乘再经过一个非线性函数的过程。由于需要对第 i 层的所有神经元都如此操作，这个过程就可以写成矩阵相乘的形式，然后再将结果经过激活函数处理。用数学的方法表示就是：

$$x_i = f(W_i x_{i-1} + b)$$

对每一层都进行上述操作，整个过程可以看成多个上述函数的复合。以上就是 MLP 的基本形式。如果以图 2.11 的网络为例：输入为长度为 12 的向量，第一个隐层有 8 个节点，因此这一层的可学习的权重即为 8×12 尺寸的矩阵；同理，第二个隐层的权重尺寸为 8×8，以此类推，最后用一个 1×6 的权重矩阵得到一个长度为 1 的输出节点。

2.1.2　梯度下降与反向传播算法（BP 算法）

有了网络结构，接下来就要考虑如何让网络针对任务进行"学习"，也就是网络的训练。这个过程实际上就是一个优化问题的求解过程。一般来说，网络的输出结果是一个与任务相关的变量，比如对于分类问题一般是表征各个类别的向量，回归问题则是需要拟合的目标值。

对于一个有监督的训练过程来说，已知的训练集同时有表示输入和真实值（groundtruth，GT）的配对数据，因此，当用一个数据对中的输入经过网络后，会得到一个预测值（prediction），将这个预测值与该数据对中的真实值计算误差，就可以知道此时的神经网络模型对于该数据预测的准确性如何。这个误差一般称为损失函数（loss function），它的计算有很多种，比如回归问题可以用绝对值误差或者平方误差等。训练网络的过程，就是要将这个损失函数在训练集上的值降低，从而使网络能够较准确地预测结果。

按照第一章中介绍的优化问题的形式，优化目标就是损失函数，优化的变量则是网络中的可学习的参数，比如各层的权重。一般来说，神经网络的优化问题是非凸的，但是仍然采用梯度下降（gradient descent）作为最常用的优化策略。

第一章中已经介绍了多元函数的梯度的概念。我们知道，对于一个待优化的损失函数，某一点上的梯度方向是在这个位置损失函数上升最快的方向，而我们希望让损失函数变小，因此应该在负梯度上进行优化。梯度下降法是一种迭代的优化方式，基本形式如下：

$$x_n + 1 = x_n - \eta \frac{\partial f(x_n)}{\partial x_n}$$

其中，x_n 是上一次迭代得到的结果，而 $\frac{\partial f(x_n)}{\partial x_n}$ 是上次的位置计算得到的梯度值。其中 η 称为学习率（learning rate），它表示的是迭代速度的快慢，通过学习率可以控制每一次更新的步长，学习率高优化速度更快，但是也容易导致不稳定；而学习率低则优化速度慢，效率较低。因此，如何确定适合的学习率对于网络的优化也非常重要。

要用梯度下降来更新参数，就需要计算每个状态下损失函数相对于网络参数的梯度。对于上述的监督学习的形式来说，最直接的方法就是用所有的训练样本对梯度进行计算，但是当训练样本规模很大时，这种方式效率很低，因此实际中不太适合采用。一个常用的替代方案就是随机梯度下降（stochastic gradient descent，SGD）。SGD 的方法是：在所有训练样本中随机抽取一个样本，用它对网络参数计算梯度，并且更新梯度。将上述步骤重复，就可以实现参数的逐渐迭代。SGD 由于每次都随机抽取一个样本，它的迭代效率要比用全部数据作梯度下降高得多，同时，这种方式还为网络的优化过程提供了一些随机性，使其不容易陷入局部极小值（局部极小值是神经网络优化中的一个非常令人头痛的问题，其根源来自复杂网络结构的非凸性），但同时也会容易受到噪声数据的影响。SGD 是实际工作中经常使用的一种优化器，但也是最原始的。现在的网络训练采用的往往是加入了某些自适应操作的类的 SGD 方法。

另外，SGD 每次只更新一个样本的方法现在通常也不再采用，而是将若干个样本作为一个批次（mini-batch，或 batch），用来进行参数更新。mini-batch 的大小往往称为 batchsize。通常来讲，batchsize 越大，模型的收敛速度越快，而同时所需要的现存大小和计算量也随之上升；反之，计算量相对减小，但是也需要更久的时间和迭代次数才能收敛。

现在我们已经知道了如何用梯度更新权重参数，下面，来讨论一下如何计算各参数的梯度。对于单个神经元来说，梯度的计算比较简单，即将其看成是激活函数与线性函数的复合函数，按照对应的导数进行处理即可。而对于多层神经网络模型，如何计算其中的某一层的参数梯度呢？这就要提到反向传播算法（back propagation，BP）。反向传播算法的基本思路就是将整个网络看成一个各层形成的复合函数，从损失函数对输出的求导开始，从后向前逐层计算梯度。当后面的层计算好梯度后，就可以利用复合函数的链式法则对前面的层进行求导，以此进行迭代，直到计算到输入层的梯度。然后，用得到的梯度对所有层进行参数更新，更新方法即为上面提到的 SGD 等方法。BP 算法的过程如图 2.12 所示。图 2.12（a）为预测值与真实值计算损失函数，并对输出值求导；图 2.12（b）为利用损失函数对输出值的导数，求最后一层的梯度；图 2.12（c）为以最后一层梯度，结合链式法则求解导数第二层梯度；图 2.12（d）为用类似方法计算第一层梯度，此时所有参数的梯度均已经计算完成，可以开始进行权重更新。

考虑到反向传播算法连续相乘的特性，对于层数较深的网络，如果要计算浅层（更靠近输入的网络层）的梯度，那么就需要后面大量的网络层的参数做乘法运算。这样一来，如果梯度数值较小，则可能经过多次相乘后变为 0，也就是浅层梯度为 0，无法再训练到浅层；相反，如果梯度数值较大，可能经过多次相乘后，浅层的梯度取值非常大，导致训练发散，无法收敛到合适的结果。这两种通过反向传播训练深度网络时常见的问题分别被称为梯度消失（gradient vanishing）和梯度爆炸（gradient explosion）。

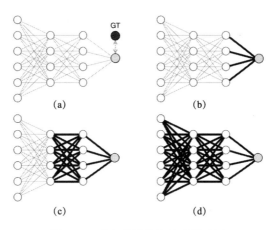

图 2.12　反向传播算法的步骤示例

如何解决上述问题呢？一个简洁但有效的方法就是通过残差连接（residual connection）将输入和网络层的输出在最后相加，相当于网络层并不是学习映射，而是学习映射后相对于原输入的残差。这个结构被称为 ResBlock，在著名的 ResNet 论文中被提出。它的基本结构如图 2.13 所示。通过恒等映射（identity map）将输入 x 加到网络的输出中，使得对于 x 求解梯度时值不至于过小，从而为更深层的网络提供了条件（事实上，ResNet 论文中甚至实验过上千层的网络，而常见的 ResNet 也一般有 50 层或者 101 层，这在当时是可以做到的非常深的层数了）。

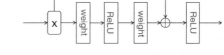

图 2.13　ResBlock 结构示意图

我们可以用 PyTorch 实现一个基于 MLP 网络的 ResBlock 的结构，见代码 2.3。

代码 2.3　用 PyTorch 实现 MLP 的 ResBlock 结构

```
1.  import torch
2.  import torch.nn as nn
3.
4.  class ResBlockMLP(nn.Module):
5.      def __init__(self, hidden_size):
6.          super(ResBlockMLP, self).__init__()
7.          self.fc1 = nn.Linear(hidden_size, hidden_size)
8.          self.relu = nn.ReLU(inplace=True)
9.          self.fc2 = nn.Linear(hidden_size, hidden_size)
10.
11.     def forward(self, x):
12.         identity = x
13.         out = self.fc1(x)
14.         out = self.relu(out)
15.         out = self.fc2(out)
16.         print("[ResBlockMLP] residual is: ", out)
```

```
17.         # 残差连接
18.         out = out + identity
19.         out = self.relu(out)
20.         return out
21.
22. x_in = torch.rand((1, 4))
23. resblock_mlp = ResBlockMLP(hidden_size=4)
24. x_out = resblock_mlp(x_in)
25. print("resblock input is : ", x_in)
26. print("resblock output is : ", x_out)
27.
```

输出结果为：

```
ResBlockMLP] residual is: tensor([[-0.0651, -0.4220, -0.5628, -0.6647]],
grad_fn=<AddmmBackward0>)
   resblock input is : tensor([[0.8251, 0.2741, 0.9598, 0.0541]])
   resblock output is : tensor([[0.7600, 0.0000, 0.3970, 0.0000]],
grad_fn=<ReluBackward0>)
```

下面我们结合代码 2.3 来说明一下。首先，仍然是定义一个 ResBlockMLP 的类，继承自 nn.Module，它的参数就是 hidden_size，也就是特征维数。在初始化成员方法中定义了两个隐含层，以及 ReLU 函数。在 forward 前向计算过程中，首先经过 self.fc1，self.relu 和 self.fc2，得到该层参数的计算结果 out，然后，将输入 x（即 identity）与 out 相加，并通过 self.relu 后输出，即可得到最终 ResBlockMLP 的结果。参考代码输出，可以看到输入和计算的残差，最后结果中小于 0 数值的被 ReLU 置 0，而大于 0 的数值则为输入与残差的和。

2.1.3 神经网络的正则化策略

正则化（regularization）指的是通过某种条件限制来控制模型的复杂程度。在介绍正则化概念之前，先来通过一个问题说明为何需要正则化。有这样一个例子，如图 2.14 所示。图 2.14（a）为线性函数欠拟合；图 2.14（b）为正常的拟合；图 2.14（c）为复杂度过高的模型的过拟合。

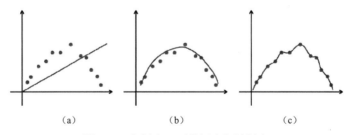

（a）　　　　　　　（b）　　　　　　　（c）

图 2.14　欠拟合、正常拟合与过拟合

在图 2.14 中，圆点表示训练数据，曲线表示模型的拟合结果。直观上可以看出来，圆点的分布符合一个类似二次函数的形式。对于不同的模型来说，其拟合的效果也不相同。如果采用线性函数，自然是无法表征数据的分布特点，这种情况往往称为欠拟合（under-fitting），即模型过于简单或者训练没有收敛，导致模型"没有学好"；正常情况下应该如中间的曲线所示，可以较为简单地模拟数据分布，并且对噪声和偏差有一定的容错性和鲁棒性（robustness），这个模型我们可以认为"学得适当"；而对于最后一个曲线，我们发现它比中间的曲线在损失函数层面学得更好，已知的训练集中的每个点都可以被它完美拟合，然而我们要知道，模型学习的最终目的不是在训练集上完美拟合，而是要在没见过的数据上做出合理的预测。因此，这样看来，右边的曲线就过于复杂了，这种情况一般称为过拟合（over-fitting），说明模型"在已知数据上学得过头了"。这样的模型就类似一个刷了大量的题库但是不会举一反三的学生，见过的题目都会回答，但是解决新题目的能力却比较差。欠拟合和过拟合都是我们训练模型过程中需要避免的。

那么，为什么要引入正则化？正则化就是为了帮助我们防止或者减缓模型的过拟合。对于神经网络模型来说，参数权重过大往往会导致过拟合，因此常用的方法就是约束权重的大小。通常有以下几种方式：

首先是 L_1/L_2 正则化。这种方式非常直接，就是在原来损失函数的基础上再加入一个损失项，即待优化参数的 L_1/L_2 范数。随着优化迭代的进行，权重的大小也会被纳入惩罚项，因此可以一定程度上缓解过拟合。

另一种方法是早停（early-stopping）策略，即在迭代过程中提前中止训练，以防止训练过度导致在训练集上过拟合，反而无法在新数据上泛化。

此外，还有一些网络结构的设计层面的正则化策略，较为经典且常用的有批规范化（batch normalization，BN）和 Dropout 策略。

批规范化的基本过程如图 2.15 所示。首先，对于训练网络的一个 batch 的数据，对其中的所有样本求均值和方差，并且以此将输入数据进行归一化，归一化的策略即 $(x-mean)/\sqrt{var+\varepsilon}$。这样一来，各层的输出的分布特征区别就被取消了，这样会影响网络的拟合能力。为了还原网络不同层的表达能力，需要引入两个可学习的参数：γ 和 β。它们与输入样本数据有着相同的大小，用来对归一化后的结果重新进行线性映射，得到最终的输出。

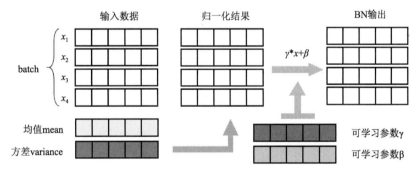

图 2.15　批规范化（BN）的基本过程示意图

我们用 PyTorch 在 MLP 上手动实现一个 BN 模块（实际上 PyTorch 自带了 BN 层，这里主要是为了讲述计算过程，因此用简单的运算操作手动实现了一遍 BN 的基本功能）并进行简单测试，见代码 2.4。

代码 2.4　用 PyTorch 实现 MLP 的 Batch Norm 结构

```
1.    import torch
2.    import torch.nn as nn
3.
4.    # 创建一个对于一维数据（形如 1xN）的 BatchNorm 类
5.    class MyBatchNorm(nn.Module):
```

```
6.
7.      def __init__(self, num_features, eps=1e-05, momentum=0.1):
8.          super(MyBatchNorm, self).__init__()
9.          self.eps = eps
10.         self.momentum = momentum
11.         # gamma 和 beta 分别为可学的线性系数与偏置，作用于标准化后的数据上
12.         self.gamma = nn.Parameter(torch.ones(num_features))
13.         self.beta = nn.Parameter(torch.zeros(num_features))
14.         # 注册一个持久化的状态变量，用于保存和更新已训练过的 batch 的均值方差
15.         self.register_buffer('running_mean', torch.zeros(num_features))
16.         self.register_buffer('running_var', torch.ones(num_features))
17.
18.     def forward(self, x):
19.         if self.training:
20.             # 计算当前 batch 均值方差
21.             mean = x.mean(dim=0)
22.             var = x.var(dim=0, unbiased=False) # torch 2.0 : var = x.var(dim=0,
    correction=0)
23.             # 更新 running_mean 和 running_var，利用 momentum 控制更新程度
24.             self.running_mean = self.momentum * self.running_mean + (1 - self.
    momentum) * mean
25.             self.running_var = self.momentum * self.running_var + (1 - self.
    momentum) * var
26.         else:
27.             mean = self.running_mean
28.             var = self.running_var
29.         # 对 batch 利用当前的 mean 和 var 进行标准化
30.         x_norm = (x - mean) / torch.sqrt(var + self.eps)
31.         # 用 gamma 和 beta 重新映射
32.         out = self.gamma * x_norm + self.beta
33.         return out
34.
35. # 输入数据为 12 个一维数据，特征长度为 4。batchsize 设置为 3，共运行 4 个 batch
36. x_in = torch.randn((12, 4))
37. batchsize = 3
38. num_batch = len(x_in) // batchsize
39.
40. batchnorm = MyBatchNorm(num_features=4)
41.
42. batchnorm.train()
43. # 进入循环，注意这里没有进行参数优化，因此 gamma 和 beta 均为初值
44. for iter_idx in range(num_batch):
45.     batch = x_in[iter_idx * batchsize: (iter_idx + 1) * batchsize]
46.     out = batchnorm(batch)
47.     print("======")
48.     print("original batch : \n", batch)
49.     print("norm output : \n", out)
50.
51. print("======")
52. print("Batch Norm running mean : ", batchnorm.running_mean)
```

```
53. print("Batch Norm running var : ", batchnorm.running_var)
54.
```

其输出结果为：

```
======
original batch :
 tensor([[-1.2093,  3.5822,  0.1828, -1.2651],
         [-0.2978,  0.5189,  0.3868,  1.1954],
         [ 0.0931, -0.0407, -2.8381, -0.5692]])
norm output :
 tensor([[-1.3524,  1.3996,  0.6368, -1.0160],
         [ 0.3180, -0.5241,  0.7752,  1.3599],
         [ 1.0344, -0.8755, -1.4120, -0.3440]], grad_fn=<AddBackward0>)
======
original batch :
 tensor([[-1.0335, -0.4893, -0.8674,  0.9596],
         [-1.0777, -0.6985,  2.1422,  1.7928],
         [-0.5675, -0.3237,  0.6502,  0.3542]])
norm output :
 tensor([[-0.6091,  0.0947, -1.2282, -0.1287],
         [-0.8006, -1.2691,  1.2213,  1.2840],
         [ 1.4098,  1.1744,  0.0069, -1.1553]], grad_fn=<AddBackward0>)
======
original batch :
 tensor([[ 0.4634, -0.7586,  0.0655,  1.0652],
         [-0.7732, -0.6084, -0.9188,  0.1242],
         [ 0.4910,  0.9584, -0.4653, -0.5280]])
norm output :
 tensor([[ 0.6836, -0.8016,  1.2555,  1.2917],
         [-1.4139, -0.6082, -1.1914, -0.1472],
         [ 0.7304,  1.4098, -0.0640, -1.1445]], grad_fn=<AddBackward0>)
======
original batch :
 tensor([[-1.0154, -0.3029, -0.0383,  0.5571],
         [ 0.5205, -0.2410, -0.2016, -0.3659],
         [-1.5091,  0.0574,  0.0785, -0.7560]])
norm output :
 tensor([[-0.4019, -0.8943,  0.1348,  1.3537],
         [ 1.3752, -0.5012, -1.2861, -0.3227],
         [-0.9733,  1.3956,  1.1513, -1.0311]], grad_fn=<AddBackward0>)
======
Batch Norm running mean :  tensor([-0.6042, -0.1615, -0.0829, -0.1405])
Batch Norm running var :  tensor([0.7043, 0.0791, 0.0421, 0.3155])
```

在代码 2.4 中首先定义了一个 momentum，用它来动态更新 running_mean 和 running_var 这两个注册的 buffer。这两个值的作用在于测试阶段以此作为规范化的参数，从而与训练数据尽可能保持一致。另外，其中的 gamma 和 beta 是可以学习的，我们在迭代过程中没有进行梯度下降，因此这两个值仍然保持初始的 1 和 0，使得代码的输出里，norm output 项都是 0 均值 1 方差的。在实际网络训练过程中，这两个值是需要训练修改的。

下面再来介绍另一个神经网络中的正则化策略——dropout。

dropout 的一个直接的思路来源就是机器学习中的模型集成（ensemble）。所谓的模型集成，指的是对一批数据，通过某种采样，有差别地训练多个模型，然后将这些模型的结果进行汇总统一，比如投票或者平均值等等，产出一个最终的结果。由于多个不同模型的偏向不同，因此通过集成的方式可以一定程度消解掉各个模型分别过拟合带来的影响，从而得到更好的泛化性能。然而，对不同网络进行集成需要更多的计算资源，因此，可以考虑在模型内部去模拟这种采样和分别训练的过程，达到类似的效果。这就是 dropout 的基本思路。

dropout 的操作过程其实很简单，那就是在训练过程中随机丢掉某些神经元。如图 2.16 所示，（a）为原始网络结构；（b）和（c）为训练阶段两次随机丢弃得到的结果，虚线表示被丢弃的神经元及其权重参数；（d）为测试阶段保留所有权重，但是根据保留比例乘以系数。对于一个普通的神经网络，我们设置一个概率 p，它表示的是在训练过程中，一个神经元被丢掉的概率有多大。

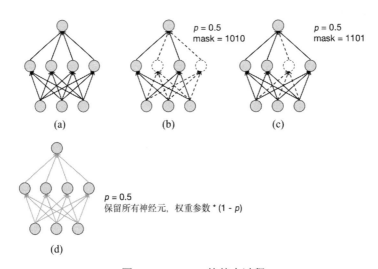

图 2.16　dropout 的基本过程

对于训练阶段，每次需要根据丢弃概率 p 来决定每个神经元是否需要被丢掉。被丢掉的神经元及其连接的权重不参与前向与反向传播的计算。每次丢弃的概率是相同的，但是被丢弃的神经元是不同的。对于测试阶段，所有的神经元和权重都被保留，但是需要乘以系数 $(1-p)$，使网络输出与训练时丢弃部分的期望保持基本一致。

dropout 的思路还可以有另一个形象的启发性解释：比如生物界的进化，如果按照演化的观点，当生物的某一个特征足够适应环境时，最好的结果就是原原本本地将这个特征传递下去。而实际上，生物世界并非如此，相比起可以完全保留特征的无性繁殖，可能会产生变异的有性繁殖反而成了更高级的方式。换句话说，自然界倾向于让不同的特征（基因）进行随机地排列组合，降低某几个特征的共同作用，从而应对环境"过拟合"的情况。对于神经网络的训练也是如此，通过 dropout 操作，可以降低不同神经元之间的不正确的协作，从而使网络不会因为某个或者某些神经元的消失而结果下降太大。各个神经元都可以较为独立地学习数据特征，网络就会更加鲁棒。

下面，我们就用 PyTorch 根据原理来实现一个 dropout 结构，见代码 2.5。与 BN 一样，dropout 也有现成的接口，在实际应用中直接调用即可。代码 2.5 的实现仅为说明原理。

代码 2.5 用 PyTorch 实现 MLP 的 dropout 结构

```
1.  import torch
2.  import torch.nn as nn
3.
4.  class Dropout(nn.Module):
5.      def __init__(self, p_drop=0.5):
6.          super().__init__()
7.          self.p_drop = p_drop
8.
9.      def forward(self, x):
10.         # 训练阶段，随机丢弃一部分神经元
11.         if self.training:
12.             mask = torch.bernoulli(torch.ones_like(x) * (1 - self.p_drop))
13.             print("dropout mask is : ", mask)
14.             x = x * mask
15.             return x
16.         # 测试阶段，保留所有的神经元，并进行缩放保持期望一致
17.         else:
18.             return x * (1 - self.p_drop)
19.
20. x_in = torch.rand((1, 8))
21. print("x_in : ", x_in)
22. dropout = Dropout(p_drop=0.4)
23. x_out = dropout(x_in)
24. print("x_out : ", x_out)
25.
```

输出结果如下：

```
x_in : tensor([[0.0674, 0.5090, 0.4732, 0.0729, 0.1856, 0.1164, 0.5456,
0.3603]])
dropout mask is : tensor([[0., 1., 0., 1., 1., 1., 0., 0.]])
x_out : tensor([[0.0000, 0.5090, 0.0000, 0.0729, 0.1856, 0.1164, 0.0000,
0.0000]])
```

可以看出，通过 dropout，神经元在训练时被 mask 覆盖掉一部分，这部分不能参与计算。在测试阶段，通过乘以保留概率，对训练时的部分神经元丢弃进行补偿。

2.2 卷积神经网络与注意力机制

本节我们将介绍卷积神经网络（convolutional neural network，CNN）以及注意力机制（attention）及其在计算机视觉模型中的应用的相关内容。

2.2.1 卷积神经网络模块与结构

卷积神经网络是一种在计算机视觉领域内被广泛使用的模型类型。相比于前面讲过的 MLP 模型，它具有一系列适应于图像这种数据结构的特点，比如局部性、平移不变性等等。卷积神经网络最基础的部件通常包括如下几种：卷积层（convolutional layer）、池化层（pooling layer）、BN 层、全连接层（fully connected layer）。下面就来逐一介绍。

首先是卷积层。在介绍卷积层之前，我们来了解卷积（convolution）这个操作。卷积操作在信号处理领域有广泛的应用。对于两个输入 $x(n)$ 和 $y(n)$，两者的卷积结果为：

$$z(n) = x(n) * y(n) = \sum_{-\infty}^{\infty} x(k)y(n-k)$$

参考上面的计算式，可以形象地将卷积操作理解为一个信号反转后，与另一个信号平移相乘。这两个输入中，如果一个为系统的响应函数，另一个为输入，那么卷积的结果就是系统的输出；如果其中一个是卷积核（kernel），即用来提取信息的特定函数，那么卷积结果就是另一个信号的特征表示。

在二维上，卷积操作也可以很自然地得到推广。我们将两个信号分别视为图像和卷积核（通常是一个更小的"图像"），那么这个过程可以参考图 2.17 来表示。

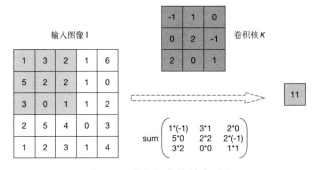

图 2.17　卷积操作的基本过程

我们将卷积核记为 K，大小为 $s \times s$（s 一般为奇数），原图记作 I，大小为 $h \times w$，卷积的过程就是将 K 从 I 的左上角开始，利用滑动窗口的方式对原图 I 进行覆盖，并且对每次覆盖到的位置进行逐元素相乘求和。这里可以不考虑卷积核的反转（只要将现有的卷积核定义为已经反转过的即可），也不考虑图像的通道（卷积核和图像只要通道数一致，即可直接推广到多通道的卷积过程）。这个过程可以用如下数学形式表示（其中 $s/2$ 表示整数除法，比如 3/2=1）：

$$O(i,j) = \sum_{m=-s/2}^{s/2} \sum_{n=-s/2}^{s/2} K(m,n)I(i+m,j+n)$$

在每个位置求和得到的结果，可以放入输出图中，如果滑动窗口每次只移动一个单位，并且对于边缘进行 $s/2$ 个单位填充（padding），那么可以得到一个与输入图大小一样的结果，如图 2.18 所示。

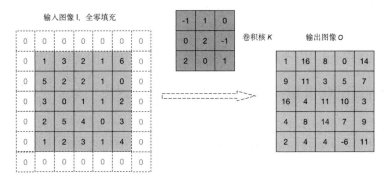

图 2.18　卷积操作的结果

这种过程在传统图像处理中被称为空域滤波，其中卷积核就是滤波器（filter），这个说法在卷积神经网络中也经常采用。神经网络中的卷积与传统图像处理的空域滤波的区别在于：神经网络中的卷积核，或者说滤波器，是可以学习的，是通过训练数据和训练任务自适应得到的。而传统图像处理的滤波器通常是针对特定任务设计的（比如用于模糊的高斯核，用于提取边缘的 Sobel 算子或者拉普拉斯核等等）。当然，我们也可以反过来说：传统图像处理中的操作，如果能写成卷积的形式，是可以嵌入到卷积神经网络中来的。这个操作在有些模型的优化中会被采用。

下面再补充关于卷积的两个概念，第一个是步长（stride），它指的是卷积核滑动一次移动的长度。比如图 2.18 中每次水平或者竖直移动 1 个单位，就可以记作 stride=1。而我们也可以将 stride 设置为大于 1 的数，比如 stride=2，每次移动 2 个单位，那么输出的尺寸（宽和高）就会缩小成以前的一半，以此类推。在 CNN 网络设计中，可以通过调整步长实现下采样。另一个概念是填充模式，一般分为三种：全部（full）、相等（same）和有效（valid）。这三种填充模式参考图 2.18 可以很形象地理解。"全部"模式是只要还有一个像素点重合，就要计算这里的输出，这样得到的结果一般比输入要更大；"相等"模式我们已经见过了，就是根据卷积核尺寸在上下左右各补充其半数，使得输入输出保持大小一致；"有效"模式实际上就是不填充，只对卷积核中所有位置都覆盖到真实图像像素的那些点进行操作，这样得到的输出一般比输入小一些。

上面我们讲的是对于二维上的操作。下面，考虑一个大小为 $h×w×c$ 的输入，其中 c 表示通道数，卷积核大小为 $s×s×c$，那么上面的卷积计算公式还要在对应的通道上进行一次求和。因此得到的输出通道数为 1。如果我们有 c' 个这样的卷积核（滤波器），并将它们的结果在通道维度堆叠起来，那么就可以得到一个 c' 通道的输出。通过这种方式，一张图片可以被转为多个通道的特征图（feature map），而这样的特征图又可以继续作为输入进行卷积，这样就实现了卷积的级联，从而提取到不同级别的特征。执行这一提取特征任务的计算层，就是我们要介绍的卷积层。

卷积层有如下几个特点：

首先是局部连接和权重共享，对于卷积操作来说，它只对滑动窗口内部进行计算，因此只需要局部连接，即后一层的某个位置的值只和前一层的部分位置的值有关（而 MLP 是需要全局连接的，后一层的值需要由前一层的所有数据计算），并且对于不同的滑动窗口，卷积核的值是相同的，这就大大减少了计算量和参数，它实际上是利用了自然图像内容上局部性的先验知识；

然后是平移不变性。平移不变性直接来源于卷积核的权重共享。我们希望对于高阶语义特征来说，网络的判断不会因为物体在图像中的位置而有所区分。比如一个杯子，它不管在图片中的什么位置都应该被预测为杯子。这也是卷积层针对自然图像任务的特点进行的设计。

最后是可学习的自适应能力。在卷积层中，卷积核都是可学习的参数，因此随着网络的训练迭代，得到的卷积核可以越来越准确地提取对应于任务的图像特征。

除了上述基础版本的卷积层以外，还有几种常用的特殊卷积层。比如分组卷积（group convolution），它指的是对于输入特征图的通道进行分组，每个组分别进行卷积得到输出，然后将所有组的输出进行合并得到总的输出结果。它的操作过程如图 2.19 所示。

我们可以看出，对于一个分组卷积来说，如果输入特征图的尺寸为 $h×w×c$，组数为 g，每个组有 $c/g = m$ 个通道（g 需要整除 c），如果想要得到一个输出为 c' 通道的特征图，那么每组输出为 $c'/g=p$ 个通道。这样算下来，总共需要 c' 个卷积核，每个组 p 个，这些卷积核的大

小为 $s\times s\times m$（s 为卷积核的尺寸）。也就是说总共需要的参数量为 $c'\times s\times s\times m$。相比于普通卷积，需要 c' 个 $s\times s\times c$ 的卷积核，即参数量为 $c'\times s\times s\times c$，参数量降低到 $1/g$ 的比例，所需的计算量也随之减少。因此，分组卷积往往用来减少网络的计算量和参数量，使网络更加轻量化，从而提高模型性能和效率。

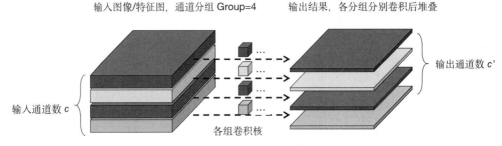

图 2.19　分组卷积的操作过程

分组卷积的一种特殊形式就是分组数等于输入通道数，即 $g=c$，从而每组只有 1 个通道。这个特例被称为深度卷积（depthwise convolution）。这样可以最大程度减少参数量（因为组数越多减少的程度越大）。但是，分组卷积也有其问题，那就是各个通道之间的信息无法沟通。为了解决这一问题，我们可以利用另一种特殊的卷积核，即 1×1 卷积，或者叫逐点卷积（pointwise convolution）。它对于输入通道为 c 的特征图，实际卷积核大小为 $1\times1\times c$，但是由于其核的尺寸相比于 3×3 的降低了 9 倍，因此计算量也有很大程度的降低。1×1 卷积可以沟通不同通道之间的信息，与深度卷积结合，就可以实现在小计算量约束下更大限度地利用空间和通道的特征信息。这种组合了深度卷积和逐点卷积的结构叫作深度可分离卷积（depthwise separable convolution），它的操作过程如图 2.20 所示。经典轻量化网络 MobileNet 中就采用了深度可分离卷积的结构。

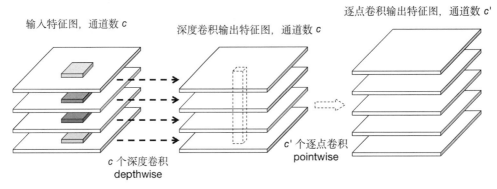

图 2.20　深度可分离卷积示意图

下面讲解 CNN 网络中常见的另一个模块——池化层（pooling layer）。池化层操作相对较为简单，它的作用是将相邻位置的多个数值通过某种计算（比如取最大值）汇聚（pool）成一个，从而减小特征图尺寸，扩大网络的感知范围，并且强化特征的代表性，池化层的计算核与移动步长的定义与卷积层类似，比如，对于一个 2×2 的核，步长为 2 的池化层来说，每次只用 2×2 窗口范围内数值计算输出，相邻两次不重叠，这样得到的输出尺寸就缩小了一半。

这种情况（步长和核大小均为 k）相当于将原特征图按 $k×k$ 划分为若干区块，并对每个区块只计算一个数值传入下一层。另外要注意的是，池化操作不同于卷积，它是逐通道进行的，也就是说，对于一个尺寸为 $h×w×c$ 的特征图，如果用上述池化层，输出大小为$(h/2)×(w/2)×c$。

　　根据汇聚计算方式的不同，池化层主要有两种，分别是最大值池化（max pooling layer）和平均值池化（average pooling layer）。顾名思义，最大值池化对窗口内的数值计算最大值传入下一层，从而获得关键特征信息，并提高对于不重要信息的鲁棒性。而平均值池化计算每个窗口中所有数值的平均值传入下一层，因此可以保留更多上级特征信息，并减少特征空间维度。图 2.21 展示了这两种池化的操作过程与输入输出。

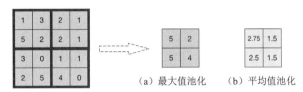

（a）最大值池化　　（b）平均值池化

图 2.21　池化层的基本操作与结果

　　另外还有一种特殊的池化操作，叫作全局平均池化（global average pooling，GAP）。它的特点是，对于 $h×w×c$ 的特征图，GAP 对其每个通道直接取平均值，从而得到大小为 $1×1×c$ 的输出。这个过程相当于用一个大小为 $h×w$ 的核对输入进行平均值池化。这个操作一般用来汇总各个通道的信息，转为一维向量作为最后分类器部分的输入。它对于不同尺寸的输入都可以得到相同的结果，因此比直接将特征图拉成一维向量的操作更加灵活。另外，GAP 的结果对于各个通道的重要性有更好的可解释性，比如经典的 CAM（class activation map）方法就是利用了 GAP 的特性进行神经网络的可视化。

　　下面再介绍 CNN 中常用的 BN 层。前面已经结合 MLP 网络讲过 BN 层的原理和计算过程。在 CNN 中 BN 层的操作也基本类似，但是需要注意的一点是：CNN 中的 BN 计算平均不仅仅在 batch 维度，还要在特征图的宽和高维度，只保留不同通道的差异。也就是说，对于一个$[n, c, h, w]$的特征图作为 BN 层的输入，其中 n 为 batchsize，c 为通道数，h 和 w 为特征图的大小，那么这个特征图经过 BN 后，计算得到的均值和方差的大小为一维向量，长度为 c。这意味着 CNN 中的 BN 层将特征图的每个通道视为一个特征，可学习的参数对应地也是长度为 c 的一维向量。类似 BN 的归一化操作在 CNN 中还有层归一化（layer normalization）、组归一化（group normalization）以及实例归一化（instance normalization）等。

　　除了上面介绍的卷积层、池化层、BN 层以外，CNN 类型网络中的另一个重要结构就是全连接层（fully connected layer，FC 层）。全连接层实际上就是我们前面讲过的 MLP 网络的结构。它的结构就是输入一个特定维度的向量，后面的每个输出都与前面全部的输入有权重连接，然后输出另一个维度的向量。这也是它被称为"全连接"层的原因。全连接层一般被用作网络最后的分类层，用来将提取到的图像特征映射到表示目标类别的概率向量中，从而实现目标任务。

　　一个完整的 CNN 结构就是上面这些主要模块的堆叠结合。一般来说先通过卷积层进行特征提取，然后通过池化压缩尺寸，并且继续提取和压缩特征，BN 层用于正则化提升模型效果和加速训练收敛，最后通过全连接层将提取到的特征进行映射和输出。图 2.22 所示为一个典型的简单 CNN 分类模型的结构。

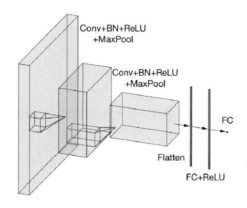

图 2.22　简单的 CNN 分类模型结构

我们可以将这个 CNN 结构用 PyTorch 实现，见代码 2.6。

代码 2.6　用 PyTorch 实现一个简单的 CNN 分类器

```
1.  import torch
2.  import torch.nn as nn
3.
4.  class PlainCNN(nn.Module):
5.      def __init__(self, input_size=(32, 32, 3)):
6.          super(PlainCNN, self).__init__()
7.          h_ori, w_ori, ch_ori = input_size
8.          # 第1层 conv+bn+relu+maxpool
9.          self.conv1 = nn.Conv2d(in_channels=ch_ori, out_channels=16, kernel_size=3, padding=1)
10.         self.bn1 = nn.BatchNorm2d(num_features=16)
11.         self.relu1 = nn.ReLU(inplace=True)
12.         self.maxpool1 = nn.MaxPool2d(kernel_size=2)
13.         # 第2层 conv+bn+relu+maxpool
14.         self.conv2 = nn.Conv2d(in_channels=16, out_channels=32, kernel_size=3, padding=1)
15.         self.bn2 = nn.BatchNorm2d(num_features=32)
16.         self.relu2 = nn.ReLU(inplace=True)
17.         self.maxpool2 = nn.MaxPool2d(kernel_size=2)
18.         # 两层全连接层（FC层），输出尺寸为1
19.         fc_inpput_ch = (h_ori // 4) * (w_ori // 4) * 32
20.         self.fc1 = nn.Linear(in_features=fc_inpput_ch, out_features=128)
21.         self.relu3 = nn.ReLU(inplace=True)
22.         self.fc2 = nn.Linear(in_features=128, out_features=1)
23.
24.     def forward(self, x):
25.         # 计算第一层的结果
26.         out = self.conv1(x)
27.         out = self.bn1(out)
28.         out = self.relu1(out)
29.         out = self.maxpool1(out)
30.         print("output size of 1st layer: ", out.size())
```

```
31.          # 计算第二层的结果
32.          out = self.conv2(out)
33.          out = self.bn2(out)
34.          out = self.relu2(out)
35.          out = self.maxpool2(out)
36.          print("output size of 2nd layer: ", out.size())
37.          # flatten后经过全连接层（FC层）
38.          out = out.view(out.size(0), -1) # 或者 out = out.flatten(start_dim=1)
39.          out = self.fc1(out)
40.          out = self.relu3(out)
41.          out = self.fc2(out)
42.          print("final output size: ", out.size())
43.          return out
44.
45.
46. input_image = torch.rand((4, 3, 32, 32))
47. cnn_net = PlainCNN(input_size=(32, 32, 3))
48. print("cnn net structure : ")
49. print(cnn_net)
50. output = cnn_net(input_image)
51. print("cnn net output is : \n", output)
52.
```

测试输入的格式为 $n×c×h×w$，n 表示 batchsize，即一次输入几个样本；c 表示输入通道数；h 和 w 表示输入的空间尺寸。测试输出结果如下：

```
cnn net structure :
PlainCNN(
    (conv1): Conv2d(3, 16, kernel_size=(3, 3), stride=(1, 1), padding=(1, 1))
    (bn1):BatchNorm2d(16, eps=1e-05, momentum=0.1,affine=True,track_running_
stats=True)
    (relu1): ReLU(inplace=True)
    (maxpool1): MaxPool2d(kernel_size=2, stride=2, padding=0, dilation=1,
ceil_mode=False)
    (conv2): Conv2d(16, 32, kernel_size=(3, 3), stride=(1, 1), padding=(1, 1))
    (bn2): BatchNorm2d(32, eps=1e-05, momentum=0.1, affine=True, track_runni
ng_stats=True)
    (relu2): ReLU(inplace=True)
    (maxpool2): MaxPool2d(kernel_size=2, stride=2, padding=0, dilation=1,
ceil_mode=False)
    (fc1): Linear(in_features=2048, out_features=128, bias=True)
    (relu3): ReLU(inplace=True)
    (fc2): Linear(in_features=128, out_features=1, bias=True)
)
output size of 1st layer: torch.Size([4, 16, 16, 16])
output size of 2nd layer: torch.Size([4, 32, 8, 8])
final output size: torch.Size([4, 1])
cnn net output is :
 tensor([[-0.1464],
        [-0.1979],
        [-0.0493],
```

```
[-0.1852]], grad_fn=<AddmmBackward0>)
```

2.2.2 注意力机制与 Vision Transformer

本节介绍另一种不同于卷积神经网络，但又广泛应用的结构，即注意力机制以及基于注意力机制思路构建的 Transformer。

首先来了解一下什么是注意力机制（attention）。对于人类的智能来说，注意力并不是一个陌生的东西。神经生物学与心理学的理论研究也向我们揭示了人脑（或者说思维）在感知、思考的时候，并不是对所有感觉材料一视同仁的。我们的大脑会有针对性地处理接收到的相关信息，而忽略掉无关紧要的信息，从而提高工作效率，实现更优的决策。

神经网络中的注意力机制就是来源于对这种思路的模仿和抽象。在神经网络模型中，一般用注意力这个概念表示通过某种自适应的计算，对特征信息的不同部分赋予不同权重的这类结构。通过对不同位置加权处理，可以让网络模型自适应地关注到更加有意义的特征，从而提高网络的鲁棒性和准确性。

下面，通过介绍几个注意力类型的模块，来说明注意力结构的特点，以及它是如何发挥作用的。首先介绍一个简单的像素注意力（pixel attention，PA）。

像素注意力主要是针对特征图的空间信息进行处理和整合的一种模块，它的一个基本形式如图 2.23 所示。

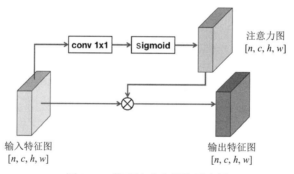

图 2.23　像素注意力模块示意图

可以看出，对于一个输入特征图，先用一个 1×1 的卷积层进行各个像素点的自适应权重计算，然后用 sigmoid 函数将其范围转换到 0～1，这样得到的结果就可以看成是对于空间的一个注意力图谱，取值接近 1 的像素或者空间位置更加受到关注，将这个注意力图谱与输入特征图进行逐元素相乘的操作，就完成了对输入特征图的空间注意力。这个模块在轻量级超分辨率网络设计中被应用，提高了网络模型的性能。它的一个示例见代码 2.7。

代码 2.7　像素注意力模块示例

```
1.   import torch
2.   import torch.nn as nn
3.
4.   class PixelAttention(nn.Module):
5.       """
6.       pixel attention module
7.       refer to: Efficient Image Super-Resolution Using Pixel Attention
```

```
8.      -- Conv1x1 -- Sigmoid --*------
9.      |_____|
10.     """
11.     def __init__(self, nf):
12.         super(PixelAttention, self).__init__()
13.         self.conv = nn.Conv2d(nf, nf, 1)
14.         self.sigmoid = nn.Sigmoid()
15.
16.     def forward(self, x):
17.         y = self.conv(x)
18.         y = self.sigmoid(y)
19.         out = torch.mul(x, y)
20.         return out
21.
```

既然有空间的像素注意力机制，那么在通道维度上也可以使用注意力来对各个通道的权重进行重新分配。一个著名的通道注意力机制是 2017 年 ImageNet 分类赛道冠军模型 SENet[1] 中的 SE 模块（squeeze-and-excitation module）。它的基本结构如图 2.24 所示。

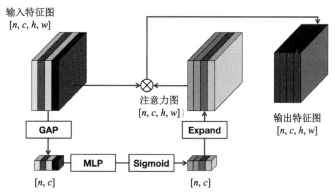

图 2.24　SE 模块计算过程示意图

SE 模块的主要目的是显式建模特征图通道之间的相互依赖关系，从而更好地利用特征信息，提升模型性能，SE 模块可以在不带来更多的维度的条件下进行通道信息整合，整合的方法就是"重校准"（re-calibration）。具体的实现方法是：将输入特征图的每个通道利用全局平均池化（GAP）进行压缩（squeeze），使得每个通道变成一个可以代表全局信息的数值。这样，对于一个 $h \times w \times c$ 的特征图，即可得到一个长度为 c 的一维特征向量。然后，将这个特征向量送入一个全连接网络，用来显式学习通道之间的关系。全连接层的输出也是长度为 c 的向量，并且经过了 sigmoid 激活函数，这个过程称为兴奋（excitation）。这一步骤的输出向量就代表了各个通道的注意力程度，通过自适应的训练过程，重要的特征通道就会有更高的注意力数值，反之则会降低注意力。输出向量在特征图的空间维度上进行广播，并与原输入特征图进行逐元素相乘，这个过程称为放缩（scale）。通过上述步骤，即对原特征图完成了通道注意力。示例见代码 2.8。

代码 2.8　用 SE 模块实现通道注意力机制

```
1.  import torch
2.  import torch.nn as nn
```

```
3.
4.   class SEModule(nn.Module):
5.       """
6.       channel attention module, SE block
7.       [Block] - GlobalPool - FC - ReLU - FC - Sigmoid - x -
8.          |_____|
9.       Args:
10.          num_feat (int): Channel number of intermediate features.
11.          squeeze_factor (int): Channel squeeze factor. Default: 16.
12.      """
13.
14.      def __init__(self, num_feat, squeeze_factor=16):
15.          super(SEModule, self).__init__()
16.          self.attn = nn.Sequential(
17.              nn.AdaptiveAvgPool2d(1),
18.              nn.Conv2d(num_feat, num_feat // squeeze_factor, 1, padding=0),
19.              nn.ReLU(inplace=True),
20.              nn.Conv2d(num_feat // squeeze_factor, num_feat, 1, padding=0),
21.              nn.Sigmoid()
22.          )
23.
24.      def forward(self, x):
25.          y = self.attn(x)
26.          return x * y
27.
```

接下来要介绍的是 CBAM（convolutional block attention module）[2]，即卷积块注意力模块。它的结构如图 2.25 所示，CBAM 结合了空间注意力机制和通道注意力机制。其中空间注意力机制用来关注"需要看哪里"，而通道注意力机制主要关注"需要看什么样的特征"。其中，通道注意力机制同时利用最大值池化和平均值池化的结果进行信息整合，而空间注意力也使用了最大值池化和平均值池化后的特征，并通过 sigmoid 函数权重化。

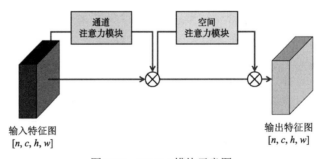

图 2.25　CBAM 模块示意图

代码 2.9 为 CBAM 的一个实现示例。

代码 2.9　CBAM 模块示例

```
1.   import torch
2.   import torch.nn as nn
3.   import torch.nn.functional as F
4.
```

```
5.  class ChannelAttn(nn.Module):
6.      def __init__(self, num_ch, reduction):
7.          super(ChannelAttn, self).__init__()
8.          self.num_ch = num_ch
9.          self.attn = nn.Sequential(
10.             nn.Flatten(),
11.             nn.Linear(num_ch, num_ch // reduction),
12.             nn.ReLU(),
13.             nn.Linear(num_ch // reduction, num_ch)
14.         )
15.     def forward(self, x):
16.         print(f"[ChannelAttn] input size : {x.size()}")
17.         avg_vec = F.avg_pool2d(x, kernel_size=x.size()[2:])
18.         max_vec = F.max_pool2d(x, kernel_size=x.size()[2:])
19.         attn_sum = self.attn(avg_vec) + self.attn(max_vec)
20.         print(f"[ChannelAttn] attn_sum size : {attn_sum.size()}")
21.         scale= torch.sigmoid(attn_sum).unsqueeze(2).unsqueeze(3).expand_as(x)
22.         print(f"[ChannelAttn] scale size : {scale.size()}")
23.         out = x * scale
24.         return out
25.
26.
27. class SpatialAttn(nn.Module):
28.     def __init__(self, kernel_size=7):
29.         super(SpatialAttn, self).__init__()
30.         pad = kernel_size // 2
31.         self.attn = nn.Sequential(
32.             nn.Conv2d(2, 1, kernel_size=kernel_size, stride=1, padding=pad,
    bias=False),
33.             nn.BatchNorm2d(1),
34.             nn.Sigmoid()
35.         )
36.     def forward(self, x):
37.         print(f"[SpatialAttn] input size : {x.size()}")
38.         avg_map = torch.mean(x, 1).unsqueeze(1)
39.         max_map = torch.max(x, 1)[0].unsqueeze(1)
40.         concat_map = torch.cat((avg_map, max_map), dim=1)
41.         print(f"[SpatialAttn] concat_map size : {concat_map.size()}")
42.         scale = self.attn(concat_map)
43.         print(f"[SpatialAttn] scale size : {scale.size()}")
44.         out = x * scale
45.         return out
46.
47.
48. class CBAM(nn.Module):
49.     def __init__(self, num_ch, reduction=16, kernel_size=7) -> None:
50.         super(CBAM, self).__init__()
51.         self.channel_block = ChannelAttn(num_ch, reduction)
52.         self.spatial_block = SpatialAttn(kernel_size)
53.     def forward(self, x):
54.         ch_out = self.channel_block(x)
55.         sp_out = self.spatial_block(ch_out)
```

```
56.         return sp_out
57.
58.
59. x_in = torch.randn(4, 32, 10, 10)
60. cbam = CBAM(num_ch=32, reduction=16, kernel_size=7)
61. out = cbam(x_in)
62. print("CBAM output size is : ", out.size())
63.
```

在代码 2.9 中，实现了一个空间注意力模块（SpatialAttn）和通道注意力模块（ChannelAttn），然后用这两个模块组合实现了一个 CBAM 模块。在空间注意力模块中，首先将输入特征图沿着通道维度分别计算均值和最大值，然后将它们沿着通道方向拼接。这样就得到了一个 2 通道的特征图，原始特征图在通道上的特征已经得到整合。然后，用一个卷积层对这 2 通道特征图进行滤波，生成空间注意力图。在通道注意力模块中，首先将各个通道的特征图在空间上进行汇总，也是分别计算各通道的均值和最大值，然后将得到的通道维度的向量送入一个 MLP 模块，进行通道注意力的计算。最后，在 CBAM 中，将这两个模块串联结合起来即可实现空间和通道的双重注意力。上述代码段的输出如下：

```
[ChannelAttn] input size : torch.Size([4, 32, 10, 10])
[ChannelAttn] attn_sum size : torch.Size([4, 32])
[ChannelAttn] scale size : torch.Size([4, 32, 10, 10])
[SpatialAttn] input size : torch.Size([4, 32, 10, 10])
[SpatialAttn] concat_map size : torch.Size([4, 2, 10, 10])
[SpatialAttn] scale size : torch.Size([4, 1, 10, 10])
CBAM output size is : torch.Size([4, 32, 10, 10])
```

结合上面的代码，即可详细了解各个模块的输出大小情况。

最后，介绍一个更加常用的注意力机制，也是当前深度学习领域内广泛使用的 Transformer 模型[3]的基石：多头自注意力（multi-head self-attention，MSA）模块。它的基本结构如图 2.26 所示。

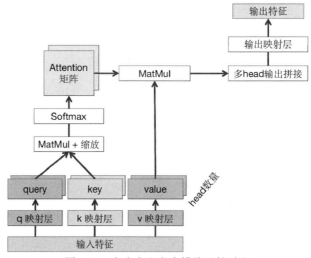

图 2.26 多头自注意力模块计算过程

多头自注意力模块的主要结构就是 query、key 和 value 这三组数据。对于每个样本大小

为 $s \times c$ 的输入特征（s 为序列长度，c 为每个序列位置的维度，为了方便这里没有写出 batch 维度），先对它们通过三个不同的映射，得到 query、key 和 value 三组数据，分别记为 $\boldsymbol{Q}$、$\boldsymbol{K}$、$\boldsymbol{V}$，它们一般维度相同，都是 $s \times d_k$ 大小。这里的 d_k 就是映射到的向量空间的维度，s 为序列长度，每一行代表着一个位置对应的特征向量。接下来，将 $\boldsymbol{Q}$ 和 $\boldsymbol{K}^{\mathrm{T}}$ 进行矩阵乘法，并按照 d_k 大小进行缩放，然后通过一个 softmax 函数进行归一化，即可得到一个注意力矩阵。然后将这个注意力矩阵与 $\boldsymbol{V}$ 进行矩阵乘法运算，就可以得到这组 $\boldsymbol{Q}$、$\boldsymbol{K}$ 和 $\boldsymbol{V}$ 的注意力输出。这个过程的数学式表示如下：

$$\mathrm{Attention}(\boldsymbol{Q}, \boldsymbol{K}, \boldsymbol{V}) = \mathrm{softmax}(\frac{\boldsymbol{Q} \cdot \boldsymbol{K}^{\mathrm{T}}}{\sqrt{dk}})\boldsymbol{V}$$

下面详细讲一下这个计算式的意义。softmax 函数可以看成之前讲过的 sigmoid 函数在多类问题上的推广。它可以将实数向量转换成概率值（0~1），并且对其归一化，即相加为 1，这样得到的多类向量就可以看成是属于各个类别的概率向量了。softmax 的公式如下：

$$\mathrm{softmax}(x)_i = \frac{e^{x_i}}{\sum_j e^{x_j}}, i = 1, \cdots, k$$

分子上的 $\boldsymbol{Q} \cdot \boldsymbol{K}^{\mathrm{T}}$，这个矩阵乘法是 $s \times d_k$ 和 $d_k \times s$ 大小的矩阵相乘最终的结果为 $s \times s$，即行列数都是特征的序列长度。如果这个结果记为 $\boldsymbol{M}$ 的话，那么 $\boldsymbol{M}(i, j)$ 表示的就是第 i 个位置的 query 向量与第 j 个位置的 key 向量之间的内积，内积也就代表着两者的关联性。实际上，这个 $\boldsymbol{M}$ 矩阵记录的正是这个序列中的每个位置的一组特征（query）和相同序列中的各个位置的另一组特征（key）之间的关联强度图谱，因此这个方法叫作自注意力（self-attention），这个名字强调的是注意力的计算是来源于特征张量自身的。

分母上的缩放用了一个 $\sqrt{d_k}$，下面就来解释一下为何要进行缩放以及为何是这个系数。对于矩阵乘法 $\boldsymbol{Q} \cdot \boldsymbol{K}^{\mathrm{T}}$，如前所述，结果中的每个点都是向量的内积，也就是向量各元素对应相加求和。因此，如果向量长度变大，计算结果的数值往往会非常大，从而在 softmax 函数处理的时候会落到饱和区间，导致导数过小。因此，需要用一个缩放来平衡不同向量长度 d_k 下的计算结果。那么，为何用 $\sqrt{d_k}$ 来作为缩放因子呢？设想，如果将计算内积的 query 和 key 向量的每个元素都看成独立分布的符合 $N(0, 1)$ 的随机变量，那么它们的内积就是 d_k 个 $N(0, 1)$ 的数值相加，最后的分布就是 $N(0, d_k)$。因此，要想将其归一化为 $N(0, 1)$，就需要除以标准差 $\sqrt{d_k}$ 了。

由于 $\boldsymbol{Q} \cdot \boldsymbol{K}^{\mathrm{T}}$ 已经计算出了序列中两两间的关联程度，那么，对于序列中的某个位置的特征来说，就可以用它和其他位置的关系强度，以及其他位置的特征来表示这个位置的特征了。这一点有些类似于在图网络中用邻居节点及其相似度表示中心节点。这个实现步骤就是用某位置到其他各位置的 query 和 key 向量内积作为权重，对 value 加权求和。为了保持数值范围，需要权重归一化，这就是 softmax 所起的作用。softmax 在行方向对 $\boldsymbol{Q} \cdot \boldsymbol{K}^{\mathrm{T}}$ 进行归一化（即每一行的结果相加为 1），然后用这个权重图对序列中的所有点的 value 向量进行加权，就得到了经过注意力操作后的输出特征。

对于上述的由输入特征到 query、key 和 value 的映射过程，在实际中发现，如果可以用多个不同的、可学习的映射来处理输入特征得到多组不同的 query、key 和 value 的话，效果会比只有单一的映射更好。这个处理称为多头（multi-head）机制。对于多头自注意力来说，每个 head 的计算方式都是上述的过程，但是在经过注意力算出加权求和后的 value 之后，需要将多个 head 算出来的结果进行拼接（concatenate），然后将它通过映射层得到最终的输出特征。

代码 2.10 是实现一个 MSA 的例子。

代码 2.10　MSA 模块代码实现实例

```
1.  import torch
2.  import torch.nn as nn
3.
4.  class MultiheadSelfAttention(nn.Module):
5.      def __init__(self, in_dim, num_head, head_dim, dropout=0.1):
6.          super(MultiheadSelfAttention, self).__init__()
7.          self.num_head = num_head
8.          self.head_dim = head_dim
9.          embed_dim = head_dim * num_head
10.
11.         self.q_proj = nn.Linear(in_dim, embed_dim, bias=False)
12.         self.k_proj = nn.Linear(in_dim, embed_dim, bias=False)
13.         self.v_proj = nn.Linear(in_dim, embed_dim, bias=False)
14.         self.out_proj = nn.Sequential(
15.                         nn.Linear(embed_dim, embed_dim, bias=False),
16.                         nn.Dropout(dropout)
17.         )
18.         self.softmax = nn.Softmax(dim=-1)
19.         self.dropout = nn.Dropout(dropout)
20.
21.     def forward(self, x):
22.         batchsize, seq_len, _ = x.size()
23.         # q, k, v : [batchsize, num_head, seq_len, dim]
24.         q = self.q_proj(x).reshape(batchsize, seq_len, self.num_head, self.head_dim).transpose(1, 2)
25.         k = self.k_proj(x).reshape(batchsize, seq_len, self.num_head, self.head_dim).transpose(1, 2)
26.         v = self.v_proj(x).reshape(batchsize, seq_len, self.num_head, self.head_dim).transpose(1, 2)
27.         # attn_map : [batchsize, num_head, seq_len, seqlen]
28.         attn_map = self.softmax(torch.matmul(q, k.transpose(2, 3)) / (self.head_dim ** 0.5))
29.         print("[MultiheadSelfAttention] attention map : \n", attn_map)
30.         attn_map = self.dropout(attn_map)
31.         attn_res = torch.matmul(attn_map, v)
32.         # attn_res : [batchsize, seq_len, embed_dim]
33.         attn_res = attn_res.transpose(1, 2).reshape(batchsize, seq_len, -1)
34.         out = self.out_proj(attn_res)
35.         return out
36.
37.
38. x_in = torch.rand((1, 16, 2, 2))
39. print(" input feature map size : ", x_in.size())
40. msa = MultiheadSelfAttention(in_dim=16, num_head=4, head_dim=16, dropout= 0.1)
```

```
41. x_out = msa(x_in.reshape(1, 16, 4).transpose(1, 2))
42. print(" MSA input size : ", x_in.size())
43. print(" MSA output size : ", x_out.size())
44. x_out = x_out.transpose(1, 2).reshape((1, 64, 2, 2))
45. print(" output feature map size : ", x_out.size())
46.
```

在测试模块的时候，我们选择了一个视觉中常见的特征图的形式，即 $n×c×h×w$，然后将它在空间维度上进行展开，变成一个序列，成为 $n×l×c$ 的形式（l 为序列长度）才能进入 MSA 模块。最后的输出结果的 $n×l×c'$，其中 c' 为 MSA 多个 head 的总维度。在这个例子中，共有 4 个 head，每个 head 的维度为 16，因此输出的维度为 4×16=64。上面代码段的输出结果为：

```
input feature map size : torch.Size([1, 16, 2, 2])
[MultiheadSelfAttention] attention map :
tensor([[[[0.2571, 0.2471, 0.2523, 0.2435],
          [0.2531, 0.2532, 0.2502, 0.2434],
          [0.2474, 0.2590, 0.2455, 0.2481],
          [0.2457, 0.2594, 0.2433, 0.2516]],

         [[0.2342, 0.2409, 0.2558, 0.2691],
          [0.2252, 0.2426, 0.2625, 0.2697],
          [0.2268, 0.2475, 0.2665, 0.2592],
          [0.2153, 0.2397, 0.2678, 0.2772]],

         [[0.2464, 0.2429, 0.2668, 0.2440],
          [0.2520, 0.2367, 0.2633, 0.2481],
          [0.2454, 0.2355, 0.2665, 0.2526],
          [0.2472, 0.2327, 0.2729, 0.2472]],

         [[0.2546, 0.2433, 0.2498, 0.2523],
          [0.2636, 0.2466, 0.2428, 0.2470],
          [0.2539, 0.2532, 0.2462, 0.2468],
          [0.2613, 0.2455, 0.2472, 0.2460]]]], grad_fn=<SoftmaxBackward0>)
MSA input size : torch.Size([1, 16, 2, 2])
MSA output size : torch.Size([1, 4, 64])
output feature map size : torch.Size([1, 64, 2, 2])
```

既然有了 MSA 模块，那就可以以此为基础搭建视觉的 Transformer 模型了。一个经典的用 Transformer 作为骨干网络处理视觉问题的模型就是 ViT[4]。它的模型结构和主要计算方法如图 2.27 所示。ViT 的整体流程主要分为以下几个部分：输入图像分块嵌入，位置编码，Transformer 特征计算，输出映射。下面分别进行介绍。

ViT 的主要部件是一个 Transformer 编码器结构。Transformer 编码器是通过多个多头自注意力模块堆叠而成的。每个多头自注意力模块中包括一个 MSA 模块和一个 MLP 网络，中间使用层归一化操作（layer normalization，LayerNorm）来进行归一化处理。层归一化的操作类似于之前的批归一化，也是计算均值方差对输入特征图进行归一化。但是 BatchNorm 是对 batch 维度进行统计并计算出统计量的。这种计算在小 batchsize 情况下较为受限。而 LayerNorm 则是对 batch 中的每个样本的特征图进行统计，然后用各自的统计量对特征图分别进行归一化处理。LayerNorm 相对于 BatchNorm 在 Transformer 类型网络中应用较多。

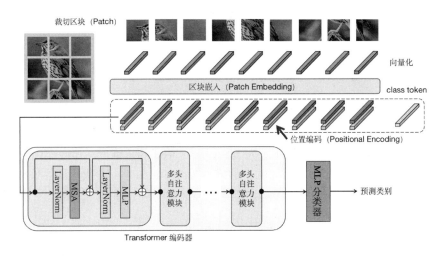

图 2.27 ViT 算法流程与基本结构

由于 Transformer 和 MSA 结构都是处理序列数据的,而我们要处理的是图像数据,因此,首先需要将图像数据转为对应的序列数据。ViT 的操作比较直接:首先将图像按照设定的大小切分为多个区块(patch),如果区块大小记为 p,那么每个区块就是 $p×p×3$(假设为 3 通道的 RGB 图像)大小的张量,然后,将区块张量进行向量化,也就是平铺成一个只有一个维度的向量,那么这个向量的长度就是 $3p^2$。如果总共有 s 个区块,那么此时输入就变成了 $[n, s, 3p^2]$,已经是一个特征维度为 $3p^2$,长度为 s 的序列的形式了。

接下来,通过一个 MLP 网络,对这个序列输入进行特征嵌入(embedding)。也就是计算出序列中每个位置的特征,序列中的每个位置的特征向量一般称为 token(这个是 NLP 领域用于表示一个单词等最小处理单元的术语,由于 Transformer 模型就来自 NLP 领域,因此也沿用了这个说法),它对应的是原始图像中的一个小区块。

Transformer 类模型处理图像数据相对于 CNN 有一个很大的不同,CNN 具有一些归纳偏置(inductive bias),也就是对数据和任务的一些先验假设或者偏好,比如局部性、平移不变性。这些归纳偏置在 Transformer 被取消了。一方面这样的取消带来了更强的表达能力,从而可以建立起更好的非局部的信息的联系,但是另一方面,它也丢失了一些先验信息。因此,Transformer 类模型在大规模数据集上往往更有优势。

另外,Transformer 模型中,没有考虑序列的先后位置信息,对于视觉任务来说,这种位置关系在很多情况下也是有意义的。因此,ViT 沿用了 NLP 中对 Transformer 的位置编码(positional encoding)的思路,对各个区块加上一个可学习的位置向量,以补充它们的位置信息。

对于分类任务,Transformer 模型输出的结果应该是融合了所有区块的信息。因此可以在映射后在加入位置编码的特征向量序列前面,加入一个和这些特征向量同长度的专名用来记录整体信息的 token,这个特殊的 token 称为 class token。最后将 Transformer 输出中的 class token 位置的特征拿出来送入分类器对整图进行分类。如果不采用 class token 的形式,那么最后就需要通过对序列中所有特征向量求均值的方式进行特征整合,用来做最后的分类。分类器也是一个 MLP 网络。针对不同任务,可以将 ViT 作为骨干网络,更换这里的最后一个 MLP 网络模块,以适应不同性质的输出。

代码 2.11 是用 PyTorch 代码实现一个 ViT 的结构。

代码 2.11　ViT 模型代码实现

```
1.   import torch
2.   from torch import nn
3.
4.   class MLP(nn.Module):
5.       def __init__(self, dim, hid_dim, dropout=0.1):
6.           super().__init__()
7.           self.linear1 = nn.Linear(dim, hid_dim)
8.           self.linear2 = nn.Linear(hid_dim, dim)
9.           self.gelu = nn.GELU()
10.          self.dropout = nn.Dropout(dropout)
11.      def forward(self, x):
12.          x = self.linear1(x)
13.          x = self.gelu(x)
14.          x = self.dropout(x)
15.          x = self.linear2(x)
16.          x = self.dropout(x)
17.          x = self.dropout(x)
18.          return x
19.
20.
21.  class MultiheadSelfAttention(nn.Module):
22.      def __init__(self, in_dim, num_head, head_dim, dropout=0.1):
23.          super().__init__()
24.          self.num_head = num_head
25.          self.head_dim = head_dim
26.          embed_dim = head_dim * num_head
27.
28.          self.q_proj = nn.Linear(in_dim, embed_dim, bias=False)
29.          self.k_proj = nn.Linear(in_dim, embed_dim, bias=False)
30.          self.v_proj = nn.Linear(in_dim, embed_dim, bias=False)
31.          self.out_proj = nn.Sequential(
32.                          nn.Linear(embed_dim, embed_dim, bias=False),
33.                          nn.Dropout(dropout)
34.          )
35.          self.softmax = nn.Softmax(dim=-1)
36.          self.dropout = nn.Dropout(dropout)
37.      def forward(self, x):
38.          batchsize, seq_len, _ = x.size()
39.          # q, k, v : [batchsize, num_head, seq_len, dim]
40.          q = self.q_proj(x).reshape(batchsize, seq_len, self.num_head, self.
     head_dim).transpose(1, 2)
41.          k = self.k_proj(x).reshape(batchsize, seq_len, self.num_head, self.
     head_dim).transpose(1, 2)
42.          v = self.v_proj(x).reshape(batchsize, seq_len, self.num_head, self.
     head_dim).transpose(1, 2)
43.          # attn_map : [batchsize, num_head, seq_len, seqlen]
44.          attn_map = self.softmax(torch.matmul(q, k.transpose(2, 3)) / (self.
     head_dim ** 0.5))
```

65

```
45.         attn_map = self.dropout(attn_map)
46.         attn_res = torch.matmul(attn_map, v)
47.         # attn_res : [batchsize, seq_len, embed_dim]
48.         attn_res = attn_res.transpose(1, 2).reshape(batchsize, seq_len, -1)
49.         out = self.out_proj(attn_res)
50.         return out
51.
52.
53. class Transformer(nn.Module):
54.     def __init__(self, dim, depth, msa_head_dim, msa_num_head,
55.                 mlp_hid_dim, dropout_msa, dropout_mlp):
56.         super().__init__()
57.         self.layer_ls = list()
58.         for _ in range(depth):
59.             self.layer_ls.append(
60.                 nn.ModuleList([
61.                     nn.LayerNorm(dim),
62.                     MultiheadSelfAttention(dim, msa_num_head, msa_head_dim,
    dropout_msa),
63.                     nn.LayerNorm(dim),
64.                     MLP(dim, mlp_hid_dim, dropout_mlp)
65.                 ])
66.             )
67.     def forward(self, x):
68.         for msa, ln1, mlp, ln2 in self.layer_ls:
69.             x = ln1(msa(x)) + x
70.             x = ln2(mlp(x)) + x
71.         return x
72.
73.
74. class PatchEmbed(nn.Module):
75.     def __init__(self, patch_size, in_ch, dim):
76.         super().__init__()
77.         self.patch_size = patch_size
78.         self.patch_dim = (patch_size ** 2) * in_ch
79.         self.ln1 = nn.LayerNorm(self.patch_dim)
80.         self.ln2 = nn.LayerNorm(dim)
81.         self.linear = nn.Linear(self.patch_dim, dim)
82.     def forward(self, x):
83.         n, c, h, w = x.size()
84.         assert h == w
85.         s = h // self.patch_size
86.         # [batchsize, channel, n_patch, patchsize, n_patch, patchsize]
87.         x = x.reshape(n, c, s, self.patch_size, s, self.patch_size)
88.         # [batchsize, n_patch, n_patch, patchsize, patchsize, channel]
89.         x = x.permute(0, 2, 4, 3, 5, 1)
90.         # [batchsize, n_patch ^2, patchdim]
91.         x = x.reshape(n, s ** 2, self.patch_dim)
92.         x = self.ln1(x)
93.         x = self.linear(x)
```

```
94.        # [batchsize, n_patch ^2, dim]
95.        x = self.ln2(x)
96.        return x
97.
98.
99. class ViT(nn.Module):
100.    def __init__(self, img_size, patch_size, num_class, in_ch,
101.                embed_dim, depth, msa_head_dim, msa_num_head,
102.                mlp_hid_dim, dropout_emb, dropout_msa, dropout_mlp, is_cls_
    token):
103.        super().__init__()
104.        self.is_cls_token = is_cls_token
105.        self.img_size = img_size
106.        assert img_size % patch_size == 0
107.        num_patch = (img_size // patch_size) ** 2
108.        # patch_dim = (patch_size ** 2) * in_ch
109.        self.patch_embed = PatchEmbed(patch_size, in_ch, embed_dim)
110.        if is_cls_token:
111.            # 类别 token，用于单独存放所有 patch 提取的整图特征用于分类
112.            self.cls_token = nn.Parameter(torch.randn(1, 1, embed_dim))
113.            # 位置编码，此处为可学习的参数
114.            self.pos_embed = nn.Parameter(torch.randn(1, num_patch + 1, embed_
    dim))
115.        else:
116.            self.pos_embed = nn.Parameter(torch.randn(1, num_patch, embed_
    dim))
117.        self.dropout = nn.Dropout(dropout_emb)
118.        self.transformer = Transformer(embed_dim, depth, msa_head_dim,
119.                            msa_num_head, mlp_hid_dim, dropout_msa, dropout_
    mlp)
120.        self.vit_head = nn.Sequential(
121.                nn.LayerNorm(embed_dim),
122.                nn.Linear(embed_dim, num_class)
123.                )
124.    def forward(self, x):
125.        # x : [batchsize, in_ch, imgsize, imgsize]
126.        x = self.patch_embed(x)
127.        # x : [batchsize, num_patch, embed_dim]
128.        print("[ViT] patch embedding size : ", x.size())
129.        batchsize, seq_len, dim = x.size()
130.        if self.is_cls_token:
131.            cls_token = self.cls_token.repeat(batchsize, 1, 1)
132.            x = torch.cat((cls_token, x), dim=1)
133.        # x : [batchsize, num_patch + 1, embed_dim]
134.        print("[ViT] patch embedding with class token size : ", x.size())
135.        x = x + self.pos_embed
136.        print("[ViT] add position embedding to patch embedding, size : ",
    x.size())
137.        x = self.dropout(x)
138.        x = self.transformer(x)
```

```
139.          print("[ViT] transformer output size : ", x.size())
140.          if self.is_cls_token:
141.              x = x[:, 0, :]
142.          else:
143.              x = torch.mean(x, dim=1)
144.          print("[ViT] aggregation for final feature size : ", x.size())
145.          x = self.vit_head(x)
146.          print("[ViT] ViT output size : ", x.size())
147.          return x
148.
149.
150.x_in = torch.randn((1, 3, 224, 224))
151.vit_model = ViT(img_size=224, patch_size=16, num_class=10, in_ch=3,
152.              embed_dim=768, depth=3, msa_head_dim=64, msa_num_head=12,
153.              mlp_hid_dim=3072, dropout_emb=0.1, dropout_msa=0.1, dropout_ mlp
    =0.1,
154.              is_cls_token=True)
155.
156.out = vit_model(x_in)
157.print("input size of vit is : ", x_in.size())
158.print("output size of vit is : ", out.size())
```

在 MLP 网络的定义中，用到了 nn.GELU 作为激活函数，GELU 函数全称为高斯误差线性单元（gaussian error linear units）也是基于 ReLU 的一种变体。GELU 激活函数在 Transformer 类模型中被广泛应用。它的数学形式为 $GELU(x) = xP(X \leqslant x) = x\Phi(x)$。其中 $\Phi(x)$ 表示的是 $N(0, 1)$ 的高斯分布的累积分布函数。上述代码的输出结果如下：

```
[ViT] patch embedding size : torch.Size([1, 196, 768])
[ViT] patch embedding with class token size : torch.Size([1, 197, 768])
[ViT] add position embedding to patch embedding, size : torch.Size([1, 197,
768])
[ViT] transformer output size : torch.Size([1, 197, 768])
[ViT] aggregation for final feature size : torch.Size([1, 768])
[ViT] ViT output size : torch.Size([1, 10])
input size of vit is : torch.Size([1, 3, 224, 224])
output size of vit is : torch.Size([1, 10])
```

2.3 神经网络模型训练和推理的一般流程

前面已经介绍了神经网络基本组成和常用结构，接下来，整体梳理一下神经网络方法在实际问题中应用的基本流程。神经网络方法在应用中主要包括两个大的流程，分别是训练阶段（training phase）和测试阶段（testing phase）。首先来看训练阶段的基本流程。

2.3.1 训练流程：数据增强、优化器与策略调整器

作为一个深度学习神经网络工程，常见的应用方式是监督学习（supervised learning），即先通过预先标注好的数据对模型进行训练优化，更新迭代模型参数，训练好之后将模型固定下来，用来对实际生产场景中的数据进行预测和推理。

整个训练阶段大致可以划分为如下几个部分：

（1）数据获取与标注；

（2）数据读取与格式转换，相关数据增强；

（3）网络结构设计与搭建；

（4）训练相关参数（batchsize，优化器，学习率及调整策略等）设置；

（5）模型训练过程中的效果验证与模型保存。

下面我们针对各个部分分别进行详细介绍：

首先，数据集的制备对于基于神经网络的监督学习来说是非常重要的，在实际任务场景下，数据集和标注的好坏可以直接影响模型的最终性能，甚至可能比模型的设计影响更大。因此，应当在实际开启模型训练之前对所做的任务进行详细分析和定义，确定可能的应用场景，是较为固定的场景还是较为广泛的、差异较大的场景。另外，还要确定数据的形式与内容，如果是分割检测的话需要定义出目标类别，并且确定不同类别的采集和标注的难易程度。数据采集完成后，需要用相关工具对数据进行标注。在这个过程中，需要根据具体任务来确定标注方式和策略。比如，对于较为专业领域的数据标注，如医学影像、遥感影像等，需要专业人员进行辨识和标注，并最好经过多名专家投票确认；而对于普通的日常物体的标注（比如车辆、行人、动物等），由于分辨比较简单且数据容易获取，则可以采用更多的人员进行标注。数据集准备与标注在实际项目中往往不是一次性的，通过模型训练和优化可能会发现由于数据导致的相关问题，这个时候一般还要对数据集进行再次处理，比如增加难样本，或者剔除错误标注等等。

数据集准备好以后，就可以实际进入模型训练阶段了。由于网络模型的输入为张量数据，因此需要创建一个数据加载器（PyTorch 中的 Dataset 和 DataLoader），将数据按照所需要的方式读取进来。并且整理成网络模型输入的数据尺寸，比如对于一般的图像问题每个 batch 的大小为 $[n, c, h, w]$，其中 n 表示 batchsize，c 表示通道数，h 和 w 为图像尺寸。在这个步骤中，如果输入数据大小不一致，可能需要根据任务需求选择进行裁切或缩放到相同尺寸。是否对数据进行归一化，以及采取何种归一化方式等也是需要根据任务进行确定的。另外，在数据加载阶段，往往需要进行数据增强（data augmentation）来提高训练出来的模型的泛化能力。常见的增强算法包括随机反转（flip）、旋转（rotate）、缩放（scale）、随机颜色抖动（color jitter）、随机对比度（contrast），以及随机裁切（crop）等等。我们希望模型不会因为图像颜色的变化或者旋转平移等变化而使推理结果受到影响（当然，这里要注意的是，有些任务类型如果和方向、颜色等相关的话，则不能对应进行增强，否则会造成混乱。比如训练一个网络识别图片中是向上还是向下的箭头，那垂直反转这个随机增强就不能使用了）。有一个 Python 的第三方库 albumentations 封装好了许多常用的增强方式，因此可以直接调用进行增强。下面，用这个库来进行一些图像增强的实验并展示效果，见代码 2.12。

代码 2.12　使用 albumentations 进行图像数据增强

```
1.  import os
2.  import cv2
3.  import numpy as np
4.  import albumentations as A
5.
6.  # 读取原始图像
7.  img = cv2.imread('data_samples/lena256rgb.png')
```

```
8.
9.  trans_rot = A.Rotate(limit=(-45, 45), p=1.0)
10. trans_scale = A.RandomScale(scale_limit=(-0.2, 0.2), p=1.0)
11. trans_crop = A.RandomCrop(width=128, height=128, p=1.0)
12. trans_blur = A.Blur(blur_limit=(3, 7), p=1.0)
13. trans_jitter = A.ColorJitter(brightness=0.2, contrast=0.2, saturation=0.2,
    hue=0.2, p=1.0)
14. trans_noise = A.GaussNoise(var_limit=(10.0, 100.0), mean=0, per_channel=True,
    p=1.0)
15.
16. os.makedirs('./result', exist_ok=True)
17.
18. for i in range(5):
19.     aug_img_rot = trans_rot(image=img)['image']
20.     aug_img_scale = trans_scale(image=img)['image']
21.     aug_img_crop = trans_crop(image=img)['image']
22.     aug_img_blur = trans_blur(image=img)['image']
23.     aug_img_jitter = trans_jitter(image=img)['image']
24.     aug_img_noise = trans_noise(image=img)['image']
25.
26.     cv2.imwrite(f'./result/aug_rot_output{i}.jpg', aug_img_rot)
27.     cv2.imwrite(f'./result/aug_scale_output{i}.jpg', aug_img_scale)
28.     cv2.imwrite(f'./result/aug_crop_output{i}.jpg', aug_img_crop)
29.     cv2.imwrite(f'./result/aug_blur_output{i}.jpg', aug_img_blur)
30.     cv2.imwrite(f'./result/aug_jitter_output{i}.jpg', aug_img_jitter)
31.     cv2.imwrite(f'./result/aug_noise_output{i}.jpg', aug_img_noise)
32.
33.
34. # 创建多种操作复合的图像变换模块
35. transform = A.Compose([
36.     A.Rotate(limit=(-45, 45), p=0.5),
37.     A.RandomScale(scale_limit=(-0.2, 0.2), p=0.5),
38.     A.RandomCrop(width=128, height=128, p=0.5),
39.     A.Blur(blur_limit=(3, 7), p=0.5),
40.     A.ColorJitter(brightness=0.2, contrast=0.2, saturation=0.2, hue=0.2,
    p=0.5),
41.     A.GaussNoise(var_limit=(10.0, 100.0), mean=0, per_channel=True, p=0.5)
42. ])
43.
44.
45. for i in range(5):
46.     # 按照设置的操作和参数随机增强
47.     aug_img = transform(image=img)['image']
48.     # 保存增强后的图像
49.     cv2.imwrite(f'./result/composed_aug_output{i}.jpg', aug_img)
50.
```

这段代码中，读取了一张原始图像，并且生成了几个不同的增强方式的模型。比如这里的和图像变换有关的 Rotate（旋转）、RandomScale（随机缩放）、RandomCrop（随机裁切），以及和图像画质（颜色、噪声、对比度等）相关的 Blur（随机模糊）、ColorJitter（随机颜色抖动）、

GaussNoise（随机添加高斯噪声）。每个增强模块初始化的时候可以传入参数，控制增强的力度，以及多大概率会使用该增强方法。随后，建立了一个复合的数据增强模块，将上面的各种增强变换串联在一起，整体来对图像进行处理。真实项目中往往采用符合的数据增强方法。上面的代码保存的结果如图 2.28 所示。图 2.28（a）为随机模糊的效果；图 2.28（b）为随机裁切的效果；图 2.28（c）为随机颜色抖动的效果；图 2.28（d）为随机噪声效果；图 2.28（e）为随机旋转效果；图 2.28（f）为随机缩放效果；图 2.28（g）为复合数据增强效果。

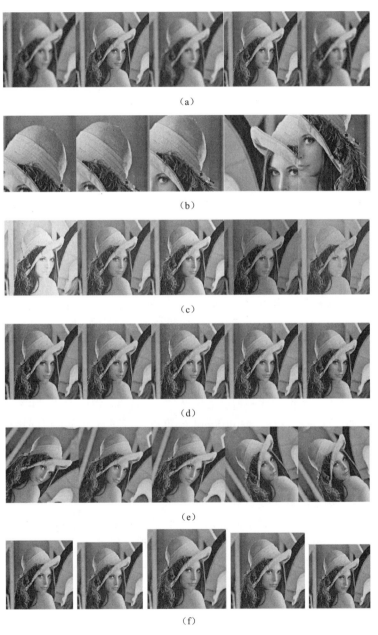

图 2.28 数据增强结果

(g)

图 2.28　数据增强结果（续）

数据问题处理好以后，就需要着手进行网络结构的设计和实现了。这一部分主要涉及模型选型、结构修改，以及可能的轻量化与算子支持等问题。这一部分在后面的章节中会分别针对不同的任务类型，对不同的经典方案模型进行解释，并说明设计的思路和原理，这里暂不详述。

数据和网络都准备好之后，就可以开始训练步骤了。模型的训练有如下几个重要的参数和"工具"。重要的参数就是 batchsize 和学习率。这两个参数的意义前面已经介绍过了。一般来说，batchsize 越大，收敛速度越快，但是所需要的显存和计算资源也更多；batchsize 如果过小，则可能难以收敛。通常会根据可利用的显存大小选择一个相对较大的 batchsize。而学习率的选择一般需要进行实验，学习率控制每次参数更新的步长，学习率过大会导致模型训练不收敛，而学习率过小则收敛速度会过慢。学习率一般采用的策略是先用大学习率进行训练，然后逐渐降低学习率。另外，还需要选择合适的优化器（optimizer）来进行参数优化，优化器的作用是自适应地调整各个参数的学习率，从而加快收敛速度，避免振荡甚至发散。常见优化器包括之前提到过的 SGD 优化器，以及后来陆续发展出来的 AdaGrad、RMSprop，以及在实际应用中较为常用的 Adam 或 AdamW 优化器。

另外，还可以显式地调整不同迭代次数的基础学习率，这种学习率的修正策略称为学习率调度器（lr scheduler）。常用的学习率调度器有如下几种：

首先是 StepLR 和 MultiStepLR，它们的基本策略是每隔一定的迭代次数或者一定的训练轮数（epoch，将所有训练数据完成一遍计算称为一个 epoch）将学习率乘以一个系数 gamma。StepLR 是对固定的间隔进行操作，MultiStepLR 可以自行设置不同的区间用来确保某个区间中的学习率大小。这种策略比较简单，但是由于 gamma 是个常数，有时调节能力有限。

另一种学习率调度器是 ExponentialLR，它的基本策略是将学习率随着训练迭代次数按照指数进行衰减。这种方法相比于一定区间中保持常数的 StepLR 来说更加精细，但是可能会因为学习率降低过度，从而影响训练效率。

还有一类基于余弦退火的学习率调度器，它们是 CosineAnnealingLR 和 CosineAnnealing Warm-Restarts。这类学习率调度器并不是随着训练过程进行单调地降低学习率，而是在一定时间段后重新增大学习率，以防止在非常小学习率的情况下陷入局部最优无法出来。CosineAnnealingLR 的学习率是以余弦函数的形式取值的，而 CosineAnnealingWarmRestarts 以余弦函数周期性降低学习率，同时引入周期重启机制，在某些时刻回归到初始学习率。

上述几种学习率调度器在 PyTorch 中都有实现，下面我们就用通过案例来调用这些调度器，并画出各自的学习率曲线，见代码 2.13。

代码 2.13　各种不同的学习率调度器及其曲线示例

```
1.  import torch
2.  from torch import optim
3.  import torch.optim.lr_scheduler as sch
4.  import matplotlib.pyplot as plt
5.
6.  # 定义 dummy optimizer 用来实验学习率调度器
7.  optimizers = [optim.SGD([torch.zeros(1)], lr=0.01) for _ in range(5)]
8.  # 定义各种学习率调度器
9.  steplr_scheduler = sch.StepLR(optimizers[0], step_size=10, gamma=0.5)
10. multisteplr_scheduler = sch.MultiStepLR(optimizers[1], milestones=[5, 10,
30], gamma=0.5)
11. explr_scheduler = sch.ExponentialLR(optimizers[2], gamma=0.95)
12. coslr_scheduler = sch.CosineAnnealingLR(optimizers[3], T_max=10, eta_min=
    0.001)
13.coswarmlr_scheduler = sch.CosineAnnealingWarmRestarts(optimizers[4], T_0=10,
   T_mult=2, eta_min=0.001)
14.
15. # 记录学习率变化的曲线列表
16. steplr_ls = list()
17. multisteplr_ls = list()
18. explr_ls = list()
19. coslr_ls = list()
20. coswarmlr_ls = list()
21.
22. # 调用各种学习率调度器
23. for epoch in range(50):
24.     # 每个 epoch 更新学习率
25.     steplr_scheduler.step()
26.     multisteplr_scheduler.step()
27.     explr_scheduler.step()
28.     coslr_scheduler.step()
29.     coswarmlr_scheduler.step()
30.
31.     steplr_ls.append(optimizers[0].param_groups[0]['lr'])
32.     multisteplr_ls.append(optimizers[1].param_groups[0]['lr'])
33.     explr_ls.append(optimizers[2].param_groups[0]['lr'])
34.     coslr_ls.append(optimizers[3].param_groups[0]['lr'])
35.     coswarmlr_ls.append(optimizers[4].param_groups[0]['lr'])
36.
37.
38. # 画图
39. plt.figure()
40. plt.plot(steplr_ls)
41. plt.grid(True)
42. plt.title('StepLR')
43.
44. plt.figure()
45. plt.plot(multisteplr_ls)
```

```
46. plt.grid(True)
47. plt.title('MultiStepLR')
48.
49. plt.figure()
50. plt.plot(explr_ls)
51. plt.grid(True)
52. plt.title('ExponentialLR')
53.
54. plt.figure()
55. plt.plot(coslr_ls)
56. plt.grid(True)
57. plt.title('CosineAnnealingLR')
58.
59. plt.figure()
60. plt.plot(coswarmlr_ls)
61. plt.grid(True)
62. plt.title('CosineAnnealingWarmRestarts')
63.
64. plt.show()
65.
```

画出的各种学习率调度器的学习率曲线结果如图 2.29 所示。

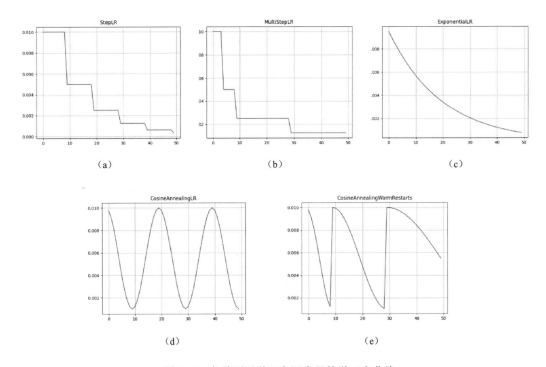

图 2.29　各种不同学习率调度器的学习率曲线

在训练的过程中，我们往往还需要定期对模型的当前的效果进行监控，了解模型是否已经过拟合或者性能是否达标。这个过程一般通过将标注好的数据集中保留出一部分作为验证集（valiadation set）来实现，这部分不参与优化模型参数的训练过程，而是作为验证模型效果的标准。而剩下的作为训练集（training set）来对模型进行训练。一般来说，在每个 epoch 结束后，或者每隔一定迭代次数就需要进行一次验证，即用当前的模型对验证集的数据进行预测，然后将预测结果与真实标签进行对比，得到当前模型的表现，比如准确率等。这个过程主要可以防止数据在训练集上过拟合。如果训练集上的准确率与验证集差异过大，或者随着训练的继续，训练集损失函数继续降低但是验证集效果下降，这说明模型可能发生了过拟合，需要调整策略来进行缓解，比如在验证集效果下降前停止训练，或者增加数据量、加强数据增强、加入损失函数正则化等。

下面用一个简单的示例脚本完整演示一遍用 PyTorch 训练模型的基本流程，见代码 2.14。

代码 2.14　模型训练流程

```
1.  import os
2.  import torch
3.  import torchvision
4.  import torchvision.transforms as transforms
5.  import torch.nn as nn
6.  import torch.optim as optim
7.  from torch.utils.tensorboard import SummaryWriter
8.
9.  # 定义 MLP 模型
10. class MLP(nn.Module):
11.
12.     def __init__(self):
13.         super(MLP, self).__init__()
14.         self.fc1 = nn.Linear(28*28, 512)
15.         self.fc2 = nn.Linear(512, 256)
16.         self.fc3 = nn.Linear(256, 10)
17.         self.relu = nn.ReLU(inplace=True)
18.
19.     def forward(self, x):
20.         x = x.view(x.size(0), -1)
21.         x = nn.functional.relu(self.fc1(x))
22.         x = nn.functional.relu(self.fc2(x))
23.         x = self.fc3(x)
24.         return x
25.
26.
27. # 定义 CNN 模型
28. class CNN(nn.Module):
29.
30.     def __init__(self):
31.         super(CNN, self).__init__()
32.         self.conv1 = nn.Conv2d(in_channels=1, out_channels=16, kernel_size=3,
    padding=1)
33.         self.conv2 = nn.Conv2d(in_channels=16, out_channels=32, kernel_size=
    3, padding=1)
34.         self.relu = nn.ReLU(inplace=True)
35.         self.maxpool = nn.MaxPool2d(kernel_size=2)
36.         self.fc1 = nn.Linear(7*7*32, 256)
```

```
37.        self.fc2 = nn.Linear(256, 10)
38.
39.    def forward(self, x):
40.        x = self.conv1(x)
41.        x = self.relu(x)
42.        x = self.maxpool(x)
43.        x = self.conv2(x)
44.        x = self.relu(x)
45.        x = self.maxpool(x)
46.        x = x.view(x.size(0), -1)
47.        x = self.fc1(x)
48.        x = self.fc2(x)
49.        return x
50.
51.
52. # 定义超参
53. use_gpu = True # 是否使用 GPU
54. learning_rate = 5e-4 # 学习率
55. momentum = 0.9 # 优化器动量
56. verbose_interval = 200 # log 记录的间隔
57. model_type = 'cnn' # or 'cnn'
58. num_epoch = 20 # 训练轮数
59.
60. # 定义训练集和验证集的数据变换
61. transform = transforms.Compose(
62.     [transforms.ToTensor()])
63.
64. # 加载 MNIST 数据集
65. trainset = torchvision.datasets.MNIST(root='./data', train=True,
66.                                 download=True, transform=transform)
67. trainloader = torch.utils.data.DataLoader(trainset, batch_size=128,
68.                                 shuffle=True, num_workers=2)
69. testset = torchvision.datasets.MNIST(root='./data', train=False,
70.                                 download=True, transform=transform)
71. testloader = torch.utils.data.DataLoader(testset, batch_size=128,
72.                                 shuffle=False, num_workers=2)
73.
74. # 实例化模型，如果有 GPU 资源，将网络放在 GPU 上训练
75. net = MLP() if model_type == 'mlp' else CNN()
76. if use_gpu:
77.     net = net.cuda()
78. # 损失函数为 CrossEntropy，分类损失函数
79. criterion = nn.CrossEntropyLoss()
80. # 优化器采用 Adam，超参数为 learning_rate 和 momentum
81. optimizer = optim.Adam(net.parameters(), lr=learning_rate)
82. # 定义 TensorBoard 写入器
83. writer = SummaryWriter(log_dir='./logs')
84. # 创建文件夹存放模型
85. os.makedirs(f'ckpts_{model_type}/', exist_ok=True)
86.
```

```
87.  # 训练模型，共循环 10 轮
88.  for epoch in range(num_epoch):
89.      sum_loss = 0.0
90.      for i, data in enumerate(trainloader):
91.          # 获取训练数据和标签
92.          inputs, labels = data
93.          # 如果有 GPU，将数据放在 GPU 训练
94.          if use_gpu:
95.              inputs, labels = inputs.cuda(), labels.cuda()
96.          if model_type == 'mlp':
97.              inputs = inputs.view(inputs.size(0), -1)
98.
99.          # 下面是网络训练的核心步骤
100.         # 首先，将网络参数的梯度重新置 0
101.         optimizer.zero_grad()
102.         # 网络的前向计算，得到预测输出
103.         outputs = net(inputs)
104.         # 计算损失函数
105.         loss = criterion(outputs, labels)
106.         # 损失函数反向传播（BP），得到各个参数的梯度
107.         loss.backward()
108.         # 基于当前的梯度和优化器，对参数进行一次更新
109.         optimizer.step()
110.
111.         # 记录当前损失
112.         sum_loss += loss.item()
113.
114.         if i % verbose_interval == 0:
115.             print(f'[Epoch {epoch}] iter {i}, train loss : {sum_loss /
    verbse_interval:.4f}')
116.             writer.add_scalar('train loss',
117.                         sum_loss / verbose_interval,
118.                         epoch * len(trainloader) + i)
119.             sum_loss = 0.0
120.
121.     # 在验证集上进行验证，并计算准确率 acc
122.     num_correct = 0
123.     num_total = 0
124.     with torch.no_grad():
125.         for data in testloader:
126.             # 获取数据和标签
127.             inputs, labels = data
128.             if use_gpu:
129.                 inputs, labels = inputs.cuda(), labels.cuda()
130.             if model_type == 'mlp':
131.                 inputs = inputs.view(inputs.size(0), -1)
132.             # 前向传播输出预测值
133.             outputs = net(inputs)
134.             preds = torch.argmax(outputs, dim=1)
135.             num_total += labels.size(0)
```

```
136.          num_correct += (preds == labels).sum().item()
137.
138.      # 计算验证集的准确率
139.      acc = num_correct / num_total
140.      print(f'[Epoch {epoch}] finished, validation acc : {acc:.4f}')
141.      writer.add_scalar('validation acc : ', acc, epoch)
142.
143.    # 每个epoch训练结束后,保存当前模型参数
144.    torch.save(net.state_dict(), f'ckpts_{model_type}/model_epoch{epoch}.pth')
145.
```

上述代码展示了一个利用 MNIST 数据集训练 CNN 或者 MLP 模型进行分类的一个整体的流程。其中包括数据集的加载和数据变换(数据增强就在这个位置进行),训练集和验证集的划分及每个 epoch 的模型效果验证,网络的前向传播、梯度计算与反向传播,参数更新优化及学习率调整,损失函数和预测结果写入 tensorboard 的 SummaryWriter 以备可视化检测当前的训练状态,以及在每个 epoch 最后的模型保存。

对于模型的更新与保存,还有一个需要介绍的策略,叫作指数移动平均(exponential moving average,EMA),它的基本思路是通过对训练中的各个阶段的模型进行加权平均,从而避免可能因为随机波动带来的模型选择的失误。EMA 维护一个平均模型,每更新一次,就将这个平均模型与新模型进行加权平均,并将平均后的结果用来更新平均模型。这样一来,距离久远的模型由于多次用小于 1 的权重相乘,因而其占比会指数下降。EMA 可以提高模型的稳定性和泛化性能,在很多地方都有应用,具体见代码 2.15。

代码 2.15　EMA 代码示例

```
1.  import torch
2.  import torch.nn as nn
3.
4.  # 一个简单的模型结构,方便打印参数,验证调用 EMA
5.  class ExampleNet(nn.Module):
6.      def __init__(self):
7.          super().__init__()
8.          self.layer = nn.Linear(5, 1, bias=False)
9.      def forward(self, x):
10.         x = self.layer(x)
11.         return x
12.
13. def model_ema(net_cur, net_ema, decay=0.9):
14.     net_cur_params = dict(net_cur.named_parameters())
15.     net_ema_params = dict(net_ema.named_parameters())
16.     for k in net_ema_params.keys():
17.         net_ema_params[k].data.mul_(decay).add_(net_cur_params[k].data, alpha=
1 - decay)
18.
19. # 初始化两个参数不同的网络,打印参数
20. cur_net = ExampleNet()
21. ema_net = ExampleNet()
22. print('EMA net params : \n', list(ema_net.parameters())[0].data)
23. print('current net params : \n', list(cur_net.parameters())[0].data)
24.
```

```
25.  # 调用两次 EMA 后，
26.  model_ema(cur_net, ema_net, decay=0.9)
27.  print('[update 1] EMA net params : \n', list(ema_net.parameters())[0].data)
28.  model_ema(cur_net, ema_net, decay=0.9)
29.  print('[update 2] EMA net params : \n', list(ema_net.parameters())[0].data)
30.
```

输出结果如下：

```
EMA net params :
 tensor([[-0.3503,  0.1967,  0.2617, -0.4221,  0.0550]])
current net params :
 tensor([[-0.1341, -0.1944, -0.1395,  0.0812,  0.1093]])
[update 1] EMA net params :
 tensor([[-0.3287,  0.1576,  0.2216, -0.3718,  0.0605]])
[update 2] EMA net params :
 tensor([[-0.3092,  0.1224,  0.1855, -0.3265,  0.0653]])
```

2.3.2　推理流程：测试时增强与量化部署

模型训练完成后，就需要利用保存好的模型对待预测的数据进行推理（inference），这是模型实际应用的部分。在模型推理中，有时需要采用测试时增强（test time augmentation，TTA）的方法提高预测结果的准确性与鲁棒性。TTA 简单来说就是通过对待预测的输入图像进行多种操作，然后将得到的结果进行整合，从而得到最终的结果。比如，对于图像分类问题，可以对图像分别进行水平翻转（horizontal flip，hflip）和垂直翻转（vertical flip，vflip）并送入网络进行推理预测，然后将原始图像的预测结果与这两次增强的预测概率进行平均，以获得最终的预测。这里要注意的是，有些任务，比如分割、关键点检测、目标检测等输出结果与输入结果有位置上的对应关系的，还需要将增强后的输出结果进行对应变换（比如翻转的图像经过模型得到的分割 mask 也需要翻转回去）。

一个简单分割模型的 TTA 的示例见代码 2.16。这里仅展示了水平和垂直翻转的 TTA。类似的还有多尺度缩放等测试时增强的策略，这里就不再逐一介绍了。

代码 2.16　TTA 代码示例

```
1.   import torch
2.   import torch.nn as nn
3.
4.   # 一个简单的 CNN 结构，仅作为示例模型
5.   class SimpleCNN(nn.Module):
6.       def __init__(self, in_ch=3, num_class=10, mid_ch=64):
7.           super().__init__()
8.           self.conv1 = nn.Conv2d(in_ch, mid_ch, kernel_size=3, padding=1)
9.           self.relu = nn.ReLU(inplace=True)
10.          self.conv2 = nn.Conv2d(mid_ch, mid_ch, kernel_size=3, padding=1)
11.          self.conv_out = nn.Conv2d(mid_ch, num_class, kernel_size=3, padding=1)
12.      def forward(self, x):
13.          x = self.conv1(x)
14.          x = self.relu(x)
15.          x = self.conv2(x)
16.          x = self.relu(x)
```

```
17.          x = self.conv_out(x)
18.          return x
19.
20. net = SimpleCNN()
21. net.eval()
22.
23. # No TTA
24. test_img = torch.randn((1, 3, 128, 128))
25. pred_mask = net(test_img)
26. print(f"No TTA output size : ", pred_mask.size())
27.
28. # Test Time Augmentation
29. test_img_vflip = torch.flip(test_img, dims=[2])
30. test_img_hflip = torch.flip(test_img, dims=[3])
31.
32. pred_mask_ori = net(test_img)
33. pred_mask_vflip = torch.flip(net(test_img_vflip), dims=[2])
34. pred_mask_hflip = torch.flip(net(test_img_hflip), dims=[3])
35. pred_mask = (pred_mask_ori + pred_mask_vflip + pred_mask_hflip) / 3
36. print(f"TTA output size : ", pred_mask.size())
37.
```

输出结果如下：

```
No TTA output size : torch.Size([1, 10, 128, 128])
TTA output size : torch.Size([1, 10, 128, 128])
```

在实际应用中，模型的推理可以在服务器上进行，也可能在端侧的一些设备上进行。对于某些情况，特别是端侧对性能要求较高的场合中，可能需要对模型进行量化部署。所谓模型量化（quantization），指的是将原本浮点数类型的模型权重和输入数据转换为定点数或者其他低精度数据类型进行存储和计算。模型量化可以显著降低模型的体积和计算量，提高推理速度并降低计算带来的能耗开销。模型量化可能会伴随精度的损失，因此往往需要在效果和效率之间进行折中。此外，在部署过程中可能还需要进行一些其他操作，比如算子融合、算子替换等。算子融合是将计算图中邻近的操作进行合并，比如卷积和 BN 可以进行合并，具体操作就是用 BN 中的两个参数 γ 和 β 对卷积层的权重和偏置进行平移和缩放，这样一来前向推理的结果就相当于经过了卷积与 BN 之后的结果了。类似地还可以对卷积核 ReLU 进行融合。算子替换指的是用更高效的算子等效替换模型中的算子。比如用多个 3×3 卷积替换大卷积核卷积操作（有些平台对于 3×3 的卷积计算有优化）等。模型的部署也是实际应用的推理阶段中非常重要的步骤，具体的部署方案需要结合实际的硬件情况进行设计。

第3章 语义分割算法原理

本章系统地介绍计算机视觉的一个重要的任务——语义分割（semantic segmentation）。语义分割在自动驾驶，遥感影像和医学影像分析，以及视频理解等领域都有着非常多的重要应用。

3.1 语义分割任务概述

这一节主要介绍语义分割的任务、目标和相关传统方案，以及语义分割任务的重点、难点和相关评价标准。

3.1.1 语义分割的目标与传统方案

语义分割是当前计算机视觉技术中的重要分支，它的目的在于将实体按照语义类别的不同进行分割，得到包含同类物体的 mask。这里的语义指的是对于我们人类具有实体性的内容，比如一辆车、一栋大楼、一只狗、一片树林等等，按照这样的标注进行区分的计算机视觉任务，我们通常称为语义层或者高层视觉任务（high-level vision）。自然地，与之相对的则是不关注人类的语义层面的信息，主要考虑图像的画质、风格、影调等底层细节和形式层面的任务，比如去噪、超分辨率、去雾等，这些往往称为底层视觉任务（low-level vision）。高层视觉任务除了分割以外，还包括图像分类、目标检测与识别、目标跟踪、关键点检测等任务。

在模型设计层面，高层视觉任务与底层视觉任务也是有着较为明显区别的。高层视觉任务更加注重非局部的、大范围的上下文信息（context），因为物体目标在图像中可能往往会占据很多个像素点，并且即便是同类物体，在不同的图像样本中可能由于角度、光照、姿态等的不同，会呈现出不同的形状。因此，这类任务天然地需要大范围的感知域来捕获更多的信息，从而提高模型表达能力。而底层视觉技术更多地考虑相对局部的信息，建立起高质量图像与低质量图像的映射关系，从而完成图像效果的提升。当然，这个分类并不是绝对的，现在的研究中，也有很多将两者相结合的尝试：比如，将底层的处理与高层语义任务相结合，从而得到一个能够提高高层语义任务精度的底层预处理方法；还有一些研究是反方向的结合，即将高层语义信息作为辅助信息，用于限定底层图像处理的解空间，从而得到更加符合真实图像的结果。

图像分类的目标是为每张图像打一个类别标签，比如对于一张有猫的图片打标签为"猫"。但在实际场景中，一般来说一张图片中并不会只有一个或者一类物体，并且，目标物体也并不会完全充满整张图。比如小猫的照片的周围可能有草地、有房屋、有广告牌等等。因此，只是对整图分类不能完全涵盖图像的内容和信息。语义分割的任务就是通过对图像进行像素级别（pixel-wise）的分类来解决这个问题的。语义分割对每个像素分别进行预测，从而得到所有属于该类别的像素点，这些点就组成了该类别的掩模（一般叫作 mask，后面我们就用 mask 来称呼这类打了相同标签的点的集合）。图 3.1 就展示了图像分类与语义分割任务的不同。图 3.1（a）为分类任务对图像的主要内容打标签；（b）为分割任务需要对目标类别进行像素级的分类。

（a）　　　　　　　　　　　（b）

图 3.1　图像分类与语义分割任务

语义分割相比于图像分类能给出更高精度的结果，同时也更符合人类的直觉和认识方式（人总是可以在普通场景中区分出不同类别物体的种类和位置边界的）。但是，语义分割也有其局限性，它只能区分类别而不能区分实体，比如，有一张图片中有许多猫在一起，并且之间有一定的重叠，那么语义分割会将这些位置都分成同一类，而不会对每个个体进行区分。另外，语义分割虽然对所有的像素都进行预测，但并不是每个像素都能分到某个目标类别。比如当一张图中只有一个猫是目标类别时，其他像素就会被分类为背景。

为了解决上面两个问题，分割任务也衍生出了新的形式：那就是实例分割（instance segmentation）和全景分割（panoptic segmentation）。实例分割指的是对于一张图像，不但需要分出目标的类别，还要分出目标的实例 id，即哪些像素属于同一个物体（而不仅仅是同一类）。这就要求不仅要对物体的类别进行预测，还要对物体的每个实例的范围进行预测。实例分割仍然注重对于关注的目标类别的实体进行分割，因此也只能对图像中的部分像素找到类别、边界和实体归属，而其他的像素则直接作为背景被忽略。全景分割任务旨在解决只有部分像素被分类的问题，它的目标是将图像中的所有像素进行分割，并且对可以划分为不同实例的部分进行实例分割，而其他的部分（比如天空、草地等不能分割为实例的区域）也进行分类。全景分割相比语义分割和实例分割，其对于信息的理解更加完整和全面。图 3.2 展示了语义分割、实例分割和全景分割的具体情况。图 3.2（a）为原图；图 3.2（b）为语义分割，不区分实例；图 3.2（c）为实例分割，区分不同实例；图 3.2（d）为全景分割，对所有的像素和可区分的实例都进行标注。

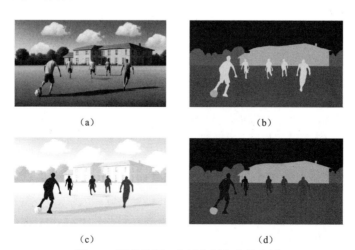

（a）　　　　　　　　　　　（b）

（c）　　　　　　　　　　　（d）

图 3.2　语义分割、实例分割和全景分割

　　在进入深度学习语义分割算法以前，我们先来看一下在前深度学习时代的传统图像处理算法是如何处理分割问题的。在之前的任务中，由于没有类别标注的标签作为指导，因此传统意义上的分割往往局限于超像素（superpixel）层面，也就是将属于一个物体的部分像素聚合起来。这样的操作方法对于一些简单场景可能可以提取到语义信息，比如近似二值图的文档文字的提取等，但是对复杂场景，往往只能作为辅助手段。而且传统分割不能给出像素所属的语义类别，因此应用也较为有限。下面简单介绍几种传统方法的图像分割。

　　首先是阈值法。阈值法是一种非常简单的图像分割方法，它在目标区域或者物体（前景）与背景的差异较为明显时比较有效。阈值法的基本思路就是将图像中像素值相近的像素分为同一个区域，基本的做法就是计算出图像的直方图，然后从中找到一个合适的阈值点，大于阈值的和小于阈值的就被分割为两类，如图 3.3 所示。图 3.3（a）为输入的图像；图 3.3（b）为二值化阈值分割结果；图 3.3（c）为分割出的目标内容。大津法（Otsu's method）是一种常用的自适应阈值计算方法，其目标是找到一个能够使两类像素点类内方差最小，类间方差最大的点进行二值化分割。

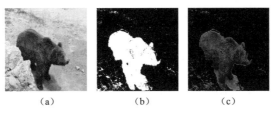

（a）　　　　　　　　（b）　　　　　　　　（c）

图 3.3　阈值法的二值化图像分割

　　另一种传统分割方法是区域生长（region growing）法，也叫种子生长法。这种方法需要预先选定一些"种子点"，然后基于这些种子点向周围迭代扩散生长，将符合条件（属于和种子点同类别）的像素加入该种子点所对应的区域，直到迭代完成（不能继续更新）。区域生长法的核心在于区域扩散和加入的规则。一般来说，决定一个点是否要加入某种子点所控制的区域，可以根据多种图像信息，比如亮度、纹理、颜色等等，这需要根据实际任务场景进行选择和设计。图 3.4 展示了一个基于种子生长法分割的简单示例。图 3.4（a）为输入的图像；图 3.4（b）~（e）为迭代不同次数下的种子点扩散结果；图 3.4（f）为最终分割出的目标内容。

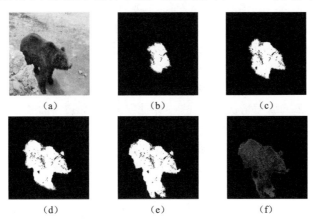

（a）　　　　　　　　（b）　　　　　　　　（c）

（d）　　　　　　　　（e）　　　　　　　　（f）

图 3.4　种子生长法图像分割过程

　　其他的经典方法还有分水岭（watershed）算法，该方法是利用图像像素的空间相似性与位置相近性对封闭区域进行填充，对不同的区域设置屏障，类似地形图上的分水岭；还有基于图论的方法，比如 GrabCut 算法可以基于图的最小割定理将目标区域分割为前景和背景。GrabCut 算法的分割结果如图 3.5 所示。图 3.5（a）为输入的图像；图 3.5（b）为 GrabCut 分割结果；图 3.5（c）为分割出的目标内容。

(a)　　　　　　　　(b)　　　　　　　　(c)

图 3.5　GrabCut 算法图像分割

　　以上是一些常用的传统图像分割方案，这些方法在某些特定场景下也有较多的应用，但同时也有很大的局限性，比如准确性受限、对于噪声和干扰不够鲁棒等，因此很难作为通用的模型直接应用于差异较大的数据集的任务中。

　　而基于深度学习神经网络的图像分割方法可以通过大量数据的训练和优化，使分割结果的准确性已经与任务的相关性大大提高。神经网络模型方法实现分割任务的基本策略是：先确定要分割的任务目标（即数据场景和目标类别），比如我们想分割所有道路图像中的汽车和行人。然后，收集大量与生产场景相同的图像数据，比如大批量的室外道路图像，并进行人工标注。对于分割任务来说，人工标注需要详细勾画出目标类型的范围边界，并对该边界内部的物体类别进行标注。语义分割由于不区分实例，因此可以同类不同物体合并到一个区域。所有数据标注完成后，需要对分割网络进行训练，训练好的模型可以用于对未标注的图像中的目标类别进行分割。

3.1.2　语义分割的难点

　　尽管相比传统方法，基于神经网络的语义分割的能力已经大大提高，但是仍然具有一些较为普遍的难点。基于网络的语义分割的难点主要有以下几类：

　　首先，在实际场景中，被分为同一个语义类别的物体往往有较大的差异性。比如当我们将"汽车"分为一类时，不同种类和型号的车辆也有很大的区别，或者对于"猫"这个类别，由于颜色、品种、形态的不同，也具有较大的差异性。而网络的目的就是要学习到被标注为同一个类别的数据之间的相似性，以及不同类之间的差异。这个是基于学习的方法的固有难点。另外，考虑到图像的成像情况（光照、清晰度等）以及物体的姿态、角度、远近等变化，比如同样是"行人"这个类别，可能由于远近在图像上有大有小，而且可能有不同的姿态（站立、跑步、坐等），这些也为网络拟合带来一定的困难。针对这一类问题，可以通过增加标注数据集，设计合适的数据增强，以及修改网络结构等方式进行优化。

　　其次，对于分割问题来说，除了上面的神经网络共同的难点以外，针对高精度的像素级预测也带来了新的难题，主要在于分割边缘的不准确。由于神经网络更多关注语义信息的特征，因此一般可以较好地分割出目标的主要区域，而对于边缘往往效果不佳。这是由于分割任务的语义（较大的感知域）与高精度（像素级的预测）之间的矛盾导致很难将两者共同兼顾。这一问题通常的解决思路是融合网络的浅层特征和底层信息（纹理、颜色、边缘等）对输出结果进行修正。

另外，对于工程实践来说，分割任务的标注成本是比较高的。尽管已有各种开源的分割数据集，但是对于实际生产中的新任务，一般还是需要进行数据收集和人工标注。分割的标注通常需要用多边形的方式精细处理，因此比较耗费人力。针对这个问题，人们也研究了小样本、弱监督的分割方法，用于减少标注成本。

3.1.3　语义分割的度量指标

由于分割任务本质上就是图像像素的分类任务，因此它的评价指标也是基于分类任务评价指标的。首先，我们来了解一个分类中的重要概念——混淆矩阵（confusion matrix）。它是一个对于预测结果与真实标签之间关系的初步统计矩阵，后面用到的很多评估标准都可以由它通过某种计算得到。

先从简单的情况开始讨论。对于一个二分类问题：某样本是否属于类别 A，属于的记作 P（阳性、正样例，positive），不属于则记为 N（阴性、负样例，negative）。如果对 5 个样本进行预测，它的真实标签是 $[P,N,N,P,N]$，而预测得到的结果为 $[P,N,P,N,N]$。此时，可以对每个样本的真实标签和预测结果进行统计，并填充到下面的表格中：

	预测 A	预测非 A
实际 A	1	1
实际非 A	1	2

可以看到，我们将所有的样本预测结果进行了统计，这个矩阵就是二分类场景下的混淆矩阵。对于每个位置，都有一个专门的名称：标签和预测都是正样例的样本数称为真正例或真阳性（true positive，TP），反之两者都是负样例的称为真负例或真阴性（true negative，TN），而实际是正样例却预测为负的部分称为假负例或假阴性（false negative，FN），反之，实际是负样例却预测成正样例的称为假正例或者假阳性（false positive，FP）。这几个术语看似比较烦琐，但其实它的命名是有规律的：后面的 P 或者 N 表示预测结果是正还是负，而前面的 true 和 false 表示的是预测结果是否符合真实值。这样，我们就可以将上面的表格写成下面的形式（GT 表示 groundtruth，即真实标签）：

	pred P	pred N
GT P	TP	FN
GT N	FP	TN

下面，我们就基于这个混淆矩阵定义分类效果的评价指标。分类任务的评价自然是希望预测结果越准越好，或者说 pred 越接近 GT 越好。那么一个简单方法就是统计在所有被预测的样本中，有多大比例的 pred 和 GT 相等。这就是第一个评价指标：精确率（accuracy，acc），其计算公式为：

$$acc = \frac{TP + TN}{TP + FN + FP + TN}$$

精确率作为度量虽然计算简单有效，但是在某些情况下会有问题。举个例子，如果 10 个样本中只有一个正例 P，其他都是 N，那么当模型的输出全部为 N 时，按照上述公式，这个模型的 acc=90%，是一个很高的数值。但实际上，这个模型是无效的，因为它根本不能检测出那个正例。因此，需要引入其他的度量指标。

另外一对常用的评估指标是准确率（precision）与召回率（recall），其计算公式分别如下：

$$precision = \frac{TP}{TP + FP}$$

$$recall = \frac{TP}{TP + FN}$$

这两个指标描述了模型预测性能的不同方面。准确率的分母上是所有的预测为 P 的样本数，分子是预测对的正例数。这个指标其实评价的是预测结果的纯度，即所有对于某一类的预测结果中有多少是对的。而召回率的分母上是所有真实的正例 P 的总数，分子仍然是预测对的正例数，这个指标描述的是预测结果的完备性，即所有的正例中多少被预测模型找出来了。这两个指标是有关联性的，一般来说，我们的分类模型都可以通过调整输出结果置信度的阈值来控制预测出正例的比例，这就会影响准确率和召回率。比如，当我们降低阈值时（大于阈值为 P，小于阈值为 N），那么预测为 P 就会更宽松，从而有更多的样例被预测为 P。这样一来，更多的真实的正样例 P 就会被召回，于是召回率会增加，而由于预测的正例过多，因而容易混进更多的负例，也就是预测结果的纯度降低，准确率会下降，此时的情况就是"宁枉勿纵"。与此相反，如果提高阈值，预测为 P 的会变少，但是这些预测为 P 的样本置信度都很高，因此更容易是真正例，即准确率更高。自然地，预测的 P 数量少了，可能有部分 P 就不能被找到，因此召回率低，此时的情况就是"宁纵勿枉"。因此，用准确率和召回率来评估模型，一般需要同时参考。而对于特定的任务和场景，有时候会更关注其中的某一个指标。

有一个指标可以同时体现准确率和召回率的情况，那就是 F_1 score。它的计算公式如下：

$$F_1\ score = \frac{2 \cdot precision \cdot recall}{precision + recall}$$

它实际上就是准确率和召回率的调和平均值。可以兼顾准确率和召回率。

还有一类常用的度量指标，称为交并比（Intersection over Union，IoU）。对于分割问题来说，由于预测和图像的标签都是以 mask 的形式存放的，因此，一个最直观的评价预测准确性的方法就是预测 mask 与真实标签的 mask 有多大程度重合。这就是 IoU 的基本的想法。图 3.6 给出了 IoU 的示意图，IoU 的数学形式可以表示如下：

$$IoU = \frac{mask_{pred} \cap mask_{GT}}{mask_{pred} \cup mask_{GT}}$$

其中的 $mask_{pred}$ 和 $mask_{GT}$ 表示的是预测 mask 的像素集合与真实标签（GT）mask 中的像素集合。分子为两者交集的数量，即重合部分的面积，分母为两者并集的数量。IoU 越大，说明预测结果越准确。

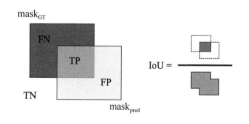

图 3.6　IoU 示意图

由图 3.6 还可以看出，预测 mask 与真实 mask 的交集，实际上就是前面的真正例 TP 的数量，同理，两者的并集就是 TP + FP + FN。其中 TP + FP 为预测 mask 的像素数量，TP + FN 为真实 mask 的像素数。我们知道，两个集合的并集的元素数量就是它们各自元素数量之和减去两者的交集，因此，将两者相加并减去 TP，就是 TP + FP + FN。按照这个表示，IoU 计算公式可以写成：

$$\mathrm{IoU} = \frac{\mathrm{TP}}{\mathrm{TP} + \mathrm{FP} + \mathrm{FN}}$$

上面我们的讨论都是基于只有一个类别的分类或者分割任务，实际上，上述的指标也可以推广到多类的分类分割任务中。首先将混淆矩阵推广至多类，如图 3.7 所示。在多类混淆矩阵中，每一行代表的是 GT 的类别，每一列代表的是预测的类别。因此，第 i 行第 j 列的值就表示在所有由模型预测的样本中，实际是类别 i 但是却被预测为类别 j 的样本数量。

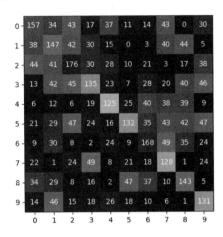

图 3.7　多类混淆矩阵示意图

根据多类混淆矩阵，可以计算上述的几个度量指标。首先是精确率（acc），由于它只需要计算每个样本的预测与真实值是否一致，因此对于多类任务和单一类别在计算上没有区别。对于多类混淆矩阵，其对角线元素就是各类别预测正确的样本数量，因此只需要将对角线元素求和并除以样本总数，即可得到多类别任务的精确率，数学方法表示就是：

$$\mathrm{acc} = \frac{\sum\limits_{i} M(i,i)}{\sum\limits_{i}\sum\limits_{j} M(i,j)}$$

然后来看准确率和召回率。由于准确率和召回率的计算中，需要设定一个目标类别，因此应该逐类别计算。对于类别 k 来说，它的 TP 就是 $M(k, k)$，它的 FP 就是预测为类别 k 但实际是非类别 k 的样本总数，那就是第 k 列的总数减去 TP。同理，FN 表示实际为类别 k，但是预测为非类别 k 的样本总数，即第 k 行的总数减去 TP。这样我们就可以算出对于类别 k 的准确率和召回率，如下：

$$\mathrm{precision}_{k} = \frac{M(k,k)}{\sum\limits_{i} M(i,k)}$$

$$\mathrm{recall}_{k} = \frac{M(k,k)}{\sum\limits_{j} M(k,j)}$$

有了每一类的准确率和召回率，也可以计算出每个类别单独的 F_1 score。为了更好地评价模型在所有类别的整体的表现，可以计算出所有类别的 F_1 score 的平均值。这个计算方法一般矫正 macro F_1 score，数学表示为：

$$F_1\ \mathrm{score}_{\mathrm{macro}} = \frac{1}{c}\sum\limits_{k} F_1\ \mathrm{score}_{k}$$

还有一种计算多类 F_1 score 的方式，称为 micro F_1 score，它的计算方法是：先对每个类别统计 TP、FP、FN，然后对所有类别的 TP 求和，FP 和 FN 同理。然后用这个总体的数值计算 precision、recall 和 F_1 score。F_1 数学表示为：

$$F_1 \text{score}_{\text{micro}} = \frac{2\sum \text{TP}_k}{2\sum \text{TP}_k + \sum \text{FN}_k + \sum \text{FP}_k}$$

对于多类任务，micro F_1 score 和 acc 是恒等的。这一点可以通过简单的数学推导得到证明（如果将单类任务中的非该类也看作一个类别的话，就成了一个二分类任务，它的 micro F_1 score 和 acc 也是相等的）。而且，micro F_1 score 在类别不平衡的场景中不能有效评价模型性能，因为它是对样本进行了平均，而 macro F_1 score 是对类别进行了平均，因此不受类别不平衡的影响。通常我们会采用多类的 macro F_1 score 对多分类问题的结果进行度量。

下面来计算多类的 IoU。根据二分类中 TP/(TP+FP+FN)的 IoU 计算公式，可以写出对于类别 k 通过混淆矩阵计算 IoU 的数学表达式：

$$\text{IoU}_k = \frac{M(k,k)}{\sum_i M(i,k) + \sum_i M(k,j) - M(k,k)}$$

计算出所有类别的 IoU 后，通常可以有两种多类平均方法，一种是直接平均，得到的就是 mean IoU（或者写成 mIoU）；另一种是根据类别比例加权平均，即 FWIoU（frequency-weighted IoU）。两者的计算公式如下：

$$\text{mIoU} = \frac{1}{c}\sum_k \text{IoU}_k$$

$$\text{FWIoU} = \frac{1}{N_{\text{total}}}\sum_k N_k \text{IoU}_k$$

这两个指标的区别也主要是在类别不均衡的情况下比较明显，比如对于一个 c 类别的分割问题，其中某一类占据的比例非常小，模型很难对这个类别有很好的效果，因此可能该类的 IoU 会比较小，如果用 mIoU 来度量，由于每个类别的比重是一样的，因此这个小类别的劣势就会体现出来。而如果用 FWIoU 来度量，这个小类别的 IoU 就会因为其占比例低而被降低权重，从而减少对于最终结果的影响。一般来说，当类别不均衡时，对于同一个分割模型，往往 FWIoU 的值会比 mIoU 的值更高一些。当然，是否将占比较少的类别给予同等的关注，需要视具体情况而定。

上述分割模型评估指标的计算逻辑实现见代码 3.1。

代码 3.1　分割模型准确率、召回率与 IoU 度量指标计算

```
1.  import cv2
2.  import numpy as np
3.
4.  # 类别: 0（背景）+ 3 类目标, 共 4 类
5.  num_class = 1 + 3
6.
7.  gt = cv2.imread('data_samples/gt_mask.png', cv2.IMREAD_GRAYSCALE)
8.  pred = cv2.imread('data_samples/pred_mask.png', cv2.IMREAD_GRAYSCALE)
9.
10. assert gt.shape == pred.shape
11. height, width = gt.shape
12.
13. confusion_mat = np.zeros((num_class, num_class))
```

```
14.
15. for i in range(height):
16.     for j in range(width):
17.         gt_v = gt[i, j]
18.         pred_v = pred[i, j]
19.         confusion_mat[gt_v, pred_v] += 1
20.
21. print("confusion matrix is \n", confusion_mat)
22.
23. # 计算 accuracy
24. sum_correct = np.sum(np.diag(confusion_mat))
25. sum_total = np.sum(confusion_mat)
26. acc = sum_correct / sum_total
27. print(f"acc = {acc:.4f}")
28.
29. F_1_score_ls = list()
30. # 计算每一类的 precision, recall 和 F_1 score
31. for i in range(num_class):
32.     if confusion_mat[i, i] == 0:
33.         precision = 0
34.         recall = 0
35.         F_1_score = 0
36.         F_1_score_ls.append(F_1_score)
37.     else:
38.         precision = confusion_mat[i, i] / np.sum(confusion_mat[:, i])
39.         recall = confusion_mat[i, i] / np.sum(confusion_mat[i, :])
40.         F_1_score = 2 * precision * recall / (precision + recall)
41.         F_1_score_ls.append(F_1_score)
42.     print(f"[class {i}] precision : {precision:.4f},"
43.         f" recall : {recall:.4f}, F_1-score : {F_1_score:.4f}")
44.
45. # 计算多分类的 macro F_1 score
46. print(f" macro F_1-score is : {np.mean(F_1_score_ls):.4f}")
47.
48. # 计算各类别的 IoU, 以及 FWIoU 和 mIoU
49. iou_ls = list()
50. num_class_ls = list()
51. # 计算每一类的 IoU, 并统计各类别样本数量 (真实类别)
52. for i in range(num_class):
53.     intersect = confusion_mat[i, i]
54.     union = np.sum(confusion_mat[:, i]) \
55.             + np.sum(confusion_mat[i, :]) \
56.             - confusion_mat[i, i]
57.     iou = intersect / union
58.     iou_ls.append(iou)
59.     cur_num_class = np.sum(confusion_mat[i, :])
60.     num_class_ls.append(cur_num_class)
61.     print(f"[class {i}] IoU : {iou:.4f}, class ratio : {cur_num_class / sum_
    total:.4f}")
62.
63. mIoU = np.mean(iou_ls)
```

```
64. FWIoU = np.sum([(num_class_ls[i] / sum_total * iou_ls[i]) for i in range
(num_class)])
65. print(f"mIoU : {mIoU:.4f}, FWIoU : {FWIoU:.4f}")
66.
```

该代码段读入了 gt_mask 和 pred_mask 两个生成的 mask，分别代表真实 mask 和预测 mask。两个 mask 可视化结果如图 3.8 所示。

（a）gt_mask   （b）pred_mask   （c）两个 mask 的差异区域

图 3.8   用于测试指标计算的 mask

计算结果输出如下：

```
confusion matrix is
 [[2.24113e+05 0.00000e+00 5.60000e+02 2.16000e+02]
 [1.58100e+03 1.42300e+04 0.00000e+00 0.00000e+00]
 [2.12400e+03 0.00000e+00 1.07290e+04 0.00000e+00]
 [2.05700e+03 0.00000e+00 0.00000e+00 6.53400e+03]]
acc = 0.9751
[class 0] precision : 0.9749, recall : 0.9965, F₁-score : 0.9856
[class 1] precision : 1.0000, recall : 0.9000, F₁-score : 0.9474
[class 2] precision : 0.9504, recall : 0.8347, F₁-score : 0.8888
[class 3] precision : 0.9680, recall : 0.7606, F₁-score : 0.8518
 macro f1-score is : 0.9184
[class 0] IoU : 0.9717, class ratio : 0.8579
[class 1] IoU : 0.9000, class ratio : 0.0603
[class 2] IoU : 0.7999, class ratio : 0.0490
[class 3] IoU : 0.7419, class ratio : 0.0328
mIoU : 0.8534, FWIoU : 0.9514
```

由于 class 0 表示背景区域占比较大，因此在计算 FWIoU 时，其所占权重比例也较大，同时由于它的 IoU 较大，因此 FWIoU 比直接按照类别取平均的 mIoU 要更高一些。

除了上述的准确率和 IoU 相关的一系列度量标准，由于分割问题关注分割边缘和范围的特点，还有一类评估分割 mask 轮廓拟合程度的度量指标。这里介绍边界 F_1 score（Boundary F_1 score），或者叫轮廓匹配 F_1 分数（contour matching F_1 score）。它的基本思路就是对每一个类别的预测 mask 的边缘与其对应的实际的 mask 的边缘的准确率和召回率进行度量。对于预测 mask 轮廓上的一个点，如果它与实际 mask 轮廓的距离小于一个设定的阈值，那么就认为这是一个预测正确的点，用预测正确的点除以总的预测 mask 轮廓的点数，就可以得到边界的准确率。将预测 mask 与实际 mask 调换位置，重复上述计算，得到的就是边界的召回率。按照之前计算 F_1 score 的公式，即可计算出边界 F_1 score。整个计算过程用数学形式可以表示如下：

$$P_{\text{boundary}} = \frac{1}{|B_{\text{pred}}|} \sum_{z \in B_{\text{pred}}} [d(z, B_{\text{GT}} < d)]$$

$$R_{\text{boumdary}} = \frac{1}{|B_{\text{GT}}|} \sum_{z \in B_{\text{GT}}} [d(z, B_{\text{pred}} < d)]$$

$$B_{\text{oundary}} \cdot \text{F}_1 \text{ score} = \frac{2P_{\text{boundary}} R_{\text{boundary}}}{P_{\text{boundary}} + R_{\text{boundary}}}$$

上述的分割模型的评估度量计算的实现见代码 3.2。

代码 3.2　边缘准确率度量指标 Boundary F$_1$ score 计算代码

```
1.  import numpy as np
2.  import cv2
3.  from functools import reduce
4.
5.  gt = cv2.imread('data_samples/gt_mask.png', cv2.IMREAD_GRAYSCALE)
6.  pred = cv2.imread('data_samples/pred_mask.png', cv2.IMREAD_GRAYSCALE)
7.
8.  assert gt.shape == pred.shape
9.  height, width = gt.shape
10.
11. # 提取并绘制 mask 的所有轮廓
12. contours_gt = cv2.findContours(gt, cv2.RETR_LIST, cv2.CHAIN_APPROX_NONE)[0]
13. contours_pred = cv2.findContours(pred, cv2.RETR_LIST, cv2.CHAIN_APPROX_
    NONE)[0]
14. print("num of GT mask contours", len(contours_gt))
15. print("num of pred mask contours", len(contours_pred))
16. # 绘制轮廓并保存
17. contour_img = np.zeros(gt.shape + (3,), dtype=np.uint8)
18. cv2.drawContours(contour_img, contours_gt, -1, (255, 0, 0), 3)
19. cv2.drawContours(contour_img, contours_pred, -1, (0, 0, 255), 3)
20. cv2.imwrite('./result/contour_img.png', contour_img)
21.
22. print(np.array(contours_gt[0]).shape, np.array(contours_pred[0]).shape)
23. print(np.array(contours_gt[1]).shape, np.array(contours_pred[1]).shape)
24. print(np.array(contours_gt[2]).shape, np.array(contours_pred[2]).shape)
25.
26.
27. # 定义 boundary F₁ score 计算函数
28. def calc_boundary_f₁ score(contours_gt, contours_pd, thr):
29.     contours_gt_list = list()
30.     contours_pd_list = list()
31.     for i in range(len(contours_gt)):
32.         for j in range(len(contours_gt[i])):
33.             contours_gt_list.append(contours_gt[i][j][0].tolist())
34.     for i in range(len(contours_pd)):
35.         for j in range(len(contours_pd[i])):
36.             contours_pd_list.append(contours_pd[i][j][0].tolist())
37.     contour_gt_arr = np.array(contours_gt_list)
38.     contour_pd_arr = np.array(contours_pd_list)
39.     num_matched_pd = 0
40.     num_matched_gt = 0
```

```
41.      num_gt = contour_gt_arr.shape[0]
42.      num_pd = contour_pd_arr.shape[0]
43.      # calculate precision
44.      for coor in contour_pd_arr:
45.          d2 = (contour_gt_arr[:, 0] - coor[0]) ** 2 + (contour_gt_arr[:, 1] -
    coor[1]) ** 2
46.          if np.min(d2) < thr ** 2:
47.              num_matched_pd += 1
48.      precision = num_matched_pd / num_pd
49.      # calculate recall
50.      for coor in contour_gt_arr:
51.          d2 = (contour_pd_arr[:, 0] - coor[0]) ** 2 + (contour_pd_arr[:, 1] -
    coor[1]) ** 2
52.          if np.min(d2) < thr ** 2:
53.              num_matched_gt += 1
54.      recall = num_matched_gt / num_gt
55.      # calculate f₁ score
56.      f1_score = 2 * precision * recall / (precision + recall)
57.      return f₁_score, precision, recall
58.
59.
60. thr = 10
61. # 按照类别计算每一类的 boundary F₁ score
62. for cls_idx in range(1, 4):
63.      gt_cls = np.array(gt == cls_idx, dtype=np.uint8)
64.      pred_cls = np.array(pred == cls_idx, dtype=np.uint8)
65.      contours_gt_cls = cv2.findContours(gt_cls, cv2.RETR_LIST, cv2.CHAIN_
    APPROX_NONE)[0]
66.      contours_pred_cls = cv2.findContours(pred_cls, cv2.RETR_LIST, cv2.CHAIN_
    APPROX_NONE)[0]
67.      # print(np.array(contours_gt_cls).shape, np.array(contours_pred_ cls).
    shape)
68.      f₁_score, precision, recall = calc_boundary_f₁ score(contours_gt_cls,
    contours_pred_cls, thr)
69.      print(f"Class {cls_idx} F₁ score : {f1_score:4f}, P: {precision:.4f}, R:
    {recall:.4f}")
70.
```

仍然以上面的两个生成的 mask 作为实例对代码进行测试，提取出的轮廓如图 3.9 所示。
代码输出结果为：

```
num of GT mask contours 3
num of pred mask contours 3
(380, 1, 2) (354, 1, 2)
(360, 1, 2) (336, 1, 2)
(570, 1, 2) (549, 1, 2)
Class 1 F1 score : 0.987575, P: 0.9964, R: 0.9789
Class 2 F1 score : 0.718585, P: 0.7351, R: 0.7028
Class 3 F1 score : 0.692184, P: 0.7147, R: 0.6711
```

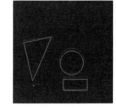

图 3.9　gt_mask 和 pred_mask
的轮廓提取

总结来说，准确率、召回率等像素级别准确率主要用于获得
图像分类分割的像素级别的统计性准确程度；IoU 类的指标体现

的是区域性评估结果，体现了预测 mask 和实际 mask 的重合程度；边界相关指标评价分割结果的边界精细程度和轮廓辨识能力。在具体的任务中，选用哪种指标对模型进行评估，还需要根据实际需求来权衡。

3.1.4　语义分割的应用场景

语义分割现在已经被广泛应用到了各个行业和领域中，并且取得了许多实用的成果。下面就简单介绍一下语义分割在一些具体领域中的应用。

医疗影像和病理学分割是图像分割的一个重要的应用场景。针对特定任务训练好的计算机视觉语义分割模型可以辅助医生更加快速准确地检测和定位病灶，判断病变范围和病变类型，从而更好地为患者制定对应的方案。比如，分割算法可以用于胸片、脑扫描成像、心脏影像等数据，识别诸如肺结节检测、心肌梗死区域分割、乳腺癌位置标记、脑出血区域分割等关键场景，目前在很多场景下都已有实际应用。

在遥感图像的分析与识别任务中，语义分割任务也有广泛的应用。遥感影像通过卫星或者飞机等载体，对地面进行主动或者被动的成像来获得关于地表的信息，辨识地物类别，统计和分析特定区域的特征，从而用于城市规划，资源开发等领域。地物分类是遥感领域中的基础任务，它指的是通过遥感影像的图像信息（颜色、纹理、光谱等），将每个像素对应的位置所属的类别标识出来（因此实际上是一个分割任务），常见的类别有林地、草地、建筑用地、裸土等。该任务一般需要通过专业的测绘人员进行识别和标注，对于覆盖面积尺度较大的区域较为耗费人力。这个任务是一个比较典型的语义分割任务，因此可以通过对于预先标注的数据进行训练，然后将训练后的模型应用于未标注数据，即可实现自动化的地物分类。另外，遥感图像中还有一个常见的任务，就是变化检测，它的目的是检测两个时间获取的影像中，某个位置的内容是否发生了变化，比如草地上多了一个建筑物，或者林地变成了裸土。这项任务在国土资源规划和调查中有重要的意义。变化检测也可以利用分割模型作为辅助，更快速地检测土地性质和类别的变化。此外，语义分割任务还被用于一些遥感影像中的特殊类别，比如道路、水体的区域识别中。

在自动驾驶领域，语义分割被广泛应用于场景理解和感知任务中。例如，全景语义分割可以识别出行人、树木、障碍物等目标，对于车辆自主导航及障碍物和行人的预警有重要意义。另外，在自动驾驶过程中，还需要对周围的交通环境进行感知和理解，比如识别车道线、交通标志和信号灯等要素，这些任务中有很多也需要用到视觉分割技术。

除了上述这几种典型的场景外，语义分割还会在某些复杂任务中提供先验信息作为辅助，比如应用于照片美化、美颜算法，以及视频特效中的人脸分割和人像分割等。在这些场景中，语义分割可以识别出有意义的区域，并辅助算法进行针对性的处理。

3.2　语义分割的代表性模型

这一节介绍当前语义分割的一些经典模型或有代表性的方法，并结合模型设计的动机，以及结构形式、训练方法等具体技术细节，深入了解语义分割任务的关键点和难点。如前所述，分割来源于对分类问题的粒度的细化，因此，我们从最初的 FCN 网络谈起，FCN 网络是从图像分类到语义分割任务的首次推广。

3.2.1 FCN：从图像分类到像素级分割

FCN [5]全称为 fully covolutional network，即全卷积网络。它的结构如图 3.10 所示。

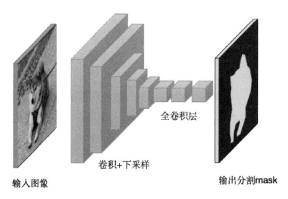

全卷积层

卷积+下采样

输入图像   输出分割mask

图 3.10　FCN 网络结构示意图

FCN 完成了从分类任务到分割任务的过渡，对于分类 CNN 模型，比较典型的结构就是卷积层和池化层组成的模块进行堆叠，用来不断提取语义特征，并在最后通过几个全连接层将提取到的特征向类别空间进行映射，得到图像所属的类。经典骨干网络，比如 AlexNet 系列、VGG 系列等都是这种形式。

实际上我们可以发现，对于分类模型来说，如果去掉最后的几层全连接，前面的卷积+池化的操作本身就可以实现局部分类的功能。这是由于卷积操作本身的先验特性决定的：卷积操作本身具有局部性，对于一层卷积层，只能对卷积核大小的区域进行汇总操作。而通过池化和多层卷积堆叠的方式，可以扩大这个区域。通常将 CNN 类网络中的输出结果中的每个像素和输入中的多少像素有关联用一个概念来描述，就是感知域（receptive field）。一般来说，对于去除了全连接的 CNN 模型，输出特征图的一个像素点对应的是对输入中的某一个区块（patch）进行的处理。如果将这个输出特征图的通道数定义为类别数并进行训练，那么每个输出位置的类别概率向量对应的就是输入区块的类别，这样就实现了局部化的分类，这个已经和语义分割非常接近了，实际上这个输出可以看成是各个区域的粗粒度的分割结果。只需要将这个分割结果进行精细化，就可以实现语义分割的目标了。

FCN 网络的基本思路大致如上所述。它的结构也较为简洁：首先将一个分类网络的全连接层（fully connected layer）去掉，将其换成全卷积层（fully convolution layer），然后将得到的特征图输入一个卷积层进行分类，卷积层的输出通道数为类别数（包括背景，因此是目标类别数+1）。最后将这个输出层进行上采样来扩大尺寸到输入图像大小，从而得到了原图等尺寸的各像素点的类别概率。每个像素取到最大概率对应的类别作为当前像素的预测类别，就可以得到预测 mask。

当然，这个设置还有一个重要的问题，那就是随着网络的加深，因为需要多次下采样的池化操作，导致最后的特征图尺寸越来越小。像 FCN 采用的特征提取部分（一般称为编码器，encoder）将输入图缩放到 1/32 的大小。这个尺寸如果直接进行上采样，可能会有精细程度不足的问题。于是，FCN 采用了融合前面大尺寸特征图的方案，用来提升模型预测 mask 的精细程度，如图 3.11 所示。

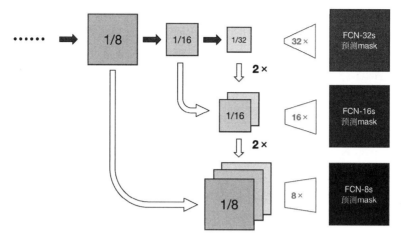

图 3.11　多支路的 FCN 网络融合方式

参考图 3.11，可以看到，FCN 有三种具体实现方式，分别称为 FCN-32s、FCN-16s、FCN-8s。其中，FCN-32s 相当于 base 版本，直接 32 倍上采样到原图。FCN-16s 融合一次，最后一层输出×2 扩大尺寸，和 pool4 的输出相加，就变成了 1/16，然后上采样 16 倍到原图大小。FCN-8s 融合两次，首先按照 FCN-16s 的方式到 1/16，然后同理继续扩大尺寸，与 pool3 的输出相加，变成了 1/8，最后直接上采样 8 倍。这个 FCN-xs 中的 x 表示的就是最后需要的上采样倍率，因此 x 越小表示最后上采样需要的倍率越小，精细度越高。

上面提到了在融合过程中需要扩大尺寸，这个操作可以用插值上采样的方法简单实现，但是这样操作精度比较低，在 CNN 网络设计中，扩大尺寸往往可以用转置卷积（transposed convolution）来实现。

下面先来简单介绍一下转置卷积。转置卷积可以简单理解为卷积的逆过程，所以有点的地方写成 deconv。卷积相当于用 kernel 和目标值乘完后汇总得到输出，而转置卷积相当于用 kernel 和对应目标值相乘后填充得到输出。在实际计算中，卷积一般被转换为矩阵相乘的形式，而转置卷积从计算的相对位置上说，相当于用卷积核形成的矩阵的转置后对输入数据进行相乘，因此得名。转置卷积通常用于上采样，增加分辨率，参数也是可学的，因此表达能力更强。但是，转置卷积也有缺点，比如容易产生棋盘格效应等瑕疵（artifact）。转置卷积示意如图 3.12 所示。对于步长大于 1 的转置卷积来说，相当于对输入图进行了元素之间和边缘的填充补零，然后进行普通卷积相同的操作步骤。

最后，由于有多个层级的输出，并且每个层级都可以通过前面的层级加入融合结构来实现，因此，与之相对应的，FCN 的训练方式也有两种，一种是分阶段训练（staged training），另一种是一次性训练（all-at-once training）。分阶段训练就是先对 FCN-32s 部分进行训练，然后加入 FCN-16s 增加的那部分再进行训练，最后加入 FCN-8s 的增量继续训练。而一次性训练就是对网络所有的参数同时进行训练优化。这种方式比分阶段更加简单高效。但是，由于不同层的输出特征图尺度不同，因此直接训练容易导致发散。FCN 的提出者给出的方式就是对不同层级的支路乘以一个固定的常数，这个操作就相当于为不同的支路分别用了不同的学习率（因为梯度也会乘以该常数）。这样就可以一次性对多支路多层级的 FCN-8s 网络进行训练了。

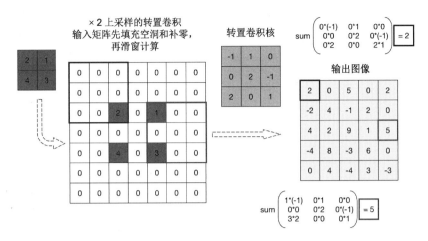

图 3.12　转置卷积示意图

FCN 模型的实现可以参考代码 3.3。

代码 3.3　FCN 网络结构示例代码

```
1.   iimport torch
2.   import torch.nn as nn
3.
4.   class FCN_8s(nn.Module):
5.       def __init__(self, n_class=21):
6.           super().__init__()
7.           # block 1, 1 to 1/2
8.           # [Conv + ReLU] x 2 + MaxPool
9.           self.conv1_1 = nn.Conv2d(3, 64, kernel_size=3, padding=1)
10.          self.relu1_1 = nn.ReLU(inplace=True)
11.          self.conv1_2 = nn.Conv2d(64, 64, kernel_size=3, padding=1)
12.          self.relu1_2 = nn.ReLU(inplace=True)
13.          self.pool1 = nn.MaxPool2d(2, stride=2)
14.          # block 2, 1/2 to 1/4
15.          # [Conv + ReLU] x 2 + MaxPool
16.          self.conv2_1 = nn.Conv2d(64, 128, kernel_size=3, padding=1)
17.          self.relu2_1 = nn.ReLU(inplace=True)
18.          self.conv2_2 = nn.Conv2d(128, 128, kernel_size=3, padding=1)
19.          self.relu2_2 = nn.ReLU(inplace=True)
20.          self.pool2 = nn.MaxPool2d(2, stride=2)
21.          # block 3, 1/4 to 1/8
22.          # [Conv + ReLU] x 3 + MaxPool
23.          self.conv3_1 = nn.Conv2d(128, 256, kernel_size=3, padding=1)
24.          self.relu3_1 = nn.ReLU(inplace=True)
25.          self.conv3_2 = nn.Conv2d(256, 256, kernel_size=3, padding=1)
26.          self.relu3_2 = nn.ReLU(inplace=True)
27.          self.conv3_3 = nn.Conv2d(256, 256, kernel_size=3, padding=1)
28.          self.relu3_3 = nn.ReLU(inplace=True)
29.          self.pool3 = nn.MaxPool2d(2, stride=2)
30.          # block 4, 1/8 to 1/16
31.          # [Conv + ReLU] x 3 + MaxPool
```

```
32.         self.conv4_1 = nn.Conv2d(256, 512, kernel_size=3, padding=1)
33.         self.relu4_1 = nn.ReLU(inplace=True)
34.         self.conv4_2 = nn.Conv2d(512, 512, kernel_size=3, padding=1)
35.         self.relu4_2 = nn.ReLU(inplace=True)
36.         self.conv4_3 = nn.Conv2d(512, 512, kernel_size=3, padding=1)
37.         self.relu4_3 = nn.ReLU(inplace=True)
38.         self.pool4 = nn.MaxPool2d(2, stride=2)
39.         # block 5, 1/16 to 1/32
40.         # [Conv + ReLU] x 3 + MaxPool
41.         self.conv5_1 = nn.Conv2d(512, 512, kernel_size=3, padding=1)
42.         self.relu5_1 = nn.ReLU(inplace=True)
43.         self.conv5_2 = nn.Conv2d(512, 512, kernel_size=3, padding=1)
44.         self.relu5_2 = nn.ReLU(inplace=True)
45.         self.conv5_3 = nn.Conv2d(512, 512, kernel_size=3, padding=1)
46.         self.relu5_3 = nn.ReLU(inplace=True)
47.         self.pool5 = nn.MaxPool2d(2, stride=2)
48.
49.         # fully conv block 6  1/32
50.         self.fc6 = nn.Conv2d(512, 4096, kernel_size=7, padding=3)
51.         self.relu6 = nn.ReLU(inplace=True)
52.         self.drop6 = nn.Dropout2d()
53.
54.         # fully conv block 7  1/32
55.         self.fc7 = nn.Conv2d(4096, 4096, 1)
56.         self.relu7 = nn.ReLU(inplace=True)
57.         self.drop7 = nn.Dropout2d()
58.
59.         # score heads for 1/32, 1/16, 1/8
60.         self.score_fr = nn.Conv2d(4096, n_class, 1)
61.         self.score_pool4 = nn.Conv2d(512, n_class, 1)
62.         self.score_pool3 = nn.Conv2d(256, n_class, 1)
63.
64.         # upscale by transposed conv for
65.         #     upscore2: 1/32 -> 1/16
66.         #     upscore_pool4: 1/16 -> 1/8
67.         #     upscore8: 1/8 -> 1
68.         self.upscore2 = nn.ConvTranspose2d(
69.             n_class, n_class, 4, stride=2, padding=1, bias=False)
70.         self.upscore_pool4 = nn.ConvTranspose2d(
71.             n_class, n_class, 4, stride=2, padding=1, bias=False)
72.         self.upscore8 = nn.ConvTranspose2d(
73.             n_class, n_class, 16, stride=8, padding=4, bias=False)
74.
75.     def forward(self, x):
76.         x = self.relu1_1(self.conv1_1(x))
77.         x = self.relu1_2(self.conv1_2(x))
78.         pool1_out = self.pool1(x)
79.         print("pool1 output size : ", pool1_out.size())
80.
81.         x = self.relu2_1(self.conv2_1(pool1_out))
```

```
82.        x = self.relu2_2(self.conv2_2(x))
83.        pool2_out = self.pool2(x)
84.        print("pool2 output size : ", pool2_out.size())
85.
86.        x = self.relu3_1(self.conv3_1(pool2_out))
87.        x = self.relu3_2(self.conv3_2(x))
88.        x = self.relu3_3(self.conv3_3(x))
89.        pool3_out = self.pool3(x)
90.        print("pool3 output size : ", pool3_out.size())
91.
92.        x = self.relu4_1(self.conv4_1(pool3_out))
93.        x = self.relu4_2(self.conv4_2(x))
94.        x = self.relu4_3(self.conv4_3(x))
95.        pool4_out = self.pool4(x)
96.        print("pool4 output size : ", pool4_out.size())
97.
98.        x = self.relu5_1(self.conv5_1(pool4_out))
99.        x = self.relu5_2(self.conv5_2(x))
100.       x = self.relu5_3(self.conv5_3(x))
101.       pool5_out = self.pool5(x)
102.       print("pool5 output size : ", pool5_out.size())
103.
104.       x = self.relu6(self.fc6(pool5_out))
105.       fc6_out = self.drop6(x)
106.       print("fully conv6 output size : ", fc6_out.size())
107.
108.       x = self.relu7(self.fc7(fc6_out))
109.       fc7_out = self.drop7(x)
110.       print("fully conv7 output size : ", fc7_out.size())
111.
112.       x = self.score_fr(fc7_out)
113.       # 1/32 -> 1/16
114.       upscore2_out = self.upscore2(x)
115.       score_pool4_out = self.score_pool4(pool4_out)
116.       x = upscore2_out + score_pool4_out
117.       # 1/16 -> 1/8
118.       upscore_pool4_out = self.upscore_pool4(x)
119.       score_pool3_out = self.score_pool3(pool3_out)
120.       x = upscore_pool4_out + score_pool3_out
121.       # 1/8 -> 1
122.       out = self.upscore8(x)
123.
124.       return out
125.
126.
127.x_in = torch.randn((1, 3, 224, 224))
128.fcn_8s = FCN_8s(n_class=21)
129.x_out = fcn_8s(x_in)
130.print("FCN-8s input size : ", x_in.size())
131.print("FCN-8s output size : ", x_out.size())
```

132.

我们用一个 224×224×3 的随机输入对网络进行测试，并打印关键中间结果的信息。测试
输出结果为：

```
pool1 output size : torch.Size([1, 64, 112, 112])
pool2 output size : torch.Size([1, 128, 56, 56])
pool3 output size : torch.Size([1, 256, 28, 28])
pool4 output size : torch.Size([1, 512, 14, 14])
pool5 output size : torch.Size([1, 512, 7, 7])
fully conv6 output size : torch.Size([1, 4096, 7, 7])
fully conv7 output size : torch.Size([1, 4096, 7, 7])
FCN-8s input size : torch.Size([1, 3, 224, 224])
FCN-8s output size : torch.Size([1, 21, 224, 224])
```

3.2.2　Unet 和 Unet++：U 型对称编解码网络及其增强版

Unet 和 Unet++是源于医学图像领域的 U 型对称编解码网络及其增强版。Unet 网络[6]的提
出最开始是为了解决医学图像的细胞分割任务，但是由于它的结构简单有效，现在已经成为
包括自然图像在内的各种领域的分割任务的一个基线网络结构，在各种任务中都有广泛应用。

Unet 的结构如图 3.13 所示。首先，它延续了 FCN 的基本思路：先提取高层语义特征用
于区分各个位置的类别归属，然后结合浅层的细节特征用于精细化分割结果。

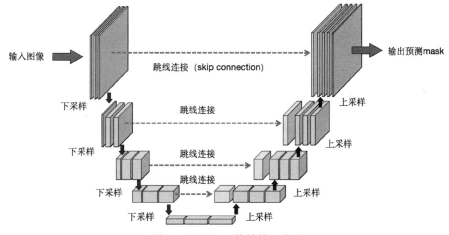

图 3.13　Unet 网络结构示意图

医学图像分割任务相对于自然图像的分割有其特殊性，主要在于以下几点：医学图像分
割任务的待分割目标内容结构较为固定，而自然图像类别中的同一类别内的差异也可能较大，
而且不同场景、不同姿态等也会有很大区别；另外，由于数据获取和标注难度及隐私性等相
关问题，可以利用的数据量也相对自然图像分割任务更少；此外，医学影像任务往往要求更
加精细化的分割，因此需要更加有效地利用底层细节信息。

对于 Unet 来说，它的主要设计点在于对称的编解码器（encoder-decoder）结构。在编码
器阶段，对输入图像进行逐级的特征提取与下采样，得到语义信息较为丰富的特征图，然后
在解码器阶段，逐步进行上采样，增加特征图尺寸，并且将编码器对应层级的特征图通过跳
线连接（skip-connection）进行融合，从而补充由于下采样而丢失的细节信息。由于逐级下采

样—逐级上采样使得网络结构呈现"U"型，因此得名 Unet。Unet 的设计简洁轻量，可以通过减少特征图的基础通道数来降低模型体量，因此在很多分类任务中都会被作为基准对任务进行简单的验证。

在 Unet 提出的论文中，除了上述的模型设计思路以外，还有一些和任务相关的设计，这里简要介绍一下。首先，卷积操作对于边缘部分处理有一定的误差，如果保持特征图的尺寸，就需要对边界进行向外扩充（一般通过补零），而如果想要避免这个误差，即不进行填充（valid 模式），那么输出结果的尺寸会减少（比如 3×3 卷积如果不进行填充只使用完全有效的值，那么输出的特征图的四个边缘都会少一行/列）。Unet 论文中，由于处理的是大尺寸的医学图像，所以需要裁切成区块（patch）后分别处理后合并。为了处理边缘问题，对于内部的区块裁剪时可以多保留一些，对于大图边缘则可以用镜像的方式扩大尺寸，以保证使用 valid 模式边缘减少后的特征图与中间的目标区域大小相同。另一个设计主要是针对紧邻物体的分割问题，为了让边缘距离较小的两个物体可以被合理分开，论文中设计了一种新的损失函数，用于对边界处的像素赋予更高的权重。

Unet 网络结构的示例见代码 3.4。这里只展示了编解码器结构，以及跳线连接特征图融合的模块设计。对于边界尺寸处理与原始论文中的模型有所区别。

代码 3.4　Unet 网络结构示例代码

```
1.   import torch
2.   from torch import nn
3.   import torch.nn.functional as F
4.
5.   # 一次卷积操作，包括卷积 + BN（可选） + ReLU
6.   class ConvBNReLU(nn.Module):
7.       """
8.       Conv + BN[optional] + ReLU
9.       """
10.      def __init__(self, in_ch, out_ch, isBN=True):
11.          super(ConvBNReLU, self).__init__()
12.          self.isBN = isBN
13.          self.conv = nn.Conv2d(in_ch, out_ch, kernel_size=3, padding=1)
14.          self.relu = nn.ReLU(inplace=True)
15.          if isBN:
16.              self.bn = nn.BatchNorm2d(out_ch)
17.
18.      def forward(self, x):
19.          x = self.conv(x)
20.          if self.isBN:
21.              x = self.bn(x)
22.          x = self.relu(x)
23.          return x
24.
25.  # 两次卷积，可以选择是否预先进行MaxPool
26.  class DoubleConv(nn.Module):
27.      """
28.      MaxPool[optional] + ConvBNReLU + ConvBNReLU
29.      """
```

```
30.    def __init__(self, in_ch, out_ch, isBN=True, is_pool=False):
31.        super(DoubleConv, self).__init__()
32.        self.is_pool = is_pool
33.        if is_pool:
34.            self.maxpool = nn.MaxPool2d(kernel_size=2, stride=2)
35.        self.conv1 = ConvBNReLU(in_ch, out_ch, isBN)
36.        self.conv2 = ConvBNReLU(out_ch, out_ch, isBN)
37.
38.    def forward(self, x):
39.        if self.is_pool:
40.            x = self.maxpool(x)
41.        x = self.conv1(x)
42.        x = self.conv2(x)
43.        return x
44.
45. # 上采样，包括跳线连接 encoder 部分的 feature map
46. class UpsampleConv(nn.Module):
47.    """
48.    skip feature ---------------|
49.    [x2 Upsample | Deconv] -- concat -- DoubleConv
50.    """
51.    def __init__(self, in_ch, skip_ch, out_ch, isDeconv=True, isBN=True):
52.        super(UpsampleConv, self).__init__()
53.        if isDeconv:
54.            self.up = nn.ConvTranspose2d(in_ch, in_ch, kernel_size=2,
    stride=2)
55.        else:
56.            self.up = nn.UpsamplingBilinear2d(scale_factor=2)
57.        self.double_conv = DoubleConv(in_ch + skip_ch, out_ch, isBN, is_
    pool=False)
58.
59.    def forward(self, x, x_skip):
60.        x = self.up(x)
61.        # 对于奇数尺寸的下采样，需要进行 padding 才能与跳连的特征图同尺寸
62.        # 如 5x5 -> 2x2, 上采样后 4x4, diffX = diffY = 1, pad: (0, 1, 0, 1)
63.        diffX = x_skip.size()[3] - x.size()[3]
64.        diffY = x_skip.size()[2] - x.size()[2]
65.        x = F.pad(x, (diffX // 2, diffX - diffX//2,  diffY // 2, diffY -
    diffY//2))
66.        x = torch.cat([x, x_skip], dim=1)
67.        x = self.double_conv(x)
68.        return x
69.
70. # 激活函数选择，支持 sigmoid、softmax 和无激活函数
71. def select_activation(name=None):
72.    if not name or name.lower() == 'identity':
73.        return nn.Identity()
74.    elif name.lower() == 'sigmoid':
75.        return nn.Sigmoid()
76.    elif name.lower() == 'softmax':
```

```
77.        return nn.Softmax()
78.    else:
79.        raise ValueError(f"current unsupport activation name {name}")
80.
81.
82. # 最后一层，用于输出大小和通道数符合任务需求的特征图
83. class SegmentHead(nn.Module):
84.    """
85.    Conv + Upsample[optional] + Activation[optional]
86.    """
87.    def __init__(self, in_ch, out_ch, act=None, upsample=1):
88.        super(SegmentHead, self).__init__()
89.        self.conv = nn.Conv2d(in_ch, out_ch, kernel_size=1)
90.        self.upsample = nn.UpsamplingBilinear2d(scale_factor=upsample)
91.        self.act = select_activation(act)
92.
93.    def forward(self, x):
94.        x = self.conv(x)
95.        x = self.upsample(x)
96.        x = self.act(x)
97.        return x
98.
99.
100.# 利用上面定义的模块，搭建 UNet 结构
101.class UNet(nn.Module):
102.
103.    def __init__(self, img_ch=3, base_ch=16, num_class=2, isBN=True, isDeconv=
    False):
104.        super(UNet, self).__init__()
105.        # Encoder 部分
106.        self.conv_in = DoubleConv(img_ch, base_ch, isBN, is_pool=False)
107.        self.down1 = DoubleConv(base_ch, base_ch * 2, isBN, is_pool=True)
108.        self.down2 = DoubleConv(base_ch * 2, base_ch * 4, isBN, is_pool=True)
109.        self.down3 = DoubleConv(base_ch * 4, base_ch * 8, isBN, is_pool =True)
110.        self.down4 = DoubleConv(base_ch * 8, base_ch * 16, isBN, is_pool =True)
111.        # Decoder 部分
112.        self.up1 = UpsampleConv(base_ch * 16, base_ch * 8, base_ch * 8, isDeconv,
    isBN)
113.        self.up2 = UpsampleConv(base_ch * 8, base_ch * 4, base_ch * 4, isDeconv,
    isBN)
114.        self.up3 = UpsampleConv(base_ch * 4, base_ch * 2, base_ch * 2, isDeconv,
    isBN)
115.        self.up4 = UpsampleConv(base_ch * 2, base_ch, base_ch, isDeconv, isBN)
116.        self.seghead = SegmentHead(base_ch, num_class, act=None, upsample=1)
117.
118.    def forward(self, x_in):
119.        feat = self.conv_in(x_in)
120.        print("feat size : ", feat.size())
121.        d1 = self.down1(feat)
122.        print("d1 size : ", d1.size())
```

```
123.        d2 = self.down2(d1)
124.        print("d2 size : ", d2.size())
125.        d3 = self.down3(d2)
126.        print("d3 size : ", d3.size())
127.        d4 = self.down4(d3)
128.        print("d4 size : ", d4.size())
129.        u1 = self.up1(d4, d3)
130.        print("u1 size : ", u1.size())
131.        u2 = self.up2(u1, d2)
132.        print("u2 size : ", u2.size())
133.        u3 = self.up3(u2, d1)
134.        print("u3 size : ", u3.size())
135.        u4 = self.up4(u3, feat)
136.        print("u4 size : ", u4.size())
137.        out = self.seghead(u4)
138.        return out
139.
140.
141.x_in = torch.randn((1, 3, 224, 224))
142.unet = UNet(img_ch=3, base_ch=64, num_class=3, isBN=True, isDeconv= False)
143.x_out = unet(x_in)
144.print("unet input size : ", x_in.size())
145.print("unet output size : ", x_out.size())
146.
```

输出结果如下，可以看到 Unet 逐级下采样和上采样的特征图的尺寸与通道数的变化过程。

```
feat size : torch.Size([1, 64, 224, 224])
d1 size : torch.Size([1, 128, 112, 112])
d2 size : torch.Size([1, 256, 56, 56])
d3 size : torch.Size([1, 512, 28, 28])
d4 size : torch.Size([1, 1024, 14, 14])
u1 size : torch.Size([1, 512, 28, 28])
u2 size : torch.Size([1, 256, 56, 56])
u3 size : torch.Size([1, 128, 112, 112])
u4 size : torch.Size([1, 64, 224, 224])
unet input size : torch.Size([1, 3, 224,
224])
unet output size : torch.Size([1, 3, 224,
224])
```

针对 Unet 网络有许多改进的策略，其中一个经典的基于 Unet 的改进模型就是 Unet++[7]。这个模型的结构如图 3.14 所示。

Unet++首先以 Unet 作为基础版本，并利用下采样、上采样、跳线连接这三种主要的操作重新设计了网络结构。首先，我们可以看到，对于 Unet 来说，它的关键要素就是用下采样的特征获取语义，用大尺寸的特征获

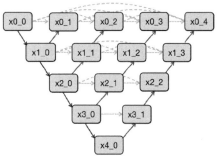

图 3.14　Unet++网络结构示意图

取细节，然后通过跳线连接将它们融合起来，希望可以集中两者的信息。然而，Unet 是在所有下采样都结束后再进行上采样和融合底层信息的，而这个过程在 Unet++中被放到了每两个相邻层级

之间，通过对每个高层级（小尺寸）特征图上采样并融合低层级（大尺寸）特征图，更充分地实现不同层级之间的特征融合。另一方面，Unet++的各个子结构具有相同的拓扑结构，因此可以看成多个不同层数的网络的集成。实验表明 Unet++可以比同尺寸的 Unet 结构具有更好的效果。

Unet++的网络结构的示例见代码 3.5。

代码 3.5　Unet++ 网络结构示例代码

```
1.  import torch
2.  from torch import nn
3.
4.  # 一次卷积操作，包括卷积 + BN（可选） + ReLU
5.  class ConvBNReLU(nn.Module):
6.      """
7.      Conv + BN[optional] + ReLU
8.      """
9.      def __init__(self, in_ch, out_ch, isBN=True):
10.         super(ConvBNReLU, self).__init__()
11.         self.isBN = isBN
12.         self.conv = nn.Conv2d(in_ch, out_ch, kernel_size=3, padding=1)
13.         self.relu = nn.ReLU(inplace=True)
14.         if isBN:
15.             self.bn = nn.BatchNorm2d(out_ch)
16.
17.     def forward(self, x):
18.         x = self.conv(x)
19.         if self.isBN:
20.             x = self.bn(x)
21.         x = self.relu(x)
22.         return x
23.
24. # 两次卷积，可以选择是否预先进行MaxPool
25. class DoubleConv(nn.Module):
26.     """
27.     MaxPool[optional] + ConvBNReLU + ConvBNReLU
28.     """
29.     def __init__(self, in_ch, out_ch, isBN=True, is_pool=False):
30.         super(DoubleConv, self).__init__()
31.         self.is_pool = is_pool
32.         if is_pool:
33.             self.maxpool = nn.MaxPool2d(kernel_size=2, stride=2)
34.         self.conv1 = ConvBNReLU(in_ch, out_ch, isBN)
35.         self.conv2 = ConvBNReLU(out_ch, out_ch, isBN)
36.
37.     def forward(self, x):
38.         if self.is_pool:
39.             x = self.maxpool(x)
40.         x = self.conv1(x)
41.         x = self.conv2(x)
42.         return x
43.
44.
45. class UNetPlusPlus(nn.Module):
```

```
46.     def __init__(self, img_ch, base_ch, num_class):
47.         super().__init__()
48.         c1, c2, c3 = base_ch, base_ch * 2, base_ch * 4
49.         c4, c5 = base_ch * 8, base_ch * 16
50.         # 每个 level 的第 1 个 block
51.         # 注意：只有第一层需要下采样（is_pool=True）
52.         self.conv0_0 = DoubleConv(img_ch, c1, is_pool=False)
53.         self.conv1_0 = DoubleConv(c1, c2, is_pool=True)
54.         self.conv2_0 = DoubleConv(c2, c3, is_pool=True)
55.         self.conv3_0 = DoubleConv(c3, c4, is_pool=True)
56.         self.conv4_0 = DoubleConv(c4, c5, is_pool=True)
57.         # 每层的第 2 个 block，level 越深中间节点越少
58.         self.conv0_1 = DoubleConv(c1+c2, c1, is_pool=False)
59.         self.conv1_1 = DoubleConv(c2+c3, c2, is_pool=False)
60.         self.conv2_1 = DoubleConv(c3+c4, c3, is_pool=False)
61.         self.conv3_1 = DoubleConv(c4+c5, c4, is_pool=False)
62.         # 每层的第 3 个 block
63.         self.conv0_2 = DoubleConv(c1*2+c2, c1, is_pool=False)
64.         self.conv1_2 = DoubleConv(c2*2+c3, c2, is_pool=False)
65.         self.conv2_2 = DoubleConv(c3*2+c4, c3, is_pool=False)
66.         # 每层的第 3 个 block
67.         self.conv0_3 = DoubleConv(c1*3+c2, c1, is_pool=False)
68.         self.conv1_3 = DoubleConv(c2*3+c3, c2, is_pool=False)
69.         # 每层的第 4 个 block
70.         self.conv0_4 = DoubleConv(c1*4+c2, c1, is_pool=False)
71.         # 输出 conv 层
72.         self.conv_out = nn.Conv2d(c1, num_class, kernel_size=1)
73.         self.up = nn.Upsample(scale_factor=2, mode='bilinear', align_corners=
    True)
74.
75.     def forward(self, x):
76.         # 由于每个节点的计算都需要依赖于左边和左下角的节点，因此
77.         # 需要从每个 level 的第一个节点开始，逐层向右上方计算
78.         x0_0 = self.conv0_0(x)
79.         x1_0 = self.conv1_0(x0_0)
80.         x0_1 = self.conv0_1(torch.cat([x0_0, self.up(x1_0)], dim=1))
81.         # 以上第 1 个子网络
82.         x2_0 = self.conv2_0(x1_0)
83.         x1_1 = self.conv1_1(torch.cat([x1_0, self.up(x2_0)], dim=1))
84.         x0_2 = self.conv0_2(torch.cat([x0_0, x0_1, self.up(x1_1)], dim=1))
85.         # 以上第 2 个子网络
86.         x3_0 = self.conv3_0(x2_0)
87.         x2_1 = self.conv2_1(torch.cat([x2_0, self.up(x3_0)], dim=1))
88.         x1_2 = self.conv1_2(torch.cat([x1_0, x1_1, self.up(x2_1)], dim=1))
89.         x0_3 = self.conv0_3(torch.cat([x0_0, x0_1, x0_2, self.up(x1_2)], dim=1))
90.         # 以上第 3 个子网络
91.         x4_0 = self.conv4_0(x3_0)
92.         x3_1 = self.conv3_1(torch.cat([x3_0, self.up(x4_0)], dim=1))
93.         x2_2 = self.conv2_2(torch.cat([x2_0, x2_1, self.up(x3_1)], dim=1))
94.         x1_3 = self.conv1_3(torch.cat([x1_0, x1_1, x1_2, self.up(x2_2)], dim=1))
95.         x0_4 = self.conv0_4(torch.cat([x0_0, x0_1, x0_2, x0_3, self.up(x1_3)],
    dim=1))
```

```
96.        # 最终的 UNet++网络
97.        output = self.conv_out(x0_4)
98.        return output
99.
100.x_in = torch.randn((1, 3, 224, 224))
101.unetpp = UNetPlusPlus(img_ch=3, base_ch=32, num_class=3)
102.print("UNet++ \n", unetpp)
103.x_out = unetpp(x_in)
104.print("UNet++ input size : ", x_in.size())
105.print("UNet++ output size : ", x_out.size())
106.
```

　　这里完整打印了 Unet++的网络结构。可以看到 Unet++逐级向上融合的各个节点的定义。这里的每一层的命名中 convx_y 中的 x 表示层级，y 表示该层级的第几个节点。可以参考图3.14的结构图对应到代码中的每一层的定义。测试输出结果如下：

```
UNet++
UNetPlusPlus(
  (conv0_0): DoubleConv(
    (conv1): ConvBNReLU(
      (conv): Conv2d(3, 32, kernel_size=(3, 3), stride=(1, 1), padding=(1, 1))
      (relu): ReLU(inplace=True)
      (bn): BatchNorm2d(32, eps=1e-05, momentum=0.1, affine=True, track_
running_stats=True)
    )
    (conv2): ConvBNReLU(
      (conv): Conv2d(32, 32, kernel_size=(3, 3), stride=(1, 1), padding=(1, 1))
      (relu): ReLU(inplace=True)
      (bn): BatchNorm2d(32, eps=1e-05, momentum=0.1, affine=True, track_
running_stats=True)
    )
  )
  (conv1_0): DoubleConv(
    (maxpool): MaxPool2d(kernel_size=2, stride=2, padding=0, dilation=1,
ceil_mode=False)
    (conv1): ConvBNReLU(
      (conv): Conv2d(32, 64, kernel_size=(3, 3), stride=(1, 1), padding=(1, 1))
      (relu): ReLU(inplace=True)
      (bn): BatchNorm2d(64, eps=1e-05, momentum=0.1, affine=True, track_
running_stats=True)
    )
    (conv2): ConvBNReLU(
      (conv): Conv2d(64, 64, kernel_size=(3, 3), stride=(1, 1), padding=(1, 1))
      (relu): ReLU(inplace=True)
      (bn): BatchNorm2d(64, eps=1e-05, momentum=0.1, affine=True, track_
running_stats=True)
    )
  )
  (conv2_0): DoubleConv(
    (maxpool): MaxPool2d(kernel_size=2, stride=2, padding=0, dilation=1,
ceil_mode=False)
```

```
    (conv1): ConvBNReLU(
      (conv): Conv2d(64, 128, kernel_size=(3, 3), stride=(1, 1), padding=(1, 1))
      (relu): ReLU(inplace=True)
      (bn):   BatchNorm2d(128,   eps=1e-05,   momentum=0.1,   affine=True,
track_running_stats=True)
    )
    (conv2): ConvBNReLU(
      (conv): Conv2d(128, 128, kernel_size=(3, 3), stride=(1, 1), padding=(1, 1))
      (relu): ReLU(inplace=True)
      (bn):   BatchNorm2d(128,   eps=1e-05,   momentum=0.1,   affine=True,
track_running_stats=True)
    )
  )
  (conv3_0): DoubleConv(
    (maxpool): MaxPool2d(kernel_size=2, stride=2, padding=0, dilation=1,
ceil_mode=False)
    (conv1): ConvBNReLU(
      (conv): Conv2d(128, 256, kernel_size=(3, 3), stride=(1, 1), padding=(1, 1))
      (relu): ReLU(inplace=True)
      (bn):   BatchNorm2d(256,   eps=1e-05,   momentum=0.1,   affine=True,
track_running_stats=True)
    )
    (conv2): ConvBNReLU(
      (conv): Conv2d(256, 256, kernel_size=(3, 3), stride=(1, 1), padding=(1, 1))
      (relu): ReLU(inplace=True)
      (bn):   BatchNorm2d(256,   eps=1e-05,   momentum=0.1,   affine=True,
track_running_stats=True)
    )
  )
  (conv4_0): DoubleConv(
    (maxpool): MaxPool2d(kernel_size=2, stride=2, padding=0, dilation=1,
ceil_mode=False)
    (conv1): ConvBNReLU(
      (conv): Conv2d(256, 512, kernel_size=(3, 3), stride=(1, 1), padding=(1, 1))
      (relu): ReLU(inplace=True)
      (bn):   BatchNorm2d(512,   eps=1e-05,   momentum=0.1,   affine=True,
track_running_stats=True)
    )
    (conv2): ConvBNReLU(
      (conv): Conv2d(512, 512, kernel_size=(3, 3), stride=(1, 1), padding=(1, 1))
      (relu): ReLU(inplace=True)
      (bn):   BatchNorm2d(512,   eps=1e-05,   momentum=0.1,   affine=True,
track_running_stats=True)
    )
  )
  (conv0_1): DoubleConv(
    (conv1): ConvBNReLU(
      (conv): Conv2d(96, 32, kernel_size=(3, 3), stride=(1, 1), padding=(1, 1))
      (relu): ReLU(inplace=True)
      (bn):   BatchNorm2d(32,   eps=1e-05,   momentum=0.1,   affine=True,
```

```
track_running_stats=True)
      )
      (conv2): ConvBNReLU(
        (conv): Conv2d(32, 32, kernel_size=(3, 3), stride=(1, 1), padding=(1, 1))
        (relu): ReLU(inplace=True)
        (bn):    BatchNorm2d(32,   eps=1e-05,   momentum=0.1,   affine=True,
track_running_stats=True)
      )
    )
    (conv1_1): DoubleConv(
      (conv1): ConvBNReLU(
        (conv): Conv2d(192, 64, kernel_size=(3, 3), stride=(1, 1), padding=(1, 1))
        (relu): ReLU(inplace=True)
        (bn):    BatchNorm2d(64,   eps=1e-05,   momentum=0.1,   affine=True,
track_running_stats=True)
      )
      (conv2): ConvBNReLU(
        (conv): Conv2d(64, 64, kernel_size=(3, 3), stride=(1, 1), padding=(1, 1))
        (relu): ReLU(inplace=True)
        (bn):    BatchNorm2d(64,   eps=1e-05,   momentum=0.1,   affine=True,
track_running_stats=True)
      )
    )
    (conv2_1): DoubleConv(
      (conv1): ConvBNReLU(
        (conv): Conv2d(384, 128, kernel_size=(3, 3), stride=(1, 1), padding=(1, 1))
        (relu): ReLU(inplace=True)
        (bn):    BatchNorm2d(128,   eps=1e-05,   momentum=0.1,   affine=True,
track_running_stats=True)
      )
      (conv2): ConvBNReLU(
        (conv): Conv2d(128, 128, kernel_size=(3, 3), stride=(1, 1), padding=(1, 1))
        (relu): ReLU(inplace=True)
        (bn):    BatchNorm2d(128,   eps=1e-05,   momentum=0.1,   affine=True,
track_running_stats=True)
      )
    )
    (conv3_1): DoubleConv(
      (conv1): ConvBNReLU(
        (conv): Conv2d(768, 256, kernel_size=(3, 3), stride=(1, 1), padding=(1, 1))
        (relu): ReLU(inplace=True)
        (bn):    BatchNorm2d(256,   eps=1e-05,   momentum=0.1,   affine=True,
track_running_stats=True)
      )
      (conv2): ConvBNReLU(
        (conv): Conv2d(256, 256, kernel_size=(3, 3), stride=(1, 1), padding=(1, 1))
        (relu): ReLU(inplace=True)
        (bn):    BatchNorm2d(256,   eps=1e-05,   momentum=0.1,   affine=True,
track_running_stats=True)
      )
```

```
      )
    (conv0_2): DoubleConv(
      (conv1): ConvBNReLU(
        (conv): Conv2d(128, 32, kernel_size=(3, 3), stride=(1, 1), padding=(1, 1))
        (relu): ReLU(inplace=True)
        (bn):    BatchNorm2d(32,    eps=1e-05,    momentum=0.1,    affine=True,
track_running_stats=True)
      )
      (conv2): ConvBNReLU(
        (conv): Conv2d(32, 32, kernel_size=(3, 3), stride=(1, 1), padding=(1, 1))
        (relu): ReLU(inplace=True)
        (bn): BatchNorm2d(32, eps=1e-05, momentum=0.1, affine=True, track_
running_stats=True)
      )
    )
    (conv1_2): DoubleConv(
      (conv1): ConvBNReLU(
        (conv): Conv2d(256, 64, kernel_size=(3, 3), stride=(1, 1), padding=(1, 1))
        (relu): ReLU(inplace=True)
        (bn):    BatchNorm2d(64,    eps=1e-05,    momentum=0.1,    affine=True,
track_running_stats=True)
      )
      (conv2): ConvBNReLU(
        (conv): Conv2d(64, 64, kernel_size=(3, 3), stride=(1, 1), padding=(1, 1))
        (relu): ReLU(inplace=True)
        (bn):    BatchNorm2d(64,    eps=1e-05,    momentum=0.1,    affine=True,
track_running_stats=True)
      )
    )
    (conv2_2): DoubleConv(
      (conv1): ConvBNReLU(
        (conv): Conv2d(512, 128, kernel_size=(3, 3), stride=(1, 1), padding=(1, 1))
        (relu): ReLU(inplace=True)
        (bn): BatchNorm2d(128, eps=1e-05, momentum=0.1, affine=True, track_
running_stats=True)
      )
      (conv2): ConvBNReLU(
        (conv): Conv2d(128, 128, kernel_size=(3, 3), stride=(1, 1), padding=(1, 1))
        (relu): ReLU(inplace=True)
        (bn): BatchNorm2d(128, eps=1e-05, momentum=0.1, affine=True, track_
running_stats=True)
      )
    )
    (conv0_3): DoubleConv(
      (conv1): ConvBNReLU(
        (conv): Conv2d(160, 32, kernel_size=(3, 3), stride=(1, 1), padding=(1, 1))
        (relu): ReLU(inplace=True)
        (bn): BatchNorm2d(32, eps=1e-05, momentum=0.1, affine=True, track_
running_stats=True)
      )
      (conv2): ConvBNReLU(
        (conv): Conv2d(32, 32, kernel_size=(3, 3), stride=(1, 1), padding=(1, 1))
```

```
      (relu): ReLU(inplace=True)
      (bn):    BatchNorm2d(32,    eps=1e-05,    momentum=0.1,    affine=True,
track_running_stats=True)
      )
    )
    (conv1_3): DoubleConv(
      (conv1): ConvBNReLU(
        (conv): Conv2d(320, 64, kernel_size=(3, 3), stride=(1, 1), padding=(1, 1))
        (relu): ReLU(inplace=True)
        (bn):    BatchNorm2d(64,    eps=1e-05,    momentum=0.1,    affine=True,
track_running_stats=True)
      )
      (conv2): ConvBNReLU(
        (conv): Conv2d(64, 64, kernel_size=(3, 3), stride=(1, 1), padding=(1, 1))
        (relu): ReLU(inplace=True)
        (bn):    BatchNorm2d(64,    eps=1e-05,    momentum=0.1,    affine=True,
track_running_stats=True)
      )
    )
    (conv0_4): DoubleConv(
      (conv1): ConvBNReLU(
        (conv): Conv2d(192, 32, kernel_size=(3, 3), stride=(1, 1), padding=(1, 1))
        (relu): ReLU(inplace=True)
        (bn):    BatchNorm2d(32,    eps=1e-05,    momentum=0.1,    affine=True,
track_running_stats=True)
      )
      (conv2): ConvBNReLU(
        (conv): Conv2d(32, 32, kernel_size=(3, 3), stride=(1, 1), padding=(1, 1))
        (relu): ReLU(inplace=True)
        (bn):    BatchNorm2d(32,    eps=1e-05,    momentum=0.1,    affine=True,
track_running_stats=True)
      )
    )
    (conv_out): Conv2d(32, 3, kernel_size=(1, 1), stride=(1, 1))
    (up): Upsample(scale_factor=2.0, mode='bilinear')
  )
  UNet++ input size : torch.Size([1, 3, 224, 224])
  UNet++ output size : torch.Size([1, 3, 224, 224])
```

3.2.3　DeepLab 系列：基于空洞卷积的分割网络

接下来介绍一类经典的分割模型，即 DeepLab 系列，包括 DeepLab v1、v2、v3 以及 v3+。DeepLab 系列分割模型的主要思路是利用空洞卷积来解决分割问题需要的大感知域和精确位置信息之间的矛盾，以减少下采样操作带来的细节损失。

首先，介绍最初版本的 DeepLab，也可以称为 DeepLabV1[8]。模型的提出者首先详细分析了分割任务的两大问题：第一是如何可以不损失或者尽量少损失分辨率，同时可以获得更大的感知域（field of view）；第二是如何解决 CNN 或者卷积操作固有的对空间位置不敏感的特性（平移不变性）。

对于第一个问题，我们在说明之前的模型时已经多次提到，在 FCN 和 Unet 类模型中，实际上并没有直接避免下采样对于分辨率的降低，而是通过在解码器阶段，重新补充模型的底层高分辨率特征，以辅助像素级的逐点分类。对于第二个问题，我们可以详细说明一下。卷积神经网络相对于 MLP 网络的一个优势就在于卷积操作参数量少，且具有平移不变性。这个特点对于分类问题来说是有利的，比如当图像中的物体是猫的时候，我们希望不管它在图中的哪个位置，我们的分类结果或者提取的特征都是相同的。但是，这种对于空间位置的不敏感对于分割任务来说可能会带来负面影响，如图 3.15 所示。如果输入图像中有一个位置出现了某个特殊的数值。那么附近的各个位置由于卷积都可以捕捉到这个特征，从而不只有该位置会被标记为特殊点，其周围的若干点也可能受到影响，从而无法做到非常精细的区分。

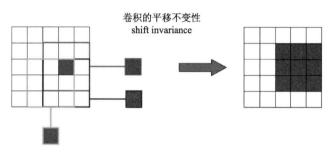

图 3.15　卷积对于空间位置不敏感

　　DeepLabV1 的模型结构设计的动机就在于如何有效解决这两个难点。对于增加感知域，之前的方法都是通过下采样（步长大于 1 的卷积层、池化层等）。那么，是否有可能不通过下采样同时又能增加感知域呢？DeepLabV1 给出的方法就是利用一种特殊的卷积，即空洞卷积（atrous convolution）或者称为膨胀卷积（dilated convolution）。空洞卷积在文章中也被称为"洞算法"（hole algorithm）。它的基本思路是扩大卷积操作中卷积核各个点的间隔，实现稀疏但是远距离的信息交流，从而即使不进行下采样，也可以将更大范围内的位置的特征信息纳入计算中来。空洞卷积的结构如图 3.16 所示。这些都是空洞卷积的卷积核。空洞卷积的参数称为膨胀率（dilation rate，本书中简称为 rate），rate 的定义可以直观理解为：横向或纵向每移动 rate 次，就会遇到一个卷积核中的元素。如果每一次移动都遇到一个卷积核中的元素，那这就是一个普通的卷积。可以看出，空洞卷积实际上是对普通卷积的推广，因此在 PyTorch 的 nn.Conv2d 中，卷积的 rate 是和步长、核大小等共同作为卷积层参数的。

　　图 3.16 中的三个空洞卷积核的 rate 分别为 1、2 和 3。计算空洞卷积实际的范围大小，可以用以下公式：$K = k + (k-1)(r-1)$，其中 K 为实际范围大小，k 为卷积核横向或者纵向的元素数（即用来"膨胀"的原始普通卷积核的大小），r 表示 rate。这个公式可以很直观地证明：k 表示原本的元素数，它们之间共有$(k-1)$个空隙，每个空隙填充$(r-1)$个像素（因为每 r 个就遇到一个非空洞的元素），因此相加就得到了 K。我们用 3.16 图中的例子进行测试，（a）为 rate=1 的空洞卷积（普通卷积）；（b）为 rate=2 的空洞卷积；（c）为 rate=3 的空洞卷积。得到的 K 分别为 3、5 和 7，与图中的结果是一致的。

　　通过空洞卷积代替下采样，可以在扩大感知域的同时仍然保持较大的分辨率，DeepLabV1 在骨干网络 VGG 的后面几层中，将两个最大值池化操作后的下采样去掉，并且加入了 rate=2 和 4 的空洞卷积。从而使得原本的 32 倍下采样的输出变为 8 倍下采样，有效增加了特征图的分辨率。

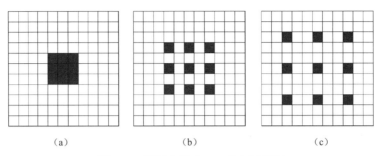

（a）	（b）	（c）

图 3.16 不同空洞率 rate 的空洞卷积

对于第二个问题，即如何解决卷积的位置不敏感的特性带来的分割边缘过于粗略，DeepLabV1 采用了全连接的条件随机场（fully-connected conditional random field，fc-CRF，或者称为 DenseCRF）算法，其示意如图 3.17 所示。图 3.17（a）为 4 个像素图像的 DenseCRF 连接关系；图 3.17（b）为 9 个像素图像的 DenseCRF 连接关系。下面我们先来介绍条件随机场（CRF）的原理和作用，以及 DeepLabV1 中所采用的 fc-CRF 的计算方式。

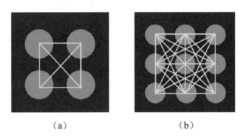

（a）	（b）

图 3.17 DeepLabV1 中的全连接条件随机场示意图

在传统算法中，CRF 也被用来对分割结果进行后处理。对于传统的分割算法（往往是手工特征结合弱分类器），其结果图往往噪声较多，因此常用短程 CRF（short-range CRF）方法对临近像素的预测结果进行平滑。在短程 CRF 中会有一个待优化的能量函数，这个能量函数偏向于对于空间临近的像素赋予相似的预测标签，因此优化能量函数可以使传统算法的分割结果同质性更强，从而减少分割结果在一个区域中的突变，降低噪声的影响。

然而，对于深层 CNN 网络模型来说，由于前面提到的位置不敏感性，分割结果倾向于过度平滑，即一个区域内容易被预测为同样的标签，使该区域的边缘被模糊。所以对于 DeepLabV1 来说，引入 CRF 的目的恰好与传统分割方法相反，即通过优化能量函数，使预测的分割 mask 的边缘更加准确，细节更好地得到恢复。因此，DeepLabV1 采用的是 fc-CRF。fc-CRF 的能量函数如下：

$$E(x) = \sum_i \theta_i(x_i) + \sum_{i,j} \theta_{ij}(x_i, x_j)$$

这个 $E(x)$ 就是 CRF 的优化目标，它由前后两项组成，前项为一元势函数（unary potential），后项为二元势函数（pairwise potential），其中的 x_i 表示第 i 个像素点分配的标签。一元势函数即 $\theta_i(x_i) = -\log P(x_i)$，这一项表示的就是该点被分配为标签的概率的负对数，表示的是每个像素点的能量，每个点的标签概率越高，则一元势函数越小，这是我们希望的效果。二元势函数的数学形式如下：

$$\theta_{ij}(x_i,x_j) = \mu(x_i,x_j)[w_1 \exp(-\frac{\|p_i-p_j\|^2}{2\sigma_a^2} - \frac{\|I_i-I_j\|^2}{2\sigma_\beta^2}) + w_2 \exp(-\frac{\|p_i-p_j\|^2}{2\sigma_r^2})]$$

其中，函数 $\mu(x_i,x_j)$ 表示的是 x_i 和 x_j 的标签是否相同。相同时函数值为 0，否则函数值为 1。也就是说，当两个函数的标签不同时，才会对二元势函数的计算结果有影响。而且要注意的是，这里的 CRF 是全连接的，因此二元势函数需要对所有像素两两计算。而后面的两个 exp 表示的核函数分别称为外观核函数（apparence kernel）和平滑核函数（smoothness kernel）。前一项是双边滤波的核函数，p 表示位置坐标值，I 表示颜色值。也就是说，当两个像素的颜色和位置比较接近，但是被分配了不同的标签的话，那么就需要进行惩罚；类似地，后一项是位置的相似性，简言之就是对于位置相近但是分配的标签不同的像素，需要进行惩罚。上面这两项由于核函数是高斯核形式，因此越相似惩罚力度越大。

除此之外，DeepLabV1 还使用了多尺度预测，将输入图像及前面的 4 个最大值池化的特征图与主干网络的输出进行融合，得到多尺度的特征信息，用于计算分割网络。这种方法对于网络定位的表现也有一定的提升。

下面介绍 DeepLabV2 [9]。作为 V1 的改进版，DeepLabV2 的基础仍然是空洞卷积和 CRF，除了更换了更强的主干网络（ResNet 的修改版）以外，这个版本的核心就是设计了空洞空间金字塔池化（atrous spatial pyramid pooling，ASPP）结构，融合不同的感知域，提高对于不同分辨率的物体的分割能力。

ASPP 的结构如图 3.18 所示。可以看出，ASPP 是一个并行的结构，它对于输入的特征图利用不同的膨胀率的空洞卷积进行处理，并将处理后的结果通过 1×1 卷积后相加进行融合。根据并行支路中的 rate 参数的不同，作者设计了两种 ASPP 结构，其中 ASPP-S 的四个 rate 分别为{2,4,8,12}，而 ASPP-L 的四个 rate 分别为{6, 12, 18, 24}。对于两者的对比实验表明，ASPP-S 相对于基线模型（DeepLab-LargeFOV）在经过 CRF 后基本持平，而 ASPP-L 则在 CRF 前后都有明显提升，证明了通过改变空洞卷积 rate 实现金字塔特征融合的有效性。

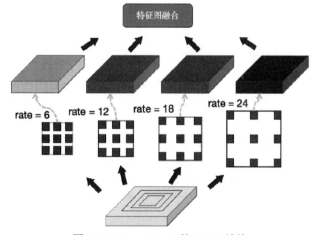

图 3.18　DeepLab v2 的 ASPP 结构

DeepLabV3 [10]在上一个版本的基础上又进行了一些改进，主要包括以下几个方面：①设计了级联的空洞卷积模块，从而在保持大分辨率情况下加深网络层数；②利用多网格

（multi-grid）策略，对一个模块中的三个卷积施加不同的膨胀率；③分析并改进了 ASPP 模块；④去掉了最后的 DenseCRF 处理。

　　首先，DeepLabV3 基于 ResNet 设计了改进的网络结构（见图 3.19），前面的 block1 到 block4 均沿用了 ResNet 的模块，然后将 block4 进行复制，并且改为不同膨胀率的空洞卷积操作。另外，对于一个模块中的不同的空洞卷积，分别设置不同的膨胀率，比如对于 block4，基础 rate=2，multi-grid 如果设置为(1, 2, 4)，则该模块的三个空洞卷积的膨胀率将为(2, 4, 8)。

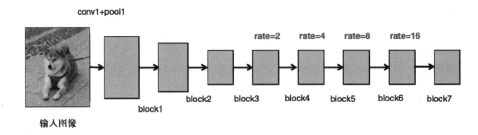

图 3.19　DeepLabV3 的网络结构

　　对于 ASPP 模块的实际作用，在 DeepLabV3 版本中，作者也进行了进一步的分析和思考。为了获得更大尺度内的信息，空洞卷积的 rate 可能会被设计得很大。ASPP 正是通过不同 rate 的信息提升了性能。但是，当 rate 设计得过大时，由于特征图的尺寸的限制，实际参与计算的权重逐渐减少。图 3.20 表示了一个极端的例子，当 rate 大到使卷积核的范围超出特征图尺寸后，空洞卷积实际上就退化成了一个 1×1 卷积。

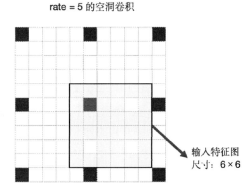

图 3.20　过大膨胀率的空洞卷积会退化到仅有 1 个有效权重

　　这种现象就导致了用于捕捉大范围信息的空洞卷积的失效，为了解决这个问题并且引入全局信息，在 V3 版本中将 ASPP 改成了如图 3.21 所示的形式。

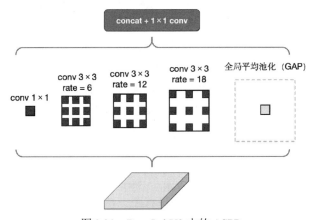

图 3.21　DeepLabV3 中的 ASPP

修改后的 ASPP 仍然采用了不同膨胀率的空洞卷积提取不同尺度的特征，并且加入了全局平均池化提取全局特征（并且通过），以及 1×1 卷积。最后，各个分支处理后的特征被沿着通道维度拼接起来，然后用 1×1 的卷积层进行融合。该结构的示例可以参考代码 3.6。

代码 3.6　DeepLabV3 的 ASPP 结构代码示例

```
1.  import torch
2.  import torch.nn as nn
3.
4.  class AtrousModule(nn.Module):
5.      def __init__(self, in_ch, out_ch, kernel_size, padding, dilation,
    is_bn=True):
6.          super(AtrousModule, self).__init__()
7.          self.atrous_conv = nn.Conv2d(in_ch, out_ch, kernel_size=kernel_size,
8.                                  stride=1, padding=padding, dilation= dilation,
    bias=False)
9.          self.is_bn = is_bn
10.         if is_bn:
11.             self.bn = nn.BatchNorm2d(out_ch)
12.         self.relu = nn.ReLU(inplace=True)
13.
14.     def forward(self, x):
15.         x = self.atrous_conv(x)
16.         if self.is_bn:
17.             x = self.bn(x)
18.         x = self.relu(x)
19.         return x
20.
21. class AvgPoolModule(nn.Module):
22.     def __init__(self, in_ch, out_ch, is_bn=True):
23.         super(AvgPoolModule, self).__init__()
24.         self.avg_pool = nn.AdaptiveAvgPool2d((1, 1))
25.         self.conv_pool = nn.Conv2d(in_ch, out_ch, kernel_size=1, padding=0)
26.         self.is_bn = is_bn
27.         if is_bn:
28.             self.bn_pool = nn.BatchNorm2d(out_ch)
29.         self.relu = nn.ReLU(inplace=True)
30.
31.     def forward(self, x):
32.         x = self.avg_pool(x)
33.         x = self.conv_pool(x)
34.         if self.is_bn:
35.             x = self.bn_pool(x)
36.         x = self.relu(x)
37.         return x
38.
39.
40. class ASPP(nn.Module):
41.     def __init__(self, in_channels, out_channels, is_bn=True):
42.         super(ASPP, self).__init__()
```

```
43.        self.is_bn = is_bn
44.        # ASPP 共包含 5 个并行的 block : 1×1 conv
45.        self.block_1×1 = nn.Conv2d(in_channels, out_channels, kernel_size=1,
      padding=0)
46.        if is_bn:
47.            self.bn1 = nn.BatchNorm2d(out_channels)
48.        self.relu = nn.ReLU(inplace=True)
49.        # 3 个膨胀率不同的 3×3 conv
50.        self.atrous_r6 = AtrousModule(in_channels, out_channels,
51.                    kernel_size=3, padding=6, dilation=6, is_bn=is_bn)
52.        self.atrous_r12 = AtrousModule(in_channels, out_channels,
53.                    kernel_size=3, padding=12, dilation=12, is_bn= is_bn)
54.        self.atrous_r18 = AtrousModule(in_channels, out_channels,
55.                    kernel_size=3, padding=18, dilation=18, is_bn= is_bn)
56.        # 全局平均池化
57.        self.block_avg = AvgPoolModule(in_channels, out_channels, is_bn= is_bn)
58.        # 最后的输出层将所有 5 个并行 block 进行融合
59.        self.out_conv = nn.Conv2d(out_channels * 5, out_channels, kernel_size=1)
60.        if is_bn:
61.            self.out_bn = nn.BatchNorm2d(out_channels)
62.
63.    def forward(self, x):
64.        # 1×1 conv
65.        if self.is_bn:
66.            out_1×1 = self.relu(self.bn1(self.block_1×1(x)))
67.        else:
68.            out_1×1 = self.relu(self.block_1×1(x))
69.        # dilation rate r6 r12 r18
70.        out_r6 = self.atrous_r6(x)
71.        out_r12 = self.atrous_r12(x)
72.        out_r18 = self.atrous_r18(x)
73.        # avg pool + resize
74.        out_avg = self.block_avg(x)
75.        out_avg = nn.functional.interpolate(out_avg, size=out_1×1.size()[2:],
76.                                    mode='bilinear', align_corners=True)
77.        out = torch.cat([out_1×1, out_r6, out_r12, out_r18, out_avg], dim=1)
78.        if self.is_bn:
79.            out = self.relu(self.out_bn(self.out_conv(out)))
80.        else:
81.            out = self.relu(self.out_conv(out))
82.
83.        # 打印内部变量信息
84.        print("[ASPP] out_1×1 size : ", out_1×1.size())
85.        print("[ASPP] out_r6 size : ", out_r6.size())
86.        print("[ASPP] out_r12 size : ", out_r12.size())
87.        print("[ASPP] out_r18 size : ", out_r18.size())
88.        print("[ASPP] out_avg size : ", out_avg.size())
89.
90.        return out
91.
```

```
92.
93. x_in = torch.rand((4, 16, 64, 64))
94. aspp_block = ASPP(in_channels=16, out_channels=32, is_bn=True)
95. x_out = aspp_block(x_in)
96. print("input size : ", x_in.size())
97. print("output size : ", x_out.size())
```

测试输出结果如下：

```
[ASPP] out_1x1 size : torch.Size([4, 32, 64, 64])
[ASPP] out_r6 size : torch.Size([4, 32, 64, 64])
[ASPP] out_r12 size : torch.Size([4, 32, 64, 64])
[ASPP] out_r18 size : torch.Size([4, 32, 64, 64])
[ASPP] out_avg size : torch.Size([4, 32, 64, 64])
input size : torch.Size([4, 16, 64, 64])
output size : torch.Size([4, 32, 64, 64])
```

最后要介绍的就是 DeepLabV3+[11]，这个版本是对 V3 版本的进一步优化。它的主要改动就是将 DeepLab 网络改成了编解码器（encoder-decoder）结构。其结构如图 3.22 所示。这种编解码结构可以融合更多的浅层特征，从而得到更精细的结果。

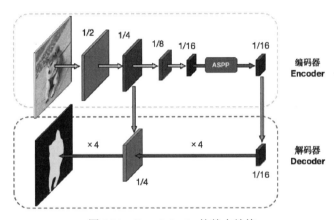

图 3.22　DeepLab v3+的基本结构

3.2.4　PSPNet：金字塔池化的特征融合

下面介绍 PSPNet（pyramid scene parsing network）[12]，其名称含义为金字塔场景解析网络。该模型主要针对的是场景语义分析任务，即对于场景中的每个点进行标注。它的难点在于如何有效地利用好场景的上下文（context）信息。上下文信息对于场景分割是有重要作用的，比如，汽车和船在某些图片中会具有相似的外观，但是考虑到上下文信息，汽车一般不会出现在河里，所以当周围的类别是河流的时候，这个目标是船而不是汽车的概率就应该更大。虽然深度的 CNN 网络作为特征提取器往往具有比较大的感知域，但是在实际训练出的模型中，其有效的感知域并不会达到理论上的大小，因此对于上下文信息是有一定损失的，这就需要手动对上下文进行补充。PSPNet 就是通过不同大小的池化下采样来显式融合不同尺度的上下文信息的，其基本结构如图 3.23 所示。

首先，输入图像先经过一个 CNN 提取特征，然后，对得到的特征图进行不同尺度的池化下采样，再分别经过 1×1 卷积降低通道数后，将得到的特征图上采样到相同尺寸，并与池化之前的特征图进行拼接，送入之后的卷积层。PSPNet 的核心结构就是中间的金字塔池化模块（pyramid pooling module，PPM）。在 PPM 中共有 4 个分支，首先是一个全局池化，即 GAP 操作，获得一个具有全局信息的单像素单元的向量，其余几个分别下采样到固定的尺寸，比如 2×2、3×3 以及 6×6，代表金字塔的各层。各层特征图池化后经过 1×1 卷积的输出通道数为输入通道数除以金字塔层数，这样可以使上采样拼接后的新特征图与原始特征图具有相同的通道数。

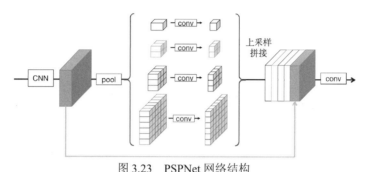

图 3.23　PSPNet 网络结构

一个 PPM 结构的示例见代码 3.7。

代码 3.7　PPM 代码示例

```
1.  import torch
2.  import torch.nn as nn
3.  import torch.nn.functional as F
4.
5.
6.  class PyramidPoolModule(nn.Module):
7.      def __init__(self, in_ch, out_ch, sizes=(1, 2, 3, 6), is_bn=True):
8.          super().__init__()
9.          assert in_ch % len(sizes) == 0
10.         mid_ch = in_ch // len(sizes)
11.         layer_ls = list()
12.         for feat_size in sizes:
13.             cur_layer = list()
14.             # 每个金字塔层的 pooling 和 conv
15.             cur_layer.append(nn.AdaptiveAvgPool2d(feat_size))
16.             cur_layer.append(nn.Conv2d(in_ch, mid_ch, kernel_size=1, bias=False))
17.             if is_bn and feat_size > 1:
18.                 cur_layer.append(nn.BatchNorm2d(mid_ch))
19.             cur_layer.append(nn.ReLU(inplace=True))
20.             cur_seq = nn.Sequential(*cur_layer)
21.             layer_ls.append(cur_seq)
22.         self.layers = nn.ModuleList(layer_ls)
23.         # 将所有金字塔层的结果与输入特征图 concat 后进行 conv
24.         self.bottleneck = nn.Conv2d(in_ch * 2, out_ch, kernel_size=1)
25.     def forward(self, x):
26.         x_size = x.size()
```

```
27.        out = [x]
28.        for idx, layer in enumerate(self.layers):
29.            pyr_out = layer(x)
30.            print(f"[PPM] pyramid idx: {idx}, size: {pyr_out.size()}")
31.            pyr_out = F.interpolate(layer(x), x_size[2:], mode='bilinear',
    align_corners=True)
32.            out.append(pyr_out)
33.        out = torch.cat(out, dim=1)
34.        out = self.bottleneck(out)
35.        return out
36.
37. x_in = torch.randn((1, 64, 128, 128))
38. ppm = PyramidPoolModule(in_ch=64, out_ch=32, sizes=(1, 2, 3, 6), is_bn= True)
39. x_out = ppm(x_in)
40. print("PPM input size : ", x_in.size())
41. print("PPM output size : ", x_out.size())
42.
```

测试输出结果如下，可以看到各个分支在上采样之前的输出尺寸。

```
[PPM] pyramid idx: 0, size: torch.Size([1, 16, 1, 1])
[PPM] pyramid idx: 1, size: torch.Size([1, 16, 2, 2])
[PPM] pyramid idx: 2, size: torch.Size([1, 16, 3, 3])
[PPM] pyramid idx: 3, size: torch.Size([1, 16, 6, 6])
PPM input size : torch.Size([1, 64, 128, 128])
PPM output size : torch.Size([1, 32, 128, 128])
```

3.2.5 OCRNet：如何利用目标上下文信息

上下文信息对于语义分割任务是至关重要的，然而通常的加入上下文信息辅助分割的策略都是同等考虑周围的上下文像素，而没有对不同的像素给予不同的关注。OCRNet（object-contextual representations）[13]基于这个问题对分割模型进行了改进，它的思路就是利用网络的中间结果显式增强同类物体的上下文信息，以此辅助分割。对于语义分割来说，每个像素的类别实际上是由于其所在的目标（object）所属的类别决定的，因此，可以用目标区域的特征对该位置的像素特征进行增强。OCRNet 的基本结构如图 3.24 所示。

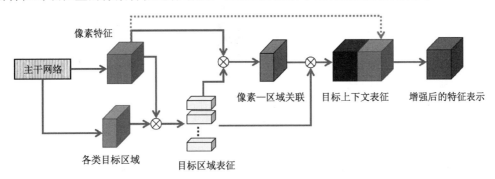

图 3.24　OCRNet 的基本结构

OCRNet 由一个主干网络和 OCR 模块组合而成，可以用如 HRNet 等一些常用的主干网络。

OCR 模块的具体计算步骤如下：首先，通过主干网络提取像素特征图，其大小记作[b,c,h,w]，c 为特征图通道数，另外，通过另一个支路学习一个粗略的各个类别的分割 mask，该 mask 实际上就是一个分割网络的输出各类的概率图，用来标示各个类别对应的目标区域，其大小为[b,k,h,w]，k 为类别数，这里的目标区域是软（soft）目标区域，即非二值化后的结果。将像素特征图与该目标区域对应相乘，即可得到各个类别对应的特征向量，其大小为[b,k,c]，即 k 个类别区域的特征表示，维度为 c。这样一来，就可以通过区域特征表示对像素特征进一步计算互注意力，即各个像素对应于 k 个类别的关联，张量大小为[b,k,h,w]。最后，对于每个像素来说，我们已经知道了它与这 k 个类别（目标区域）分别的相关性，然后利用这个相关性，将对应的各个类别的目标区域表征进行加权，就得到了目标上下文增强后的该像素位置的增强特征，将这个特征与 OCR 模块的输入特征进行拼接，并送入后续处理，就可以得到增强后的特征表示了。通过上述步骤，对于每个像素，我们都利用它的特征向量与不同区域的特征向量之间的关联性，对与它可能同类别的像素建立起了联系。像素特征与某区域的特征关联性越高，新得到的特征图中，就有越多的该区域（类别）的特征向量被融合进来，因此在对该像素进行分类时，就可以更好地利用潜在同类别的上下文信息。这种方式相比于均匀向空间各个方向扩充上下文更具有代表性和侧重，能够利用更有意义的信息辅助判断，因此在很多任务中取得了很好的效果和提升。

3.2.6　Segmenter：基于 Transformer 的端到端分割

前面已经介绍了 ViT 这种基于 Transformer 模型的骨干网络，在大数据量场景下，ViT 模型由于其全局依赖的特性，在许多视觉问题上已经表现出优于传统 CNN 模型的效果。Segmenter 模型[14]就是将 ViT 和 Transformer 结构在分割任务上应用的一个示例。它的模型结构如图 3.25 所示。

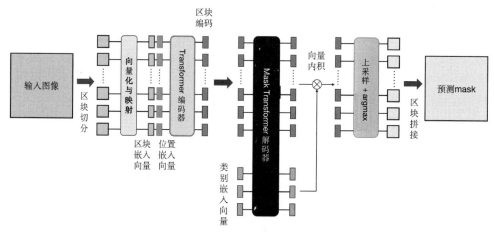

图 3.25　Segmenter 模型结构

Segmenter 模型沿用了分割中常用的编解码器结构，其编码器沿用了 ViT 的结构和处理流程，首先对输入图像进行区块（patch）切分，然后经过向量化和映射后得到输入的嵌入向量，再与位置编码的嵌入向量结合以补充 Transformer 中丢失的位置信息，送入编码器对图像进行编码，得到各个位置（区块）的特征向量。在解码器部分，与先前的基于 Transformer 的分割模型

（比如 SETR）将特征直接进行变形（reshape）和卷积后处理来得到最终的分割结果不同，Segmenter 采用了基于各个类别嵌入向量对各个区块进行查询（也就是求点积/内积，scalar product）的方式，得到各个位置对应的类别预测。

解码器部分的具体操作如下：首先，将编码器的特征映射到解码器对应的维度，得到一个形状大小为[b, s, d]大小的张量，其中 b 为 batchsize，s 为切分的区块的数量，d 表示解码器的输入维度。同时，需要生成一个[k,d]大小的张量，k 为类别数，这个张量表示的是每个类别的嵌入向量，嵌入向量维度也是 d，与图像嵌入的维度相同。然后，将图像嵌入与类别嵌入进行拼接后，得到[b, s+k, d]大小的张量，进入 Transformer 中计算，得到输出为[b, s+k, d]的张量。然后，将其中的图像嵌入与类别嵌入部分的结果再分别进行映射并归一化，重新得到[b,s,d]的图像嵌入部分与[b,k,d]的类别嵌入部分。将这两个部分计算内积（即互注意力 cross-attention 的操作），得到[b, s, k]大小的张量，它表示的就是每个位置上对于 k 个类别的预测。最后，经过上采样和 argmax 求取最大值位置，即可得到分割的 mask。

通过 ViT 的骨干网络及基于注意力的解码器结构，Segmenter 模型可以获得较好的表现。而且，切分区块的面积越小，预测结果就越精细，但同时带来的是计算量的急剧上升（由于需要计算序列的自注意力，因此这部分的计算量是与区块数量呈平方上升的）。这些性能相关问题也在之后的 Transformer 相关的分割模型中被不断优化改进。

3.2.7 PointRend：针对物体边缘分割的优化

本节介绍一个简洁有效的分割模型解码器方案——PointRend[15]。这个方法主要解决的是分割任务中的边缘分割不准确的问题。之前已经讨论过分割任务中细粒度和大感知域之间的折中问题，对于传统的分割模型，输出的结果往往是在一个小于原图的尺寸上，然后通过某种上采样得到结果。这就导致尽管在测试指标上很多模型都已经有了较高的水平，即在大多数区域能够较准确地分割，但是具体的输出图像中，在 mask 的细节和边界部分，直接输出的预测往往会丢失底层信息，导致分割效果不理想。

PointRend 的基本思路就是：在低分辨率 mask 到高分辨率 mask 上采样的过程中（比如从 7×7 放大到 14×14），通过模型的预测概率图找到那些不太确定的点，然后提取或计算这些点对应的特征向量，并用 MLP 模型对这些点的类别进行预测，这样即可在高分辨率的 mask 上对边缘部分进行细化，降低预测结果在空间邻域的同质化。

PointRend 的这一思路可以类比图形学中的渲染（render，正是 PointRend 的名称来源）操作。渲染指的是将 3D 空间中的物体映射到 2D 栅格图像（规则的点阵），在渲染过程中，每个区域的重要性是不同的，对于细节较多的区域，需要进行精细计算，反之则可以简单计算，以此实现高效渲染。分割模型的细化过程也类似，PointRend 这一过程的流程如图 3.26 所示。

这一过程的具体操作如下：从一个小尺寸的粗粒度预测结果开始，首先进行×2 上采样，然后在采样后的结果中选择出预测结果不确定的点（通常根据最大和次大概率值的差值，插值越小，说明对该点的预测越不确定），然后取出这些点的粗粒度预测和细粒度预测结果，经过一个 MLP 网络进行处理，输出修正细化后的预测结果。以此方式进行迭代进行，直到预测结果尺寸与原图尺寸一致。

在 PointRend 的训练阶段，由于迭代过程对于训练不友好，实际上是通过非迭代的随机采用来代替了上述的逐级上采样的迭代过程。与预测阶段的根据不确定性选点不同，训练过程中采用了三个步骤：如果要得到 N 个点对 MLP 做训练，那么首先进行过采样，通过均匀分布选取 kN（$k>1$）个点，然后在其中选择不确定性最高的 βN（$0\leqslant\beta\leqslant1$）个点，最后将剩下的 $(1-\beta)N$ 个点从均匀分布中选择。这样可以使选点的结果偏向于不确定区域（一般就是 mask 的边界）的同时还能保留一定程度的均匀覆盖。另外，需要注意的一点是，这里的采样点的过程可以不在网格点上，对于非网格点的位置所对应的预测结果，需要用网格点的预测进行插值得到。通过 PointRend 方法，有效地提高了 mask 对于边界的准确率和精细程度，使结果更符合预期。

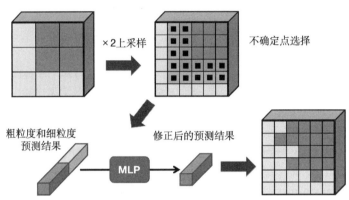

图 3.26　PointRend 流程示意图

　　PointRend 应用的示例见代码 3.8，主要包括如何进行训练和测试时的选点，以及提取选中的点对应的特征和预测结果，并且进行迭代细化这几个主要步骤。

代码 3.8　PointRend 主要操作代码示例

```
1.  import math
2.  import torch
3.  import torch.nn as nn
4.  import torch.nn.functional as F
5.
6.  def sample_featmap(feat, coor, align_corners=False):
7.      """
8.      args:
9.          feat: 输入特征图 size : [n, c, h, w]
10.         coor: 采样点 x,y 坐标 size : [n, p, 2] # p 表示采样点个数
11.     return:
12.         points size : [n, c, p]
13.     """
14.     output = F.grid_sample(feat, coor.unsqueeze(2), align_corners=align_
    corners).squeeze(3)
15.     return output
16.
17.
18. def generate_random_points(pred, N=1000, k=2, beta=0.6):
19.     """
20.     训练阶段随机取点策略
21.     args:
22.         pred: 预测的各类 mask size : [n, c, h, w]
23.         N, k, beta: 随机采样的参数
24.     return:
```

```
25.          selected_vecs: 采样出的各点特征向量 size: [n, N, 2]
26.      """
27.      n = pred.size()[0]
28.      candidate_coor = torch.rand(n, int(k * N), 2) * 2.0 - 1.0 # [n, kN, 2]
29.      candidate_feat = sample_featmap(pred, candidate_coor) # [n, c, kN]
30.      sorted_feat = torch.sort(candidate_feat, dim=1, descending=True)[0]
31.      uncertainty = -1 * (sorted_feat[:, 0] - sorted_feat[:, 1]) # [n, kN]
32.      biased_idx = torch.topk(uncertainty, int(beta * N), dim=1, largest=True)[1]
    # [n, beta*N]
33.      biased_coor = None
34.      for bid in range(n):
35.          cur_biased_coor = candidate_coor[bid, :, :][biased_idx[bid], :].
    unsqueeze(0)  # [1, beta*N, 2]
36.          if biased_coor is None:
37.              biased_coor = cur_biased_coor
38.          else:
39.              biased_coor = torch.cat((biased_coor, cur_biased_coor), dim=0)
40.      coverage_coor = torch.rand(n, N - int(beta * N), 2) * 2.0 - 1.0
41.      # biased_coor : [n, beta*N, 2]
42.      # coverage_coor : [n, (1-beta)*N, 2]
43.      all_select_coor = torch.cat((biased_coor, coverage_coor), dim=1)
44.      return all_select_coor
45.
46.
47. def get_uncertain_points(pred, N=1000):
48.      """
49.          测试阶段按照不确定性取点策略
50.      """
51.      n, c, h, w = pred.size()
52.      sorted_pred = torch.sort(pred.view(n, c, h*w), dim=1, descending= True)[0]
53.      N = min(N, h * w)
54.      uncertainty = -1 * (sorted_pred[:, 0] - sorted_pred[:, 1]) # [n, h*w]
55.      uncertain_idx = torch.topk(uncertainty, N, dim=1)[1] # [n, N]
56.      select_coor_x = ((uncertain_idx % w).to(torch.float) + 0.5) / w * 2.0 -
    1.0  # [n, N]
57.      select_coor_y = ((uncertain_idx % h).to(torch.float) + 0.5) / h * 2.0 -
    1.0  # [n, N]
58.      select_coor = torch.stack((select_coor_x, select_coor_y), dim=2) # [n, N, 2]
59.      return select_coor, uncertain_idx
60.
61. # MLP 网络用于对不确定的点进行重新分类
62. # 逐点操作, 用 kernel_size=1 的 Conv1d 实现
63. class MLPHead(nn.Module):
64.      def __init__(self, in_ch, out_ch, num_layer):
65.          super().__init__()
66.          layers = list()
67.          for _ in range(num_layer - 1):
68.              layers.append(nn.Conv1d(in_ch, in_ch, kernel_size=1))
69.          layers.append(nn.Conv1d(in_ch, out_ch, kernel_size=1))
70.          self.mlp = nn.Sequential(*layers)
71.      def forward(self, x):
72.          out = self.mlp(x)
```

```
73.        return out
74.
75. # 主模块，用于对训练时取点并通过 MLP 预测，以及测试时逐级上采样并渲染预测结果
76. class PointRend(nn.Module):
77.     def __init__(self, feat_ch=512, N=1000, num_class=21, k=2, beta=0.75,
    num_mlp_layer=3):
78.         super().__init__()
79.         self.mlp = MLPHead(feat_ch + num_class, num_class, num_layer= num_
    mlp_layer)
80.         self.N = N
81.         self.k = k
82.         self.beta = beta
83.
84.     def forward(self, x, feat, pred):
85.         if self.training:
86.             select_coor = generate_random_points(pred, self.N, self.k, self.beta)
87.             fine_feat = sample_featmap(feat, select_coor)
88.             coarse_feat = sample_featmap(pred, select_coor)
89.             feat = torch.cat([fine_feat, coarse_feat], dim=1)
90.             out = self.mlp(feat)
91.             return out, select_coor
92.         else:
93.             num_points = 1024
94.             upscale_factor = math.log2(x.size()[-1] // pred.size()[-1])
95.             assert upscale_factor == int(upscale_factor)
96.             for _ in range(int(upscale_factor)):
97.                 pred = F.interpolate(pred, scale_factor=2, mode="bilinear")
98.                 select_coor, uncertain_idx = get_uncertain_points(pred, num_
    points)
99.                 fine_feat = sample_featmap(feat, select_coor)
100.                coarse_feat = sample_featmap(pred, select_coor)
101.                new_feat = torch.cat([fine_feat, coarse_feat], dim=1)
102.                out = self.mlp(new_feat)
103.                n, c, h, w = pred.shape
104.                uncertain_idx = uncertain_idx.unsqueeze(1).expand(-1, c, -1)
105.                pred = pred.reshape(n, c, h * w)\
106.                        .scatter_(2, uncertain_idx, out)\
107.                        .view((n, c, h, w))
108.            return pred
109.
110.
111.# 测试输入，x_in 为输入图像，feat 为较大尺寸的特征图，coarse_pred 为直接输出的预
    测结果
112.x_in = torch.randn((4, 3, 256, 256))
113.feat = torch.randn((4, 512, 128, 128))
114.coarse_pred = torch.randn((4, 21, 32, 32))
115.point_rend = PointRend(feat_ch=512, num_class=21)
116.# 训练阶段通过随机+偏置采样获取采样点及其坐标，进行训练
117.refined_pred = point_rend(x_in, feat, coarse_pred)
118.print('train phase output size: ', refined_pred[0].size(), refined_pred[1].
    size())
119.
```

```
120.# 测试阶段迭代修正预测结果，得到原图大小的预测图
121.with torch.no_grad():
122.    point_rend.eval()
123.    refined_pred = point_rend(x_in, feat, coarse_pred)
124.    print('test phase output size: ', refined_pred.size())
125.
```

输出结果如下：

```
train phase output size: torch.Size([4, 21, 1000]) torch.Size([4, 1000, 2])
test phase output size: torch.Size([4, 21, 256, 256])
```

3.2.8 Segment Anything：prompt 驱动的分割大模型

随着大模型预训练近年来在自然语言处理领域取得的进展，视觉领域也开始注意到这种大规模数据训练的大模型或者称为基础模型（foundation model）的强大力量，并开展了相关研究。视觉基础模型最大的优势在于其零样本迁移和泛化的能力，也就是说，基础模型在测试阶段可以使用训练集中没有见过的图片类型，并给出合理的预测。Segment Anything Model（SAM）[16]就是通用基础模型在分割领域的一个尝试。SAM 的基本目的就是在大规模多样性数据上对模型进行训练，并且希望模型是可以通过提示控制的（promptable）。模型的强大的泛化性可以使它轻松地应用在各类下游任务上，甚至称为更大的智能工程项目中的一个通用组件。它的基本流程如图 3.27 所示。

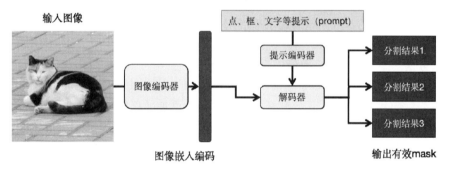

图 3.27 SAM 的整体流程图

首先，对于输入图像，需要预先通过一个大模型图像编码器进行编码，得到图像的嵌入特征。然后，对于支持的各种提示（prompt），可以是 mask、前景点或者背景点（对目标区域内进行点选，是交互式分割的一种方式），或者框（将目标物体用矩形框框起来），甚至是文字提示词（比如，"将图像中的猫分割出来"这类的描述）。各种提示经过编码后，和前面计算的图像特征向量一起进入一个轻量级的解码器，经过解码获得预测结果。

下面详细说明一下流程的各步骤的实现。首先，大模型图像编码器采用了经过 MAE（masked autoencoder，即随机掩盖掉图像中的一些区域，并训练模型进行复原）预训练的 ViT模型。对于各种不同类型的提示的编码，主要考虑两类：一类是密集型提示，也就是 mask，需要通过卷积的方式进行嵌入编码；另一类是稀疏型提示，包括点、框及提示词。对于点和框这类位置相关的提示，需要进行位置编码，然后与各个类型的嵌入向量相加；而对于文本类提示，则利用训练好的图文多模态模型 CLIP 直接进行编码。最后一步的 mask 解码器将图

像嵌入、提示嵌入和输出 token 映射为 mask，这里的解码器也是基于 Transformer 结构，并且使用了自注意力和交互注意力（提示和图像之间）进行计算。

SAM 还有几个值得注意的设计或特点：第一，由于 SAM 中编码器模型计算量比较大，因此如果需要多次对同一张图进行不同处理的话，一般只需要计算一次图像特征，后面只要改变不同的提示，就可以通过查询的方式利用图像的编码嵌入进行分割，由于解码器较为轻量，因此可以实现实时交互；第二，SAM 由于通过实时交互进行分割，因此可能具有歧义，也就是说，提示可能会不明确，同一个提示可以对应多个有效的 mask（比如，在一个穿着衬衫的人身上点击，那么可以认为是想要分割衬衫，也可以认为是想要分割整个人体），模型返回的就是这些合理的 mask 之一。为了适应这个问题，SAM 可以对于单个提示给出多个输出 mask，一般来说 3 个就基本可以满足大部分情况，这 3 个 mask 分别代表整体（whole）、部分（part），以及子部分（subpart）；第三，为了训练具有强大泛化性的基础模型，Segment Anything 项目还通过一种新的数据引擎流程，通过人工辅助和模型预测相结合的方式，标注了大量的数据，并建立了一个大规模的分割数据集 SA-1B，其中包含了超过 10 亿个 mask 和千万级别的图像。这个数据集对于 SAM 在其他领域的迁移和下游任务上的表现有重要帮助。

3.3 小样本、弱监督和交互式语义分割

本节简单介绍几种特殊的语义分割任务，分别是小样本（few shot）语义分割，弱监督（weakly supervised）语义分割及交互式（interactive）语义分割。这几种任务形式都可以看成是针对分割任务的 mask 标注的问题提出的改善策略，即希望可以用更简单的方式得到所需目标的精细 mask，在实际场景中这几种任务也有比较多的潜在应用场景。简单来说，它们减少标注的策略分别如下：小样本希望可以仅仅用少量的精细标注 mask 的样本就可以得到可以用来分割目标类别的模型；弱监督希望通过更加粗粒度的标签（比如图像的类别，而非 mask）来学到目标的分割 mask；交互式分割则希望可以通过更加简单的操作（比如在目标区域中点击或者随便画线），并根据预测结果进行几步人机交互（比如对错误划分为正例的点再通过人工点击标注为负例，让模型进行优化修改），就可以找到语义目标的 mask。下面就分别对这三种特殊的语义分割任务及其经典模型思路进行介绍。

3.3.1 小样本分割任务与模型

首先介绍小样本分割（few-shot segmentation，FSS）任务。小样本分割是小样本学习的设定再分割任务上的应用。所谓的小样本学习（few shot learning，FSL），指的是用少量几个的新类别的标注样本作为参考或者指导，训练模型在新样本上对该类别的预测能力。小样本学习的关键在于在较少的标注数据上进行训练，因此要求模型在未见过的数据种类上也可以具有较好的泛化性能。

小样本学习可以有不同的解决方案，一种比较直接的解决方案就是将模型在大规模多类别数据集（比如 ImageNet）上进行预训练（pretrain），然后再用小数据集进行微调（finetune）。这个操作在实际的业务中应用较多，但是这种微调效果取决于预训练的数据分布及其类别与微调用的小样本数据的差距。两者分布越相似，任务越接近，那么往往微调可以达到的效果上限就越高；另一种方案则是直接模拟任务进行学习，即每次取出少量标注的样本和待预测

样本，对模型进行优化，使模型可以更好地建立起标注样本与未标注样本之间的联系。这种策略一般被称为情景训练（episodic training），即模拟实际情景。对于这种方式，模型的重点就不再是学习特定的类别的特征，而是学习任务本身。下面介绍的思路和方案，基本都可以看成这个类型。上述两种方案的示意如图 3.28 所示。

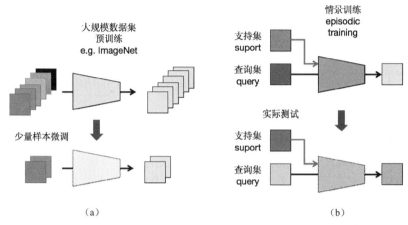

图 3.28　小样本学习的方案

在小样本学习任务中，有几个常用的术语需要提前介绍一下。在图 3.28 中，用来作为模型参考的有标签样本数据，称为支持集（support set），由于是小样本场景，因此支持集的数量一般较少。在学术研究中，通常采用 1 个样本作为支持集或者 5 个样本作为支持集这两种设定，分别称为 1-shot 和 5-shot。在实际应用场景，也可以按照有标注训练集占总样本的比例来进行对比，比如只利用 5%的数据进行训练等。与之相对应的，需要用模型来进行预测的样本集合，称为查询集（query set）。对于实际的预测过程，以 1-shot 的小样本分割任务为例，它的一个完整的预测过程需要先确定一个有标注 mask 的支持集样本，然后确定一个（也可以是多个）待预测的查询集样本，然后将这两个样本与模型一起进行计算，得到查询集的分割mask。在训练过程中，也可以模拟这个过程：首先，选择一个类别，然后在具有这个类别的样本中找到两张，一张作为支持集，一张作为查询集，然后用支持集和模型预测查询集的 mask，并将预测的结果与真实的 mask 进行对比，计算损失函数并优化模型。这样一次模拟就称为一个情景（episode），这种训练方式就是前面所讲的情景训练（episodic training）。

对于这样的训练过程，可以利用大量的不同类别的标注数据对测试阶段的情景进行模拟，但要注意的是，为了衡量模型对于新类别的泛化性能，在实际测试时所用的类别和训练时的类别不能有交集。也就是说，测试的目标类别与样本不能在训练过程中出现。一般在实际的训练过程中，需要先将一个标注好的数据集中的所有类别进行切分，比如总共 20 个类别的分割数据集，先选择 15 个作为训练的类别，剩下的 5 个仅供测试时使用。这样一来，模型实际上需要学习的就是任务（建立支持集和查询集的联系）本身，而不会过拟合到某些类别上了。

接下来介绍几个有代表性的小样本分割模型方案，以此来直观地了解在小样本分割任务中是如何对支持集与查询集之间的特征关系进行建模，并用来指导未知数据的分割任务的。

首先介绍 OSLSM（one-shot learning for semantic segmentation）[17]模型。这个模型是最早的通过支持集引导的对查询集进行分割的小样本分割模型方案，它提出的问题设定以及验证

对比的实验方法（PASCAL-5i 的模型评价设定）在后续的研究中基本都被沿用了下来。OSLSM
的基本结构如图 3.29 所示。

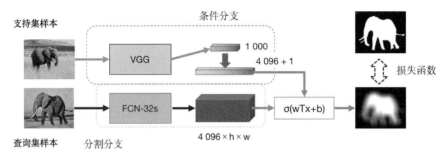

图 3.29　OSLSM 模型方案示意图

　　OSLSM 模型主要由两个分支构成，上面的分支用来处理支持集样本作为分割的条件和指
导，称为条件分支（conditioning branch）；下面的分支称为分割分支（segmentation branch）
直接对查询集样本进行分割，因此采用了 FCN-32s 的分割网络作为主干网络。模型具体的计
算过程如下：首先，将带有 mask 标注的支持集样本图像经过 mask 处理后送入 VGG 网络提
取特征，mask 处理就是将 mask 与支持集图像相乘，从而避免背景和其他非目标类别物体的
影响。提取出来的特征是一个 1 000 维的向量，这个向量保存了 mask 内的目标类别的信息。
然后，通过权重散列化（weight hashing）策略，将 1 000 维向量升维到 4 096+1 维。同时，下
面的分割网络生成查询图像的特征图，它的通道数是 4 096。然后，将从条件分支得来的 4 096+1
维向量作为线性加权的权重和偏置，对查询图像特征图的每个像素进行加权并经过 sigmoid
函数转为 0～1 的概率值。这个过程写成数学公式形式就是：

$$w,b = \text{CondBranch}(S)$$
$$F = \text{SegBranch}(Q)$$
$$M(m,n) = \text{sigmoid}(w^{\text{T}} * F(m,n) + b)$$

　　这里 S 和 Q 分别表示支持集和查询集，F
是大小为 $h \times w \times 4\,096$ 的张量，$F(m,n)$ 表示在空
间位置 (m,n) 对应的特征向量。将 w,b 和 $F(m,n)$
进行相乘并经过 sigmoid，可以看成是计算了从
支持集得到的向量与该位置特征的相似程度，经
过 sigmoid 之后就变成了 mask 的形式。M 的大
小为 $h \times w \times 1$。

　　上面还提到了一个概念，称为权重散列化，
下面就来介绍一下这个操作。如图 3.30 所示，
OSLSM 中的权重散列化是这样一个过程：它的
输入是一个长度为 k 的输入权重向量 x，输出是
一个长度为 t 的新向量 y，对于向量 y 来说，y

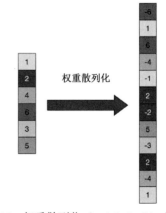

图 3.30　权重散列化（weight hashing）操作

中的每个元素都是由 x 中的某个位置的元素经过随机翻转（乘以-1）得到的。也就是说，对
于 $y(i)$，首先随机取一个 1-k 之间的数值，假设为 j，那么对应这个位置的输入就是 $x(j)$，然
后随机在 {-1, +1} 中选择一个，假设选择了-1，那么 $y(i) = -x(j)$，如果选择了+1 就是 $y(i) = x(j)$。

这个过程的目的在于，将一个小尺寸的向量映射到长度较大的向量时避免参数太多导致的过拟合。随机从输入取值只需要引入位置下标，并且输出的一个位置的元素值只和输入向量的一个元素值相关，而不是像全连接那样与输入向量的所有元素值相关。而随机进行正负号翻转的目的则是在于降低直接复制参数导致的变量间的相关性。

OSLSM 方法在当时取得了较好的效果，但是由于其出现较早，模型结构也都是比较早期的结构（VGG 和 FCN），以及支持集和查询集建立联系的方式也较为简单，因此现在来看还有很大的改进空间。而后面的工作基本都是接续这个思路，在特征提取准确性与查询集和支持集的特征间建模上入手，对方案进行优化的。

接下来介绍的方案是 SG-One [18]，SG 代表 similarity guidance，即相似度引导，one 表示它处理的是 one-shot 的问题。它的方案和模型结构如图 3.31 所示。

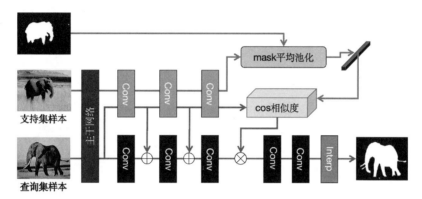

图 3.31　SG-One 模型方案示意图

SG-One 模型也是沿用了引导分支和分割分支的双支路的基本结构。首先，将支持集和查询集的输入都通过一个主干网络（stem）进行特征提取，然后分别进入两个分支，计算支持集与查询集样本的特征图。在 SG-One 模型中，支持集并没有直接用 mask 进行相乘的处理。因为对于原图的 mask 会改变输入的统计分布（0 值的比例变高），如果用同样的网络来对经过 mask 处理后的样本和正常样本进行特征提取的话，数据的方差就会变大。因此，这里采用了另一种更合理的方式来利用 mask 的信息，那就是对于支持集特征图进行 mask 平均池化（mask average pooling，MAP），其方法如图 3.32 所示。

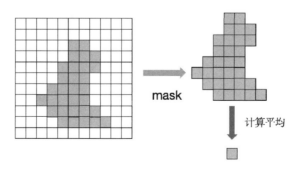

图 3.32　mask 平均池化示意图

mask 平均池化的基本思路非常直接，那就是将特征图中属于 mask 内的区域的特征向量进行平均。写成数学公式就是：

$$p = \frac{\sum\limits_{m,n} F(m,n,\cdot) * mask(m,n)}{\sum\limits_{m,n} mask(m,n)}$$

mask 平均池化的应用见代码 3.9。

代码 3.9　mask 平均池化的代码示例

```
1.  import torch
2.  import torch.nn as nn
3.
4.  class MaskedAvgPool2d(nn.Module):
5.      def __init__(self):
6.          super().__init__()
7.
8.      def forward(self, x, mask):
9.          """
10.         args:
11.             x torch.Tensor size : [b, c, h, w]
12.             mask torch.Tensor size : [b, h, w]
13.         returen:
14.             avg_pool size : [b, c]
15.         """
16.         mask = mask.unsqueeze(1)
17.         x = x * mask
18.         num_mask = torch.sum(mask, dim=(-2, -1))
19.         avg_pool = torch.sum(x, dim=(-2, -1)) / num_mask
20.         return avg_pool
21.
22. feat = torch.randn(4, 8, 16, 16)
23. mask = torch.randint(0, 2, (4, 16, 16))
24.
25. mask_avgpool = MaskedAvgPool2d()
26. avg = mask_avgpool(feat, mask)
27. print('avg vec size: ', avg.size())
28. print('avg vec :\n', avg)
29.
```

输出结果如下（可以看到，MAP 操作将 4 个 8 通道的 16×16 的 mask 后的特征图处理为了 4 个长度为 8 的向量）：

```
avg vec size: torch.Size([4, 8])
avg vec :
 tensor([[ 0.0284, -0.0149,  0.0571, -0.0865,  0.0597, -0.0114, -0.0496,
0.0120],
        [ 0.1040,  0.1392,  0.1317,  0.0893,  0.0697, -0.0956, -0.0239,
0.1844],
        [ 0.0689,  0.1010,  0.0832,  0.0886,  0.0577, -0.1433, -0.0813,
0.0327],
        [-0.0125, -0.1133, -0.0727, -0.1371, -0.0651,  0.0417, -0.0276,
```

```
-0.0515]])
```

对于支持集的有标注样本，mask 平均池化得到的可以看成是代表了该类别的特征向量，这个特征向量一般被称为原型向量（prototype）。用这个原型向量与查询集样本各位置的特征向量计算相似度，就可以找到查询集样本在每个位置属于该类别的可能性。这里不同于OSLSM 中的逻辑回归做引导，SG-One 采用了余弦相似度（cosine similarity）作为特征相似度的度量。然后，将余弦相似度图与分割支路提取出的查询集数据特征相乘，通过这种方式来引导输出的分割 mask 结果。

另一个小样本分割模型 PANet[19]则在另一个方向对这种"双分支+原型向量相似度计算"的模型方法进行了改进和优化。它的结构如图 3.33 所示。

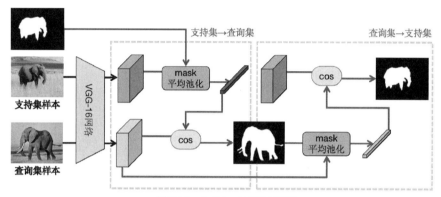

图 3.33　PANet 计算示意图

PANet 的全称为 prototype alignment network，即原型对齐网络，它的主要贡献就是在这种支持集—查询集训练的小样本分割任务中引入了循环一致性（cycle consistency），或者说是原型对齐的正则化策略。PANet 流程中前面的步骤和之前的双分支方案基本一致，先利用一个特征提取网络对支持集与查询集样本分别提取特征，然后，对于支持集中的每个类别，利用mask 平均池化的方式提取出各自的原型向量，并用来对查询集样本特征图计算余弦相似度，从而得到分割结果。之前的方案流程往往到此就结束了，但实际上，考虑到这个处理流程的对称性，当预测出查询集上的 mask 后，其实也可以用它来对查询集计算原型向量，并且将查询集上的各类别原型向量与支持集特征进行相似度计算。对于一个理想化的鲁棒的模型来说，用查询集原型向量预测出的支持集 mask 应该和真实的支持集 mask 也是一致的。这个过程就相当于将支持集与查询集的"身份"进行调换。将这样得到的支持集 mask 与真实的支持集mask 计算损失函数，就可以作为正则项约束模型的学习结果，使其更加鲁棒。这种循环一致性的正则项，在很多场景任务中都有应用。

另一种改进策略是对原型向量提取的优化。按照前述的框架，由于小样本的设定，支持集的目标非常有限，支持集和查询集中的目标可能在形态、角度等方面都有差异。原型向量是通过对支持集样本 mask 内的特征向量进行平均得到的，这种操作虽然可以获取目标类别的整体特征，但是也损失了空间位置的信息。而支持集 mask 本身是稠密标注的，因此可以通过某些方法减少 mask 平均池化对于各个位置的不同特征的信息损失。

一个比较经典的方案是 PMM（prototype mixture model）[20]。该方案参考高斯混合模型的基本思路，将原本的一个 mask 内提取一个原型向量改为提取多个原型向量，以期望不同的原型向量可以对不同的有代表性的部分进行表征，如图 3.34 所示。图 3.34（a）为 MAP 得到的单一原型向量；图 3.34（b）为多个有代表性的原型向量。

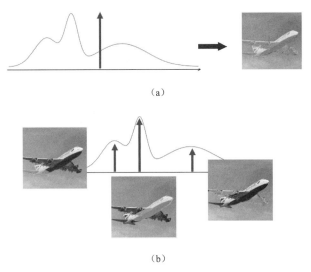

（a）

（b）

图 3.34　PMM 的原型向量提取

　　参考图 3.34，可以看到，PMM 模型中的核心模块就是利用 mask 内各个位置的特征向量求解多个原型向量。比如 mask 内的物体是一架飞机，那么我们期望的是多个原型向量可以分别代表机身、机翼等不同部分（区域）的特征。这样在与查询集进行匹配时，用对应于机翼的特征就可以更容易匹配到查询集的机翼部分，机身也是同理。如果直接将所有 mask 内的特征向量取平均，那么这两种差异较大的部分所独有的特征就会被同化，从而对于查询集的机身和机翼部分所计算出的相似度就不如直接用对应的部分分别计算的相似度。

　　为了让各个原型之间尽可能有代表性，就需要自适应地计算各个代表部分的原型向量。为了自适应地实现这种原型特征的计算，PMM 模型采用了 EM 算法对这些原型特征进行估计。对于每个 E-step，利用给定的模型参数和特征向量计算期望，然后在 M-step 中利用期望值更新平均向量。该模型整体的流程图如 3.35 所示。

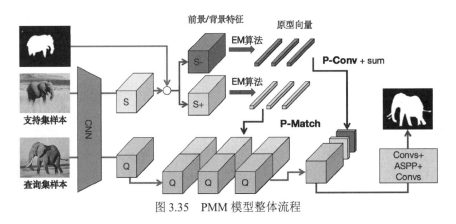

图 3.35　PMM 模型整体流程

　　可以看到，PMM 对前景和背景都计算了原型向量，用来作为对比，以增强对前景和背景的区分能力。得到前景和背景的两组原型向量后，又用两种操作与查询集特征进行融合，以指导查询集的分割，即图中的 P-Conv 和 P-Match。P-Conv 的过程与前面的模型的融合方式较为类似，即以原型向量作为参照直接与查询集特征图各个位置进行相乘，然后经过 softmax 转为概率图。这种操作本质上就是用得到的原型对查询集各个点进行分类；而 P-Match 操作将原型在空间方向上采样到查询集特征图的大小，然后再通道方向进行拼接，将拼接后的特征图再进行卷积。通过这种方式对与前景相近的通道进行激活，并对于背景相近的通道进行压制。最后将 P-Conv 和 P-Match 得到的结果进行融合，并经过 ASPP 等模块完成查询集样本的目标区域分割。

通过前面的模型思路我们可以看到，小样本分割的关键就是对于查询集样本与支持集样本的目标区域之间如何建立高效且鲁棒的相关性关系，从而可以利用这种相关性，找出查询集对应的区域。这个过程既需要匹配关系不能过拟合到某些类别，即类别无关（class agnostic），还需要足够精细，从而将查询集的目标完整准确地分割出来。按照之前的思路，对于支持集样本进行 MAP，提取原型向量，这种方法自然是损失了大量的空间信息和类内的不同特征信息。而 PMM 方法尽管一定程度上补偿了这种不同空间区域之间的信息差异，但是仍然有局限。为了让支持集的 mask 中的目标区域特征最大限度地发挥作用，最直接的想法就是将所有支持集 mask 内的特征分别与查询集中的各个点的特征计算相关性，将其视为一个逐点的匹配问题。

HSNet（hypercorrelation squeeze network）[21]就是基于这样的思路，对支持集样本目标区域与查询集样本进行密集相关性计算。HSNet 模型的计算流程如图 3.36 所示。

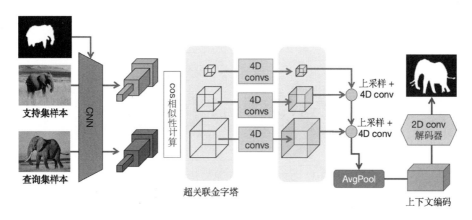

图 3.36　HSNet 模型的计算流程

和其他方法一样，HSNet 首先也是用 CNN 结构提取查询集样本和支持集样本的特征，然后，将查询集特征图和支持集（有效区域内）的特征图（都是二维的空间维度，第三维是特征维度）之间的位置两两计算余弦相似度，得到的相似度张量就是 4D 张量。将相同尺寸的关联张量拼接起来，不同尺寸分别计算组成金字塔，这样得到的就是一个超关联（hypercorrelation）金字塔。这种稠密计算可以建立起查询集和支持集样本各个区域之间的丰富的特征关联性，从而可以更好地用于指导查询图的分割。

但对于 4D 张量来说，一般需要 4D 卷积进行处理。这就带来了一些问题，首先是复杂度高，计算开销大，另外，对于高维度空间的卷积操作容易受到噪声干扰，导致过拟合和不鲁棒。为了解决这个问题，HSNet 提出了中心主元（center-pivot）4D 卷积方案。这种方案是与小样本分割的任务逻辑密切相关的，由于这里的 4D 张量是两个 2D 计算关联性得到的，而且大部分的位置其实关联性都较弱，也就是说经过 4D 卷积后激活函数值会比较低，我们需要关注的是激活函数值较高的少部分区域。因此，中心主元卷积的思路就是，一个 2D 中的点只需要与另一个 2D 中的对应位置的邻域进行计算，反之亦然。这样，由于高维度而带来的计算量的提升就可以被降低下来。后面经过特征金字塔融合的方式将所有得到的 4D 关联矩阵进行融合，并对支持集样本的 2D 维度进行压缩（用的是平均值池化操作）。压缩后就变成了和查询集样本大小一致的特征图，它的每个点表示的就是该位置与支持集目标区域的整体的相似程度。这个特征图经过 2D 的解码器处理后，就可以用来预测查询集样本的分割 mask。

3.3.2 弱监督语义分割任务与模型

下面，再来介绍另一种特殊设定的分割任务，即弱监督的语义分割（weakly supervised semantic segmentation）。它的基本出发点是通过非密集标注 mask 的某种弱标签来训练分割模型，用于输出像素级 mask。弱监督语义分割的主要目的仍然是用来减少标注成本和耗时，相比于对物体边缘进行绘制的精细标注，弱监督任务可以接受更加简单的标注信号，比如只标注图像中的出现的物体类别的图像级别（image level）标签，或者通过边界框（bounding box）将所需要分割的物体进行框选（这样就只需要标注两个点的坐标即可，比如左上角和右下角坐标即可确定一个矩形框），示例如图 3.37 所示。图 3.37（a）为图像级标注；图 3.37（b）为边界框标注。弱监督标注的一个挑战就是如何通过位置不精确甚至没有位置信息的标签，通过训练合理推断出目标应该在的位置及其边界区域。

（a）   （b）

图 3.37 弱监督语义分割的任务设定举例

下面就以图像级标注为例，来说明弱监督语义分割任务的解决思路，并介绍几个利用图像级标注做分割的经典模型。

图像级的弱标签对于分割问题的困难主要在于：无法像 mask 标注那样直接计算各位置的损失函数来优化模型；由于没有类别形状的参考，有时候难以准确定位目标边界。

首先，对于无法直接计算逐像素的损失函数来优化模型的问题，可以通过先用类别标签训练分类模型，然后用一定策略定位到与类别相关的关键特征区域，作为预测 mask 的基础。在前面的介绍中，已经说明了分割和分类任务具有一些共同点：分类模型可以看成对各个位置特征整合后再进行处理的结果。因此，对于图像级标注的样本，可以用来训练多类别分类模型，训练好的分类模型中实际上已经包含了一部分位置信息，那么重点就在于如何将这些位置信息进行提取。

一个经典的方案就是类别激活映射（class activation map），通常称为 CAM [22]。该方法的示意如图 3.38 所示。它的基本思路是这样的：既然 CNN 的中间层可以保留位置信息，但是通过多层全连接层后，这种位置信息被取消，从而整合成为全图的特征信息。如果将全连接层去掉，并且通过全局平均池化，即 GAP 层，就可以保留各个特征通道之间的独立性，然后对 GAP 后得到的特征向量进行一层全连接，并经过 softmax 将其映射到类别向量，也可以实现分类任务。

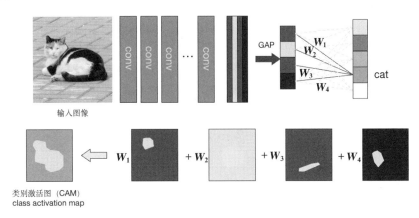

图 3.38　CAM 方案示意图

这个结构的一个优点在于它的可解释性，首先，最后一层全连接就是对 GAP 后的特征进行加权求和，对于目标类，可以找出这个权重向量，它表示的就是 GAP 前的特征图的各个通道对于判定为这个类别的影响大小。由于 GAP 前的特征图保留了空间信息，因此将这个权重直接对其加权求和，就得到了一个具有空间位置的类别激活图，对于判定为该类别影响较大的特征所对应的区域，由于被乘以了更大的权重，因此就会在这个类别激活图上表现得更显著。其计算方式为：

$$M(x,y) = \sum_k w_k \cdot f_k(x,y)$$

其中 w_k 是最后一层的权重向量的第 k 个元素，f_k 为 GAP 之前的特征图的第 k 个通道。

尽管 CAM 的方法简洁有效，但是它也有比较明显的缺陷，那就是对于网络来说，训练分类网络并不需要对整个物体的信息进行整合，而是只关注重点区域，这些区域已经包含了判断为该类别的充足信息，比如，想要分类为"猫"和"狗"这两个类别，可能头部的形状信息最具有辨识度，那么这样训练出来的分类模型可能只会关注到头部的特征，因此直接应用 CAM 无法将整个动物目标分割出来。这也就是前面提到的第二个问题，如何对某类别物体的边缘在没有 mask 指导的情况下进行修正（refine）。这种修正往往是通过将 CAM 定位的区域作为基准，结合图像特征进行某种扩散。最终达到一个合理的预测 mask。

这个 mask 由于比较粗糙，通常还无法直接作为最终预测结果，一般需要将这些 mask 作为伪 GT，再去训练一个分割模型。由于分割模型对于边界处理得更加准确，因此可以再对 mask 结果进行优化。

上述这种基于图像级标注进行弱监督分割的方法流程可以总结为如图 3.39 所示的结构。首先，用弱标签训练分类模型，并通过 CAM 定位到对应类别的激活区域，然后将激活区域进行扩展，生成伪标签。以这样得到的伪标签训练一个分割模型，得到最终的结果。这也是针对弱监督分割的比较经典和常用的策略，实际上后续也有一些工作尝试绕过生成伪标签+训练分割网络这两个步骤，直接用图像级像素指导得到分割 mask，这种方案可以提高训练的效率，但是也可能带来一定的精度的损失。

下面，就用几个案例来简单介绍弱监督的图像分割模型的设计思路与优化方向。首先是 PSA（pixel-level semantic affinity）模型[23]，或者以其提出的关键模块被称为 AffinityNet。该方法的主要改进还是对 CAM 提供的位置分布图的修正阶段。PSA 方法提出了像素级语义亲和性的概念，即两个像素点之间是否属于同一类别。并且以此为目标训练一个 AffinityNet 模型，用于识别两个像素点是否归属于同一类。PSA 的整体流程如图 3.40 所示。

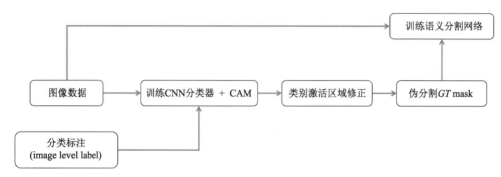

图 3.39 处理弱监督分割任务的流程图

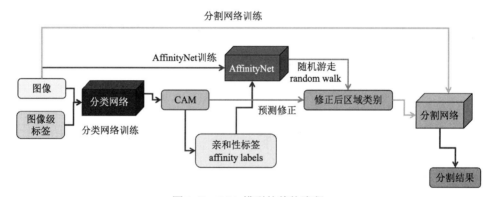

图 3.40 PSA 模型的整体流程

结合图 3.40 来详细说明一下该方案的流程。首先，沿用了多数图像级标注的弱监督分割模型的基本思路，先训练分类模型，并用 CAM 方法生成初始的类别激活信息，也就是各类目标在图中的位置和范围。虽然这个阶段得到的 CAM 图并不精确，但是那些高置信度类别激活区域还是相对可靠的，因此，我们将不同类别的高置信度区域进行保留，并通过局部采样的方式采集许多像素点对，并进行标记。标记方法是这样的：如果两个像素属于同一个类别，那么这两个点的亲和性就是 1，如果不属于同一个类别，则亲和性设置为 0。另外，对于那些不确定的区域（没有高置信度类别的），则认为是中性区域，如果这个像素点对中有属于中性区域的，则不参与训练。利用这个标签，即可训练一个与类别无关的 AffinityNet。训练完成后，AffinityNet 就可以用来计算局部像素点之间的语义亲和性，结合随机游走，就可以对 CAM 生成的预测结果进行修正。最后修正的分割 mask 被用来训练分割模型，得到最终的语义分割结果。

另一个方案的思路则更为简洁，称为随机擦除（adverserial erasing）。它的基本出发点是 CAM 更加注重易辨识特征区域的先验特点。既然 CAM 会因为最具辨识度的区域而忽略整体分割目标的其他位置，那么将这些区域在图像中"擦除"，就可以强迫网络去学习其他的区域，避免分类网络"走捷径"，只利用最容易的方法。举例来说，对于人的分类，可能分类模型会更多关注头部特征，因为头部特征比较统一且具有类别的特异性。而将头部区域覆盖掉以后，仍然用是否有人这个标签训练分类模型，网络就会被拟合到关于人这个类别的其他特征上，比如手臂、身体、腿部等等，这样就可以使 CAM 的区域覆盖更加完备。这个方法的基本流程如图 3.41 所示。

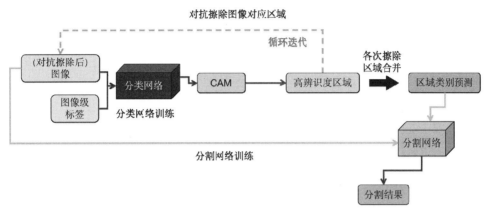

图 3.41　随机擦除方案的基本流程图

对照图 3.41，该方案首先仍然是沿用分类+CAM 的思路，得到 CAM 图。然后通过阈值将 CAM 中的高辨识度区域找出来，在图像中进行擦除。将得到的图像继续进入分类+CAM 网络进行训练，得到新的 CAM 图，此过程循环进行。经过多次迭代后，我们可以得到不同的判别区域，将这些区域进行合并，即可得到一个相比于初始 CAM 图的分割 mask 更优的结果。然后该优化的目标区域 mask 将用来训练分割网络。

3.3.3　交互式分割任务与模型

接下来介绍另一种特殊形式的分割任务：交互式分割（interactive segmentation）。实际上在前面介绍的 SAM 中，其实已经了解过一些过交互式分割的过程了（即 SAM 中将点击或者限定框作为提示输入的情况）。这里详细介绍交互式分割的基本任务设定与评价方法，并结合经典模型阐述处理该类任务的一般流程。

交互式分割是分割任务的一个子类，它的特殊性在于需要用户提供一定的信息，来标注感兴趣的目标区域，然后通过模型将对应的目标进行像素级的分割。这里的信息一般来说可以是点击（click），或者限定框（bounding box），或者是一些涂画（scribble）等等，如图 3.42 所示。图 3.42（a）为点击交互；图 3.42（b）为涂画交互；图 3.42（c）为限定框交互。

（a）　　　　　　　　（b）　　　　　　　　（c）

图 3.42　交互式分割的几种输入形态

以点击为例，如果想要在输入图像中把位于画面中的一只猫分割出来，那么可以在猫的目标区域内进行点击，标识为正样本，也就是说这个点属于想要的目标区域。然后模型可以根据点击的位置信息，结合输入图的语义信息，产生出一个分割 mask。如果这个 mask 少了一部分，那么还可以在没有被覆盖到的区域再进行一次点击，表示该点也应该属于目标区域，让模型修改输出的结果。反之，如果发现 mask 多覆盖了某部分，也可以在多出来的区域上点击，并标记为负样例，表示该点不属于目标区域。通过多次交互之后，一般就可以获得一个基本符合预期的分割 mask。这个过程如图 3.43 所示。图 3.43（a）为初始点击；图 3.43（b）为对缺失部分进行点击；图 3.43（c）为对多出部分进行负向点击；图 3.43（d）为得到的最终 mask。

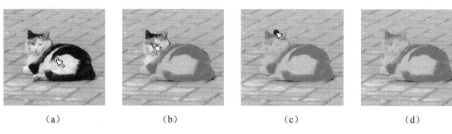

(a)　　　　　　　　(b)　　　　　　　　(c)　　　　　　　　(d)

图 3.43　点击交互式分割的基本流程

交互式分割在很多场景下可以改善传统分割方式（先定义类别再训练模型，然后固定模型对新数据进行预测）的缺陷，比如，传统分割往往只能针对定义好的某些类别进行处理，而交互式分割往往在训练过程中不指定类别，因此可以学到类别泛化性更强的特征，从而在新的场景和目标类别上也能有比较稳定的表现。另外，传统分割结果往往不能修改，只能根据输出的效果判断是否可以使用，而交互式分割则可以不断通过与模型的交互细化需求，使分割结果更符合目标。

相比对目标区域进行精细化地标注 mask（一般需要围绕着目标区域进行选点连线，形成一个贴合目标区域边界的复杂多边形），交互式分割产生 mask 的操作方式更加简单高效。因此，交互式分割可以被应用于分割模型的数据标注任务中，通过交互式模型的辅助，以前需要多次精确标点的过程可以被若干次不需要太精确的点击代替，从而大大提高标注效率，节省标注时间和人力成本。

交互式标注的任务目标就在于减少点击修改的次数，从而让模型能够在少量的交互下就可以分割得更加准确。基于这个考虑，针对点击交互式分割任务通常会采用 NoC@90 等作为评价指标，用来对比不同交互式分割方案的表现。这里的 NoC 指的是所需要的点击次数（number of click）。NoC@90 指的就是需要多少次点击可以使分割的 IoU 达到 90%（这里的 90 也可以是其他数值，含义类似）。由于在某些情况下，可能继续点击模型也不能或者很难收敛到 90% 的 IoU，为了便于计算和对比，这里的 NoC 一般需要设置一个阈值，超过阈值还未收敛的情况被认为是失败案例（failure case），失败案例的数量也可以在另一个方面衡量交互式模型的性能。

下面就以几个经典模型实例来介绍交互式分割的整体流程，以及可能遇到的问题与解决方法。

最初将点击信息融合到分割模型中的工作在 2016 年被提出[24]，它的主要方案就是用正负点击信息创建正负两个距离图（distance map），并且和原图一起在通道维度拼接起来，得到 5 通道的输入图，送入 FCN 网络进行 mask 预测。最后，还需要通过 GrabCut 对预测结果进行进一步修正。模型流程如图 3.44 所示。

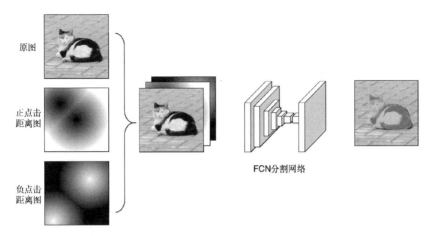

原图

正点击
距离图

负点击
距离图

FCN分割网络

图 3.44　利用正负距离图融合点击先验的交互式分割模型

这个模型的主要贡献就是用距离图将点击信息转化为空间先验。所谓的距离图就是与原图等尺寸的一张图（或者说 2D 矩阵），以正距离图为例，其每个点的值就是该点到已经标记的任何一个正点击（positive click）位置的欧氏距离的最小值，负距离图的计算也是类似。写成数学形式就是：

$$P(m,n) = \min_{(i,j)\in A} \sqrt{(m-i)^2 + (n-j)^2}$$

在实际操作中，为了数据存储，距离图被截断到 255。另外，如果没有负点击，那么负距离图就是一张全 255 的图。这种融合点击先验的方式被后面的很多模型保留并改进，逐渐成了交互式分割的一类典型方案。

另外一个比较经典的模型是 BRS（backpropagating refinement scheme）[25]，即反向传播修正。这个模型提出的一个动机在于，对交互式分割来说，所标记的正负点击位置不仅仅可以作为预测的指导，更重要的信息是这些点击直接给出了这些位置的 GT 标签。而对于上述的只将点击位置做成距离图融合进输入并进行反向传播的话，在训练好的模型进行测试的阶段，其实并不能保证在这些已经标记的位置可以预测准确。为了在测试时至少要保证这些已交互的点击位置能够得到用户预期的类别，就需要在测试时进行修正。理论上来说，这种修正可以有两种：修正距离图或者微调网络。在测试阶段微调网络是可能引起问题的，因为我们训练好的网络已经有一个比较准确的先验了，对其再进行微调可能会损失已学到的信息。因此，BRS 模型采用了修正距离图的策略。它的基本流程如图 3.45 所示。

BRS 的整个流程主要有以下几个步骤：首先，按照之前的模型的方式，将点击转化为距离图，并拼接后送入分割网络。然后，以点击位置的真实标签和预测结果计算损失函数，对距离图进行求导迭代修正（这里使用的是 L-BFGS 算法），使得损失函数减小，即点击位置符合预期。经过多次迭代处理后，修正后的距离图与原图共同组成的输入可以让分割网络的结果更加准确，弥补了单次前向传播的不足，更加充分利用了点击信息。

然而，BRS 的算法方案有一个重要的不足，那就是需要在实际使用的时候进行迭代反向传播。这个过程需要耗费时间，并且网络越大所需要的计算开销就越多，限制了分割模型的效果提升。为了解决这个问题，研究者对 BRS 进行了改进，即 f-BRS（f 指的是 feature，即特征层面）[26]。f-BRS 的模型结构与流程如图 3.46 所示。

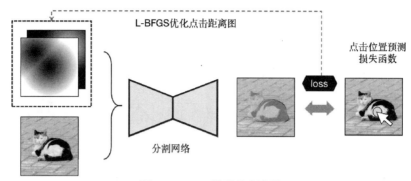

图 3.45　BRS 模型基本流程

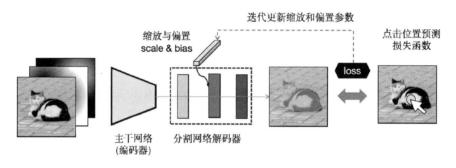

图 3.46　f-BRS 结构与计算流程

可以看出，f-BRS 的基本思路延续自 BRS，即针对每个样例单独进行迭代，使点击位置的标签更准确。但是不同于 BRS 一直反传到输入端去修改距离图，f-BRS 在分割模型较深层的位置加入了逐通道的缩放（scale）和偏置（bias）变量对特征图进行重参数化，用于在测试时反传修改。这种对特征图的修改是与空间位置无关的，而且只需要传播后面较少的几层即可。这种方案可以显著降低反传时间，提高交互效率。

第 4 章　语义分割项目实战

本章以三个语义分割实战任务为例，结合代码和实验，帮助大家熟悉语义分割任务的操作流程，以及相关实验方法。三个案例分别是基于 DeepLabV3+的宠物分割识别，Unet++模型的视网膜血管分割，以及通用分割模型 SAM 的分割实验与交互式分割应用。

4.1　DeepLabV3+网络的宠物分割识别

首先，我们以 DeepLabV3+模型为基础，通过一个对宠物图片的分割的实验任务，来详细了解在分割类项目实践过程中的基本流程与可能遇到的问题。常规的图像分割任务是基于有监督的方案，通常会利用应用比较广泛的经典分割模型获得基线效果，然后再根据任务需求和倾向及模型存在的问题进行迭代和调优。最后，将优化好的模型应用到实际的测试图像中，并根据业务收益评估模型的真实效果。对于一些通用任务，可以利用公开数据集进行训练，而对于一些特定要求的任务，还需要业务方对数据进行采集，并进行合理的人工标注，再由算法方进行筛选和格式转换，使其满足算法训练的要求。

在本实验中，主要关注整体流程的介绍，因此采用了公开数据集作为示例。首先，对实验用到的数据集，以及需要解决的问题进行简单介绍。

4.1.1　任务描述与数据集准备

本实验的任务是要对 Oxford-IIIT 宠物数据集中的动物类别进行识别，并对其进行分割。首先，我们对数据集进行简单介绍。Oxford-IIIT 宠物数据集是由牛津大学的 Visual Geometry Group 实验室开源的一个公开数据集，可以通过 https://www. robots .ox.ac.uk/~vgg/ data/pets/ 网址下载。该数据集共包含了 37 种不同类型的猫狗宠物，包括 12 种不同品种的猫，以及 25 种不同品种的狗，每个种类有大约 200 张图片，总共 7 000 多张图像数据。图 4.1 所示为 Oxford-IIIT 的宠物数据集图片。

图 4.1　Oxford-IIIT 宠物数据集概览

这些图像数据包含了不同的光照、尺寸和姿态，并且都有对应的标注。标注包括品种类别，头部的 ROI 框，以及像素级别的三元图（trimap，即为每个像素标记前景、背景和边界）。我们用像素级标注的三元图将其转为分割 mask，用于对网络进行训练。

在训练之前，需要将下载得到的数据集拆分成训练集和验证集，用训练集对模型进行训练，并通过验证集确定评估当前模型效果。数据集拆分的脚本见代码 4.1（该脚本位置在代码库的 scripts/pet_split_train_val.py）。

代码 4.1　对 Oxford-IIIT 数据集进行训练集、验证集拆分

```
1.  import os
2.  import os.path as osp
3.  import cv2
4.  import numpy as np
5.  from tqdm import tqdm
6.  from PIL import Image
7.  from sklearn.model_selection import train_test_split
8.
9.  def parse_list_txt(filename):
10.     info_dict = dict()
11.     corrupted_imgs = set([
12.         'Egyptian_Mau_14',
13.         'Egyptian_Mau_186',
14.         'Abyssinian_5'
15.     ])
16.     with open(filename, 'r') as f:
17.         info = f.readlines()[6:]
18.         cls_hist = [0 for _ in range(37)]
19.         for ln in info:
20.             lnls = ln.strip().split(' ')
21.             imname, clsid, _, _ = lnls
22.             if imname in corrupted_imgs:
23.                 print(f"[parse_list_txt] corrupted data {imname}, skip")
24.                 continue
25.             # clsid starts from 1 to 37
26.             # 0 is for background
27.             clsid = int(clsid)
28.             cls_hist[clsid - 1] += 1
29.             info_dict[imname] = clsid
30.     print(f"[parse_list_txt] num of images {len(info_dict)}")
31.     for i in range(37):
32.         print(f"[parse_list_txt] class_{i+1}: {cls_hist[i]}")
33.     return info_dict
34.
35. def trimap_to_mask(inpath, outpath, info_dict):
36.     mask = cv2.imread(inpath)[:,:,0]
37.     imname = osp.basename(inpath).split('.')[0]
38.     clsid = info_dict[imname]
39.     mask[mask > 1] = 0
40.     mask = mask * clsid
41.     cv2.imwrite(outpath, mask)
```

```
42.
43. ##############################
44. #    START PROCESSING HERE    #
45. ##############################
46.
47. BASE_DIR = '/home/jzsherlock/datasets'
48. img_dir = osp.join(BASE_DIR, 'OxfordIIITPet/images')
49. lbl_dir = osp.join(BASE_DIR, 'OxfordIIITPet/annotations/trimaps')
50. output_dir = osp.join(BASE_DIR, 'OxfordIIITPet_SPLIT')
51. list_txt_filename=osp.join(BASE_DIR,'OxfordIIITPet/annotations/list.txt')
52.
53. info_dict = parse_list_txt(list_txt_filename)
54. val_ratio = 0.2
55.
56. os.makedirs(osp.join(output_dir, 'train_split/images'), exist_ok=True)
57. os.makedirs(osp.join(output_dir, 'train_split/masks'), exist_ok=True)
58. os.makedirs(osp.join(output_dir, 'valid_split/images'), exist_ok=True)
59. os.makedirs(osp.join(output_dir, 'valid_split/masks'), exist_ok=True)
60.
61. train_ids, val_ids = train_test_split(range(len(info_dict)), \
62.                     test_size=val_ratio, random_state=42)
63. print(f"num train: {len(train_ids)} num val: {len(val_ids)}")
64.
65. imnames = list(info_dict.keys())
66.
67. for i in tqdm(range(len(info_dict))):
68.     impath = osp.join(img_dir, imnames[i] + '.jpg')
69.     lblpath = osp.join(lbl_dir, imnames[i] + '.png')
70.     if i in train_ids:
71.         img = Image.open(impath).convert("RGB")
72.         img.save(osp.join(output_dir,\
73.                     'train_split/images', imnames[i] + '.jpg'))
74.         trimap_to_mask(lblpath,
75.             osp.join(output_dir,'train_split/masks',imnames[i]+'.png'),info_
    dict)
76.     else:
77.         assert i in val_ids
78.         img = Image.open(impath).convert("RGB")
79.         img.save(osp.join(output_dir,\
80.                     'valid_split/images', imnames[i] + '.jpg'))
81.         trimap_to_mask(lblpath,
82.             osp.join(output_dir,'valid_split/masks',imnames[i]+'.png'),info
    _dict)
83.
84. print('[jzsherlock] all done, everything fine.')
85.
```

由于数据集中的部分数据有损坏，因此需要首先过滤掉这些数据，然后，根据文件名中的类别 id 和对应的 mask 图像，得到多分类的 mask。最后利用 sklearn 库中的 train_test_split 函数，将所有数据划分为训练集和验证集，并存放在不同的文件夹中。最终的数据集文件结构如下：

```
datasets
└── OxfordIIITPet_SPLIT
        └── train_split
                ├── images
                └── masks
        └── valid_split
                ├── images
                └── masks
```

4.1.2　代码库基本情况说明

我们采用一个简单的图像语义分割代码库，来说明实现语义分割任务的基本模块和整个流程的步骤。代码库下载网址：https://github.com/jzsherlock4869/image-segmentation- pipeline。首先通过 Git 相关命令将其 clone 到本地，并安装相关所需的依赖库。相关命令见代码 4.2。

代码 4.2　拉取代码库到本地并安装依赖库

```
1.  gitclonehttps://github.com/jzsherlock4869/image-segmentation-pipeline.git
2.  cd image-classification-pipeline
3.  pip install -r requirements.txt
```

整个代码库的结构如下：

```
archs # 网络结构定义
data # 数据集读取相关模块，即 Dataset 和 Dataloader
    data_augment # 训练时的数据增强模块
    simple_folder_dataloader.py # 示例 Dataloader，用于图像和 mask 分别放在两
个对应文件夹
    infer_single_dataloader.py # 示例无标签 Dataloader，用于推理阶段
datasets # 可以存放训练数据集，或者数据集的连接
losses # 定义损失函数
metrics # 定义评估指标
models # 模型定义，包括训练推理及各个部件的组装
options # 训练和测试的配置文件
    train
    test
scripts # 其他相关脚本，比如数据集划分，结果验证等
utils # 其他工具类模块代码
train_imgseg.py # 训练脚本
test_imgseg.py # 测试脚本
```

从设计思路上来说，为了方便各个模块的独立修改，并且使各个模块都可以选择采用 PyTorch 或者其他主流库中的默认配置还是进行自定义，整个代码库将不同的部分进行拆分，并分别放在不同的位置。对于训练过程来说，首先通过调用 train_imgseg.py 执行计算，整个脚本主要包括解析配置文件，并调用 models 中的模型的初始化和训练函数执行训练流程，测试过程的 test_imgseg.py 脚本也是同理。因此，模型文件的功能函数决定了模型训练和预测的方式。代码库中定义了一个基本的有监督训练的图像分割模型类，其主要包括以下几个主要的成员函数：

1. prepare_training

用于根据解析出的配置，加载网络结构、数据读取、优化器、学习率控制器等基础模块。

函数内容见代码 4.3。

代码 4.3　BaselineModel 中的 prepare_training 函数内容

```
1.     def prepare_training(self):
2.         self.opt_train = self.opt['train']
3.         self.max_perf = 0.0
4.         os.makedirs(self.opt['log_dir'], exist_ok=True)
5.         log_path = osp.join(self.opt['log_dir'], self.opt['exp_name'])
6.         self.writer = SummaryWriter(log_path)
7.         # prepare dataloader
8.         self.train_loader,self.val_loader=self.get_trainval_dataloaders(self.
    opt_dataset)
9.         # prepare network for training
10.        opt_model_arch = deepcopy(self.opt_train['model_arch'])
11.        arch_type = opt_model_arch.pop('type')
12.        load_path = opt_model_arch.pop('load_path') if 'load_path' in opt_
    model_arch else None
13.        self.network=self.get_network(arch_type,load_path,**opt_model_arch).to
    (self.device)
14.        if self.opt['multi_gpu']:
15.            self.network = nn.DataParallel(self.network)
16.        self.network.train()
17.        # prepare optimizer and corresponding net params
18.        opt_optim = deepcopy(self.opt_train['optimizer'])
19.        optim_type = opt_optim.pop('type')
20.        optim_params = []
21.        for k, v in self.network.named_parameters():
22.            if v.requires_grad:
23.                optim_params.append(v)
24.            else:
25.                print(f'Params {k} will not be optimized.')
26.        self.optimizer=self.get_optimizer(optim_type,optim_params,**opt_
    optim)
27.        # prepare lr scheduler
28.        opt_scheduler = deepcopy(self.opt_train['scheduler'])
29.        scheduler_type = opt_scheduler.pop('type')
30.        self.scheduler=self.get_scheduler(scheduler_type,self.optimizer, **opt_s
    cheduler)
31.        # prepare criterion
32.        self.criterion=self.get_criterion(self.opt_train['criterion'])
33.        # prepare metric for evaluation
34.        opt_metric = deepcopy(self.opt_train['metric'])
35.        metric_type = opt_metric.pop('type')
36.        self.metric=self.get_metric(metric_type,num_classes=self. opt_train
    ['model_arch']['classes'])
37.
```

2. 数据读取函数 get_trainval_dataloaders

用于解析配置文件，并利用 getattr 和 importlib 的 import_module，根据配置文件中的模块名称和配置参数动态加载对象，这种设置方式便于自定义文件和模块，以及对应自定义其输入参数。

该函数可以得到对应的 Dataloader，用于批量加载数据。函数的内容见代码 4.4。

代码 4.4　BaselineModel 中的 get_trainval_dataloaders 函数内容

```
1.    def get_trainval_dataloaders(self, opt_dataset):
2.        opt_train = deepcopy(opt_dataset['train_dataset'])
3.        opt_val = deepcopy(opt_dataset['val_dataset'])
4.        train_type = opt_train.pop('type')
5.        val_type = opt_val.pop('type')
6.        opt_train['phase'] = 'train'
7.        opt_val['phase'] = 'valid'
8.        train_loader=getattr(importlib.import_module('data'),train_type)(opt_train)
9.        val_loader=getattr(importlib.import_module('data'),val_type)(opt_val)
10.       return train_loader, val_loader
```

3．网络结构加载函数 get_network

该函数用于动态加载在 archs 中定义好的网络结构。该网络结构可以用 segmentation_models_pytorch（即 smp 模块，代码库下载网址为：https://github.com/qubvel/ segmentation_models.pytorch/）中的网络或者 mmsegmentation（https://github.com/open-mmlab/ mmsegm entation）中网络对一些通用的经典的模型进行定义或修改，也可以直接用 PyTorch 原生模块搭建自定义的结构。函数内容见代码 4.5。

代码 4.5　BaselineModel 中的 get_network 函数内容

```
1.    def get_network(self, arch_type, load_path, **kwargs):
2.        # get torch original lr_scheduler based on their names
3.        network=getattr(importlib.import_module('archs'),arch_type)(** kwargs)
4.        if load_path is not None:
5.            network = load_network(network, load_path)
6.            print(f"[MODEL]Locallyloadpretrainednetworkfrom{load_path}")
7.        else:
8.            print(f"[MODEL] Locally network train from scratch")
9.        return network
```

4．优化器、学习率控制器、优化目标及评测指标模块导入的相关函数

类似上述网络结构加载方式，用于指定训练和验证的具体操作。函数的内容见代码 4.6。

代码 4.6　训练和验证相关模块导入函数

```
1.    def get_optimizer(self, optim_type, params, lr, **kwargs):
2.        # get torch original optimizers based on their names
3.        # e.g. Adam, AdamW, SGD ...
4.        optimizer=getattr(importlib.import_module('torch.optim'),optim_type)(params, lr, **kwargs)
5.        return optimizer
6.
7.    def get_scheduler(self, scheduler_type, optimizer, **kwargs):
8.        # get torch original lr_scheduler based on their names
9.        #e.g.CosineAnnealingWarmRestarts, MultiStepLR, ExponentialLR ...
10.       sch_cls=getattr(importlib.import_module('torch.optim.lr_scheduler'),scheduler_type)
11.       scheduler = sch_cls(optimizer, **kwargs)
```

```
12.            return scheduler
13.
14.        def get_criterion(self, opt_criterion):
15.            # TODO: add iou-based criterions
16.            crit_type = opt_criterion.pop('type')
17.            if crit_type.lower() == 'celoss':
18.                loss_func = nn.CrossEntropyLoss(**opt_criterion)
19.            elif crit_type.lower() == 'softceloss':
20.                loss_func = SoftCrossEntropyLoss(**opt_criterion)
21.            elif crit_type.lower() == 'diceloss':
22.                loss_func = DiceLoss(**opt_criterion)
23.            elif crit_type.lower() == 'softce_diceloss':
24.                loss_func = SoftCrossEntropy_DiceLoss(**opt_criterion)
25.            else:
26.                raise NotImplementedError(f'loss func type {crit_type} is currently
    not supported')
27.            return loss_func
28.
29.        def get_metric(self, metric_type, **kwargs):
30.            metric = SegMetricAll(metric_type=metric_type, **kwargs)
31.            return metric
32.
```

5. train_epoch 和 eval_epoch

训练和验证的计算流程函数 train_epoch 和 eval_epoch（以及在 eval_epoch 中调用的模型保存函数 save_model），调用一次则对训练集或验证集中的所有数据全部完成一轮训练或验证。在验证过程中，利用设定好的 metrics 对计算验证集的效果，并对模型进行保存，具体见代码 4.7。

代码 4.7 训练、验证与模型保存

```
1.        def train_epoch(self, epoch_id):
2.            self.network.train()
3.            batch_size = self.opt_dataset['train_dataset']['batch_size']
4.            loss_tot_avm = AverageMeter()
5.            pbar=tqdm(enumerate(self.train_loader),total=len(self.train_ loader))
6.            iters_per_epoch = len(self.train_loader)
7.            for iter_idx, batch in pbar:
8.                # load data mini-batch
9.                img, label = batch['img'], batch['label']
10.               img, label = img.to(self.device), label.to(self.device)
11.               # start optimize
12.               self.optimizer.zero_grad()
13.               probs = self.network(img)
14.               loss = self.criterion(probs, label)
15.               loss.backward()
16.               self.optimizer.step()
17.
18.               loss_tot_avm.update(loss.detach().item(), batch_size)
19.               pbar.set_postfix(Loss=loss_tot_avm.avg,
20.                                Epoch=epoch_id,LR=self.optimizer.param _groups
```

```
        [0]['lr'])
21.
22.              self.writer.add_scalar('loss/loss', l
23.                          oss_tot_avm.avg,epoch_id*iters_per_epoch +iter_
    idx)
24.              self.writer.add_scalar('learning_rate',
25.                          self.optimizer.param_groups[0]['lr'],
26.                          epoch_id * iters_per_epoch + iter_idx)
27.
28.          self.scheduler.step()
29.
30.      # eval after one epoch
31.      def eval_epoch(self, epoch_id):
32.          self.network.eval()
33.          self.metric.reset()
34.          print(f"[MODEL] Begin evaluation ...")
35.          with torch.no_grad():
36.              pbar=tqdm(enumerate(self.val_loader),total=len(self.val_ loader))
37.              for iter_id, batch in pbar:
38.                  img, label = batch['img'], batch['label']
39.                  img, label = img.to(self.device), label.to(self.device)
40.                  probs = self.network(img)
41.                  pred = torch.max(probs, dim=1)[1]
42.                  self.metric.update(label, pred)
43.                  pbar.set_postfix(Idx=iter_id,NumSamples=self.metric. num_sample())
44.          # finished all eval images, summarize
45.          cur_perf_all = self.metric.calc()
46.          cur_perf = cur_perf_all[self.opt_train['metric']['type']]
47.          print("\n\t >>> [MODEL] Evaluate Summary:")
48.          print(f"Epoch{epoch_id},total{len(self.val_loader)}evalimages,"
49.              f" Metric Type: {self.opt_train['metric']}"
50.              f" Eval Score: {cur_perf}")
51.          self.writer.add_scalar(f'eval/{self.opt_train["metric"]}', cur_perf,
    epoch_id)
52.          if cur_perf > self.max_perf:
53.              print(f"[MODEL] New best performance "\
54.                      f"Epoch{epoch_id}Metric{cur_perf},save and update")
55.              self.save_model(epoch_id, self.opt_train['metric']['type'],
56.                          cur_perf, copy_best=True)
57.              self.max_perf = cur_perf
58.
59.      def save_model(self,epoch_id,val_metric_type,val_metric,copy_best= True):
60.          save_dir = osp.join(self.opt['save_dir'], self.opt['exp_name'], 'ckpt')
61.          os.makedirs(save_dir, exist_ok=True)
62.          save_path=osp.join(save_dir,f'epoch{epoch_id:05}_{val_metric_type}
    {val_metric:.4f}.pth.tar')
63.          torch.save(self.network.state_dict(), save_path)
64.          if copy_best:
65.              best_path = osp.join(save_dir, 'best.pth.tar')
66.              torch.save(self.network.state_dict(), best_path)
```

```
67.        return save_path
68.
```

6. 推理阶段调用的 inference 函数

该函数在训练好模型后，对测试集（无 GT 标签）进行推理并得到预测结果时被调用。该函数的主要作用即读入输入图像，并进行网络推理输出分割结果，并将预测得到的 mask 保存到指定路径下。这里的 mask 可以保存为方便可视化的彩图，或者方便直接读取调用的类别编号图，具体使用见代码 4.8。

代码 4.8　模型推理函数

```
1.      def inference(self):
2.          iscolor = self.opt['infer']['output_color']
3.          if iscolor:
4.              SEG_COLORMAP = generate_random_colormap(self.opt['model_arch']
    ['classes'])
5.          opt_test = deepcopy(self.opt['datasets']['test_dataset'])
6.          test_type = opt_test.pop('type')
7.          self.test_loader=getattr(importlib.import_module('data'),test_ type)
    (opt_test)
8.          # prepare network for inference
9.          opt_model_arch = deepcopy(self.opt['model_arch'])
10.         arch_type = opt_model_arch.pop('type')
11.         load_path = opt_model_arch.pop('load_path') if 'load_path' in opt_
    model_arch else None
12.         self.network=self.get_network(arch_type,load_path,**opt_model _arch).
    to(self.device)
13.         self.network.eval()
14.         vis_dir = osp.join(self.opt['result_dir'], self.opt['exp_name'],
    'visualization')
15.         os.makedirs(vis_dir, exist_ok=True)
16.         print(f"[MODEL] Begin inference ...")
17.         # result_df = pd.DataFrame()
18.         with torch.no_grad():
19.             pbar=tqdm(enumerate(self.test_loader),total=len(self.test_loader))
20.             for iter_id, batch in pbar:
21.                 img = batch['img'].to(self.device)
22.                 img_path = batch['img_path'][0]
23.                 ori_size_wh = batch['ori_size_wh']
24.                 ori_size_wh=(ori_size_wh[0].item(),ori_size_wh[1].item())
25.                 imname = osp.basename(img_path)
26.                 probs = F.softmax(self.network(img), dim=1)
27.                 pred_clsmap_ten=torch.argmax(probs,dim=1,keepdim=False)[0]#
    class map (h, w)
28.                 pred_clsmap=pred_clsmap_ten.detach().cpu().numpy().astype
    (np.uint8)
29.                 pred_clsmap = np.array(Image.fromarray(pred_clsmap)\
30.                                     .resize(ori_size_wh, resample=0))  # 0 for
    nearest
31.                 if iscolor:
32.                     pred_mask = SEG_COLORMAP[pred_clsmap]
```

```
33.            else:
34.                pred_mask = pred_clsmap
35.            mask_img = Image.fromarray(pred_mask)
36.            output_path=osp.join(vis_dir,imname.split('.')[0]+'.png')
37.            mask_img.save(output_path)
38.            pbar.set_postfix(Idx=iter_id)
```

对于该数据集，由于已经将其整理为符合默认的 Dataloader 所需的形式，因此只需要对配置文件进行修改，即可开始训练和验证。

4.1.3　相关配置文件配置与训练

下面我们根据任务需求修改配置文件。首先，在 options/train 文件夹下新建一个配置文件 001_pet_deeplabv3p.yml，具体内容见代码 4.9。

代码 4.9　DeepLabV3+训练 Oxford-IIIT 数据集

```
1.  exp_name: ~
2.  model_type: BaselineModel
3.  log_dir: ./tb_logger
4.  save_dir: ../exps_pet_test
5.  device: cuda
6.  multi_gpu: false
7.
8.  datasets:
9.    train_dataset:
10.     type: SimpleFolderDataloader
11.     dataroot_img: ../../datasets/OxfordIIITPet_SPLIT/train_split/images
12.     dataroot_lbl: ../../datasets/OxfordIIITPet_SPLIT/train_split/masks
13.     img_exts: ['jpg']
14.     lbl_exts: ['png']
15.     augment:
16.       augment_type: simple_aug
17.       size: 512
18.     batch_size: 8
19.     num_workers: 4
20.
21.   val_dataset:
22.     type: SimpleFolderDataloader
23.     dataroot_img: ../../datasets/OxfordIIITPet_SPLIT/valid_split/images
24.     dataroot_lbl: ../../datasets/OxfordIIITPet_SPLIT/valid_split/masks
25.     img_exts: ['jpg']
26.     lbl_exts: ['png']
27.     augment:
28.       augment_type: simple_aug
29.       size: 512
30.
31. train:
32.   num_epoch: 500
33.   model_arch:
34.     type: SMPArch
```

```
35.      load_path: ~
36.      backbone: DeepLabV3Plus
37.      in_channels: 3
38.      encoder_name: resnet50
39.      classes: 38
40.
41.  optimizer:
42.      type: Adam
43.      lr: !!float 1e-4
44.      weight_decay: 0
45.      betas: [0.9, 0.99]
46.
47.  scheduler:
48.      type: MultiStepLR
49.      milestones: [100, 200, 300, 400]
50.      gamma: 0.5
51.
52.  criterion:
53.      type: celoss
54.
55.  metric:
56.      type: miou
57.
58. eval:
59.    eval_interval: 10
60.
```

配置文件中首先设置了模型类型为 BaseModel，以及存放 log（可以通过 tensorboard 查看）的文件夹 tb_logger，save_dir 是用于保存模型文件的路径，其中每个实验（对应每个配置文件）都会建立一个与 yml 文件同名的子文件夹用于存放训练结果。device 和 multi_gpu 是设置训练设备，如果有 GPU 则可以将 device 设置为 cuda，如果有多卡还可以设置 multi_gpu=True，同时在训练时用 CUDA_VISIBLE_DEVICES 指定需要用哪几张卡进行训练。

完成了基本配置后，剩下的配置主要分为三个大的部分：数据集、模型结构及训练策略。首先，数据集中需要设置训练集和验证集的基本情况，包括图像和真实 mask 文件所在的位置及对应的文件类型（扩展名），并且通过 augment 参数确定了其使用的数据增强方法，这里作为基线测试，使用了 simple_aug，即相对较弱的训练时数据增强，后面我们将会展示这个数据增强的基本操作。然后是模型结构部分，即 model_arch 参数。其 type 为 SMPArch，表示采用了 segmentation_models_pytorch，即 smp 开源分割代码库中定义的网络结构，这里是 DeepLabV3+，并对应修改了其 classes 变量，即输出的类别数。除了网络模型结构外，还要定义优化器（这里用的是 Adam），学习率策略（这类用了 MultiStepLR，即对训练总迭代数分段，同一段中用相同的 lr，同时 lr 逐渐减小，gamma 为减小的倍率），训练损失函数（CELoss）与验证指标（mIoU）。最后，eval_interval 控制每几个 epoch 进行一次验证集计算并输出验证结果。

4.1.4　基线网络训练效果测试

按照上述配置我们可以训练出一个基线网络，训练过程打印的内容如下：

```
[MODEL] Locally network train from scratch

[TRAIN] Epoch 0/500
100%|          | 734/734 [02:47<00:00,  4.38it/s, Epoch=0, LR=0.0001,
Loss=1.8]


......

[TRAIN] Epoch 499/500

100%|          | 734/734 [02:52<00:00,  4.25it/s, Epoch=499, LR=6.25e-6,
Loss=0.12]


[EVAL] Epoch 499/500
[MODEL] Begin evaluation ...
100%|          |    1470/1470    [00:24<00:00,     60.14it/s,   Idx=1469,
NumSamples=1470]

      >>> [MODEL] Evaluate Summary:
   Epoch 499, total 1470 eval images,  Metric Type:{'type': 'miou'}  Eval Score:
0.7752998105996457
   [JZSHERLOCK] all done, everything ok
```

训练完成后，即可利用训练好的模型进行预测。预测需要在 options/test 中新建一个名为 test_001.yml 的配置文件，这个文件的内容见代码 4.10。

代码 4.10　模型预测配置文件

```
1.  exp_name: ~
2.  model_type: BaselineModel
3.  result_dir: ../infer_pet_test
4.  device: cuda
5.  multi_gpu: false
6.
7.  datasets:
8.    test_dataset:
9.      type: InferSingleDataloader
10.     dataroot_img: ../../datasets/OxfordIIITPet_SPLIT/valid_split/images
11.     augment:
12.       augment_type: simple_aug
13.       size: 512
14.
15. model_arch:
16.   type: SMPArch
17.   load_path: ../exps_pet_test/001_pet_deeplabv3p/ckpt/best.pth.tar
18.   backbone: DeepLabV3Plus
19.   in_channels: 3
```

```
20.    encoder_name: resnet50
21.    classes: 38
22.
23. infer:
24.    output_color: false
25.
```

这里我们仅仅需要导入 test_dataset 即
可，并且只需要图像不需要对应 mask（在实
际的测试阶段只有图像），然后采用与训练相
同的模型结构，并加载训练好的模型。预测
结果的样例如图 4.2 所示。

由于这里的预测结果是在验证集的结
果，因此可以与对应的真实 mask 进行对照，
并计算其评估效果。这个过程的整体流程就
是读取 GT 和预测两个文件夹下的对应 mask

图 4.2　DeepLabV3+基线模型预测结果样例

图像，并利用 SegMetricAll 计算相关评估分数。代码 4.11 展示了部分内容，全部代码可参考
配套资源中的 scripts/pet_validate_model.py 文件。

代码 4.11　预测结果评估代码

```
1.  import os
2.  import os.path as osp
3.  import cv2
4.
5.  import torch
6.  from glob import glob
7.  import sys
8.  sys.path.append(osp.dirname(osp.dirname(osp.abspath(__file__))))
9.  from metrics.all_metric import SegMetricAll
10. import matplotlib.pyplot as plt
11.
12. pred_mask_dir = "../../infer_pet_test/test_001/visualization"
13. gt_mask_dir = "../../../datasets/OxfordIIITPet_SPLIT/valid_split/masks"
14.
15. pred_list = list(glob(osp.join(pred_mask_dir, '*.png')))
16. pred_list = sorted(pred_list)
17. gt_list = list(glob(osp.join(gt_mask_dir, '*.png')))
18. gt_list = sorted(gt_list)
19.
20. meter = SegMetricAll(num_classes=38, metric_type='miou')
21.
22. assert len(pred_list) == len(gt_list), f"{len(pred_list)}, {len(gt_list)}"
23. for i in range(len(pred_list)):
24.     pred_path = pred_list[i]
25.     gt_path = gt_list[i]
26.     assert osp.basename(pred_path) == osp.basename(gt_path)
27.     pred = cv2.imread(pred_path, cv2.IMREAD_UNCHANGED)
28.     gt = cv2.imread(gt_path, cv2.IMREAD_UNCHANGED)
```

```
29.    tensor_pred = torch.from_numpy(pred)
30.    tensor_gt = torch.from_numpy(gt)
31.    tensor_pred = tensor_pred.unsqueeze(0).unsqueeze(0)
32.    tensor_gt = tensor_gt.unsqueeze(0).unsqueeze(0)
33.    meter.update(tensor_gt, tensor_pred)
34.
35. acc = meter._calc_acc()
36. miou = meter._calc_miou()
37. fwiou = meter._calc_fwiou()
38. print(f"[Result Dir] {pred_mask_dir}")
39. print(f"[Metrics] Acc: {acc:.4f}")
40. print(f"mIoU: {miou['miou']:.4f} \n")
41. print(f"FWIoU: {fwiou['fwiou']:.4f} \n")
42. print("IoUs of each c: \n", miou['ious'])
43. print("freqs of each c: \n", fwiou['freq'])
44. # plot as histograms
45. os.makedirs(osp.join(pred_mask_dir, 'plots'), exist_ok=True)
46. fig = plt.figure(figsize=(5,5))
47. plt.stem(miou['ious'])
48. plt.title('IoU for each category')
49. plt.savefig(osp.join(pred_mask_dir, 'plots/ious.png'))
50. fig = plt.figure(figsize=(5,5))
51. plt.stem(fwiou['freq'])
52. plt.title('freq for each category')
53. plt.savefig(osp.join(pred_mask_dir, 'plots/freqs.png'))
54.
```

计算结果如下：

```
[Result Dir] ../../infer_pet_test/test_001/visualization
[Metrics] Acc: 0.9425
mIoU: 0.7823


FWIoU: 0.8977


IoUs of each c:
 [0.94010206 0.78867597 0.75968958 0.37428562 0.72290489 0.75650154
 0.69051138 0.86193366 0.64926676 0.82537131 0.86230339 0.71414143
 0.331828   0.71470682 0.76985163 0.77723081 0.79661104 0.83431165
 0.85605586 0.84850103 0.89600732 0.85562857 0.64017146 0.81416383
 0.8829352  0.85980127 0.89524709 0.84075552 0.84583172 0.87321521
 0.80233163 0.82600116 0.83129988 0.85229407 0.82736804 0.69570278
 0.78279342 0.83209423]
freqs of each c:
 [0.7113856  0.0092315  0.00960869 0.00533236 0.00777374 0.00489286
 0.00476377 0.01008419 0.00627279 0.00708631 0.01112522 0.00595504
 0.0057712  0.00766835 0.00626382 0.00809731 0.00737556 0.01095889
 0.00835423 0.0081127  0.0073336  0.00912403 0.00425171 0.00721974
 0.01515022 0.00903586 0.00498612 0.00931808 0.0080866  0.00971646
 0.00703682 0.00896669 0.00916419 0.00633128 0.00754216 0.00893874
 0.00633541 0.00534818]
```

可以看出，该模型可以相对准确地预测目标的类别（mIoU: 0.7823, FWIoU: 0.8977），并分割出其整体轮廓。我们以该模型为基准，尝试其他可以对其优化的方案和策略。

4.1.5　实验优化与结果分析

首先，我们从数据增强的角度对模型训练进行优化。由于上面的基线模型仅仅采用了 simple_aug，具体见代码 4.12。

代码 4.12　simple_aug 数据增强代码

```
1.  import albumentations as A
2.  from albumentations.pytorch import ToTensorV2
3.
4.  def train_augment(size):
5.     aug = A.Compose([
6.          A.Resize(size, size),
7.          A.RandomResizedCrop(size, size),
8.          A.Transpose(p=0.5),
9.          A.HorizontalFlip(p=0.5),
10.         A.VerticalFlip(p=0.5),
11.         A.ShiftScaleRotate(p=0.25),
12.         A.RandomRotate90(p=0.25),
13.         A.Normalize(
14.             mean=[0.485, 0.456, 0.406],
15.             std=[0.229, 0.224, 0.225],
16.             max_pixel_value=255.0,
17.             p=1.0
18.             ),
19.         ToTensorV2(p=1.0),
20.     ], p=1.)
21.
22.     return aug
23.
24.
25. def val_augment(size):
26.
27.     aug = A.Compose([
28.          A.Resize(size, size),
29.          A.Normalize(
30.             mean=[0.485, 0.456, 0.406],
31.             std=[0.229, 0.224, 0.225],
32.             max_pixel_value=255.0,
33.             p=1.0
34.             ),
35.         ToTensorV2(p=1.0),
36.     ], p=1.)
37.
38.     return aug
39.
```

計算机视觉实战——语义分割与目标检测

这里的数据增强采用了 albumentations 库（文档参见：https://albumentations.ai/docs）中的相关函数，函数中的 *p* 值表示采用该操作的概率。该增强对于训练数据的增强较为有限，仅包含了一些基本的图像平移、翻转等操作。下面我们定义一个新的增强函数，即 strong_aug.py，这个数据增强函数增加了更多对于图像底层内容的变换操作。具体见代码 4.13。

代码 4.13　strong_aug 数据增强代码

```
1.  import albumentations as A
2.  from albumentations.pytorch import ToTensorV2
3.
4.  def train_augment(size):
5.      aug = A.Compose([
6.              A.Resize(size, size),
7.              A.RandomResizedCrop(size, size),
8.              A.Transpose(p=0.5),
9.              A.HorizontalFlip(p=0.5),
10.             A.VerticalFlip(p=0.5),
11.             A.ShiftScaleRotate(p=0.25),
12.             A.RandomRotate90(p=0.25),
13.             A.GaussNoise(p=0.2),
14.             A.OneOf([
15.                 A.MotionBlur(p=0.2),
16.                 A.MedianBlur(blur_limit=3, p=0.1),
17.                 A.Blur(blur_limit=3, p=0.1),
18.             ], p=0.2),
19.             A.OneOf([
20.                 A.CLAHE(clip_limit=2),
21.                 A.RandomBrightnessContrast(),
22.             ], p=0.3),
23.             A.HueSaturationValue(p=0.3),
24.             A.Normalize(
25.                 mean=[0.485, 0.456, 0.406],
26.                 std=[0.229, 0.224, 0.225],
27.                 max_pixel_value=255.0,
28.                 p=1.0
29.                 ),
30.             ToTensorV2(p=1.0),
31.         ], p=1.)
32.     return aug
33.
34.
35. def val_augment(size):
36.
37.     aug = A.Compose([
38.             A.Resize(size, size),
39.             A.Normalize(
40.                 mean=[0.485, 0.456, 0.406],
41.                 std=[0.229, 0.224, 0.225],
42.                 max_pixel_value=255.0,
43.                 p=1.0
```

156

```
44.                ),
45.                ToTensorV2(p=1.0),
46.         ], p=1.)
47.
48.     return aug
49.
```

该增强函数中主要有以下几类增强步骤，除了 simple_aug 中也包含的平移翻转等空间变换以外，还增加了 GaussNoise 对图像进行随机加噪（p=0.2 表示其只有 20%的概率被加噪），以及任意的模糊操作。模糊的实现方式在 MotionBlur、MedianBlur 和 Blur 三个函数中任选一个。还有对图像进行对比度、亮度等图像底层信息的调整，比如 CLAHE 是一个经典的局部对比度调整函数，RandomBrightnessContrast 可以随机改变对比度和亮度，这样的操作可以在保持图像的语义信息的基础上尽可能多地模拟不同光照条件等情况下的图像情况，从而增加数据的多样性和复杂性。HueSaturationValue 考虑图像的 HSV 空间，随机改变图像的色相（hue）、饱和度（brightness）和明度（value），其作用也和上面的随机亮度对比度类似。

利用该数据增强对 DeepLabV3+网络进行训练，实验编号为 002，其他条件与基线模型保持不变。训练过程和验证集精度情况如图 4.3 所示。

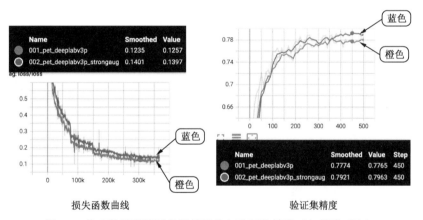

图 4.3　修改数据增强后的训练损失与验证集精度（与基线对比）

图中蓝色的线表示增加了数据增强后的损失函数曲线与验证集精度。与基线相比，首先可以看到训练集损失函数相对更高一些，这说明增加数据增强相当于提高了模型对训练集的拟合难度，但是在验证集精度上来说，加入强数据增强的训练结果比基线要略高一些，也就是说，这种对于训练集难度的提升有助于模型学习到更加通用的特征信息，从而获得更好的模型效果。用评估预测结果的脚本对实验 002 的结果进行评估，得到的指标如下：

```
[Result Dir] ../../infer_pet_test/test_002/visualization
[Metrics] Acc: 0.9435
mIoU: 0.7899

FWIoU: 0.8992

IoUs of each c:
 [0.93931235 0.78839541 0.7662764  0.52490562 0.72216315 0.78755957
 0.71889403 0.85675883 0.61895693 0.8542673  0.88209122 0.68937572
```

```
 0.32939934 0.79441355 0.76013682 0.82935997 0.80876515 0.81238584
 0.87329905 0.86331984 0.88842936 0.82819624 0.59399425 0.81521915
 0.8972815  0.8702014  0.87620401 0.83856224 0.85116852 0.8704724
 0.82011149 0.83685584 0.84652046 0.84976764 0.84407511 0.66404753
 0.80210491 0.80360938]
freqs of each c:
[0.7113856  0.0092315  0.00960869 0.00533236 0.00777374 0.00489286
 0.00476377 0.01008419 0.00627279 0.00708631 0.01112522 0.00595504
 0.0057712  0.00766835 0.00626382 0.00809731 0.00737556 0.01095889
 0.00835423 0.0081127  0.0073336  0.00912403 0.00425171 0.00721974
 0.01515022 0.00903586 0.00498612 0.00931808 0.0080866  0.00971646
 0.00703682 0.00896669 0.00916419 0.00633128 0.00754216 0.00893874
 0.00633541 0.00534818]
```

可以看出相比于基线略有提升。

另外，特征提取主干网络（backbone）的选取和预训练模型初始化等优化对于获得更好的模型效果及更加稳定的模型性能来说也是很重要的。在基线实验中采用了 ResNet-50 作为主干网络，并且从头进行训练（随机初始化），因此收敛较慢且在前期会有一定的波动。而对于常见的编码器主干网络来说，可以采用它们在 ImageNet 等数据集上的训练好的模型作为初始化参数，再针对目标数据集进行训练。由于预训练好的模型已经具有了比较稳定的特征提取能力，因此可以辅助语义分割任务的学习。另外，batchsize 也会影响训练的效果和收敛速度，通常来说，我们希望 batchsize 在资源允许的条件下尽可能大一些，从而获得更稳定和更好的训练效果。在实验 003 中，采用了 strong_aug 作为数据增强方案，并且将主干网络替换为 EfficientNet-B0，并加载了预训练模型作为初始化参数，同时将 batchsize 设为 16。该实验的配置文件见代码 4.14。

代码 4.14　EfficientNet 主干网络实验配置文件

```
1.   exp_name: ~
2.   model_type: BaselineModel
3.   log_dir: ./tb_logger
4.   save_dir: ../exps_pet_test
5.   device: cuda
6.   multi_gpu: false
7.
8.   datasets:
9.     train_dataset:
10.      type: SimpleFolderDataloader
11.      dataroot_img: ../../datasets/OxfordIIITPet_SPLIT/train_split/images
12.      dataroot_lbl: ../../datasets/OxfordIIITPet_SPLIT/train_split/masks
13.      img_exts: ['jpg']
14.      lbl_exts: ['png']
15.      augment:
16.        augment_type: strong_aug
17.        size: 512
18.      batch_size: 16
19.      num_workers: 4
20.
21.    val_dataset:
22.      type: SimpleFolderDataloader
23.      dataroot_img: ../../datasets/OxfordIIITPet_SPLIT/valid_split/images
```

```
24.      dataroot_lbl: ../../datasets/OxfordIIITPet_SPLIT/valid_split/masks
25.      img_exts: ['jpg']
26.      lbl_exts: ['png']
27.      augment:
28.        augment_type: strong_aug
29.        size: 512
30.
31. train:
32.    num_epoch: 200
33.    model_arch:
34.      type: SMPArch
35.      load_path: ../pretrained/efficientnet-b0-355c32eb.pth
36.      backbone: DeepLabV3Plus
37.      in_channels: 3
38.      encoder_name: efficientnet-b0
39.      classes: 38
40.
41.    optimizer:
42.      type: Adam
43.      lr: !!float 1e-4
44.      weight_decay: 0
45.      betas: [0.9, 0.99]
46.
47.    scheduler:
48.      type: MultiStepLR
49.      milestones: [100]
50.      gamma: 0.1
51.
52.    criterion:
53.      type: celoss
54.
55.    metric:
56.      type: miou
57.
58. eval:
59.    eval_interval: 10
60.
```

该实验配置下，训练阶段的验证集准确率曲线如图 4.4 所示。

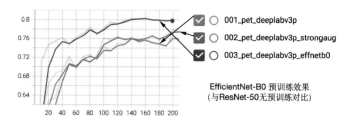

图 4.4　不同实验验证集准确率曲线对比图

可以看出，采用了 EfficientNet-B0 预训练模型作为初始化并提高 batchsize 后，收敛速度加快，且效果相比于之前也有较明显的提升。考虑到 ResNet-50 的参数量为 23M，而 EfficientNet-B0

的参数量仅为 4M，因此实验 003 更加高效地实现了相比于基线更优的效果。在实际的项目工程开发和算法竞赛中，通常都需要采用预训练模型初始化和较大的 batchsize，以及较强的数据增广，以获得一个强基线模型，用于评估任务的难度及现有算法的基本效果。

如果已经完成了模型的训练，那么是否还可以对预测结果进行提升呢？答案是肯定的。这类方案就是之前理论部分提到过的测试时增强（TTA）。TTA 的主要思路就是对输入图像进行若干变换（这些变换需要是网络模型可以处理的、具有一定特征不变性的变换），然后分别通过网络进行预测，再将这些预测结果进行融合，获得增强后的预测结果。经常采用的简单的 TTA 通常是将图像进行水平反转（horizontal flip，h-flip）和垂直反转（vertical flip，v-flip），然后将对应的预测结果再反转回来。要实现上述的 TTA 过程，只需要在模型 class 的 inference 函数中的模型处理部分用代码 4.15 中的几行代码即可。

代码 4.15　TTA 代码段

```
1.      use_tta = True
2.      if use_tta:
3.          # use simple TTA
4.          prob_origin = F.softmax(self.network(img), dim=1)
5.          prob_vflip = F.softmax(self.network(img.flip(2)), dim=1).flip(2)
6.          prob_hflip = F.softmax(self.network(img.flip(3)), dim=1).flip(3)
7.          probs = (prob_origin + prob_vflip + prob_hflip) / 3.0
8.      else:
9.          probs = F.softmax(self.network(img), dim=1)
10.
```

我们在实验 003 的预测结果的基础上测试 TTA 对效果的增量。分别用无 TTA 和有 TTA 两个设定对验证集进行预测，预测的结果如下：

```
# without TTA

[Result Dir] ../../infer_pet_test/test_003/visualization
[Metrics] Acc: 0.9437
mIoU: 0.7975

FWIoU: 0.9008

IoUs of each c:
 [0.93931072 0.78402985 0.80748143 0.42017218 0.74571582 0.78728251
 0.68689043 0.79571475 0.78944341 0.79700899 0.86057214 0.69744942
 0.3135086  0.79221939 0.79420267 0.81586116 0.85943553 0.88323886
 0.87464987 0.80862006 0.89677005 0.85909259 0.68557823 0.8533391
 0.89467412 0.85904853 0.89660129 0.78706957 0.8254084  0.87128403
 0.87238696 0.85237662 0.81826508 0.87935839 0.84341083 0.65814589
 0.83870161 0.86150984]
freqs of each c:
 [0.7113856  0.0092315  0.00960869 0.00533236 0.00777374 0.00489286
 0.00476377 0.01008419 0.00627279 0.00708631 0.01112522 0.00595504
 0.0057712  0.00766835 0.00626382 0.00809731 0.00737556 0.01095889
 0.00835423 0.0081127  0.0073336  0.00912403 0.00425171 0.00721974
 0.01515022 0.00903586 0.00498612 0.00931808 0.0080866  0.00971646
 0.00703682 0.00896669 0.00916419 0.00633128 0.00754216 0.00893874
```

```
 0.00633541 0.00534818]

# with TTA

[Result Dir] ../../infer_pet_test_tta/test_003/visualization
[Metrics] Acc: 0.9452
mIoU: 0.8039

FWIoU: 0.9034

IoUs of each c:
 [0.94028415 0.79513439 0.8160315  0.44938314 0.75791694 0.80205973
 0.6867949  0.7971566  0.78827401 0.79081111 0.86079783 0.72186645
 0.31300522 0.79150287 0.80395303 0.82507482 0.85723385 0.8828165
 0.87463372 0.84543695 0.89757922 0.86827512 0.68945911 0.85931853
 0.89857963 0.85767824 0.89897324 0.79494474 0.82121082 0.88459254
 0.87004318 0.85109671 0.82487914 0.88112041 0.85613889 0.67844377
 0.8484487  0.86866141]
freqs of each c:
 [0.7113856  0.0092315  0.00960869 0.00533236 0.00777374 0.00489286
 0.00476377 0.01008419 0.00627279 0.00708631 0.01112522 0.00595504
 0.0057712  0.00766835 0.00626382 0.00809731 0.00737556 0.01095889
 0.00835423 0.0081127  0.0073336  0.00912403 0.00425171 0.00721974
 0.01515022 0.00903586 0.00498612 0.00931808 0.0080866  0.00971646
 0.00703682 0.00896669 0.00916419 0.00633128 0.00754216 0.00893874
 0.00633541 0.00534818]
```

可以看出，对于同样的模型进行预测，直接预测的 mIoU 为 0.7975，而加入 TTA 预测的 mIoU 值为 0.8039，说明 TTA 可以提升模型的预测效果。当然，在实际工程实践中，多次预测也会增加模型推理阶段的计算量，一定程度上降低推理效率，因此是否需要 TTA 要根据实际任务情况，以及效果与效率之间的权衡来决定。

4.2 Unet++的视网膜血管分割

下面我们开始第二个项目实验，通过 Unet++模型实现视网膜血管的分割，并对模型进行推理和评测。

4.2.1 任务描述与数据集准备

视网膜图像的血管分割对于医学领域有着广泛和重要的应用价值。对于眼底血管的分割及后续的形态分析和识别，有助于对于多种心血管疾病与眼科疾病进行诊断、筛查和评估。由于采集到的视网膜图像形态和颜色等较为复杂多样，传统方法进行血管识别和提取具有一定的局限性，随着基于神经网络和深度学习的图像处理技术的发展，人们也开始尝试通过神经网络模型对人工标注的血管 mask 进行学习，从而自适应地实现血管分割任务，并取得了一定的进展。本节中的实验任务就是通过 Unet++模型来实现对视网膜血管进行分割，并对分割结果进行评估。Unet++网络是 Unet 网络结构的改进版本，其详细结构和设计原则已经在上一章中讲过了。该模型通过融合多尺度路径实现了更复杂的特征交互，并可以保持高分辨率预测，因此较为适合这里的视网膜血管分割任务，因此选择 Unet++模型结构进行实验。

对于训练数据，采用带有标注的公开数据集 DRIVE（digital retinal images for vessel extraction）。DRIVE 数据集可以从以下链接获取：https://drive.grand-challenge. org/DRIVE/。该数据库的建立是为了能够对视网膜图像中血管的分割进行比较研究。DRIVE 数据库的照片来自荷兰的一个糖尿病视网膜病变的筛查项目，筛查人群包括 400 名年龄在 25～90 岁之间的糖尿病患者，DRIVE 数据集总共随机选取了 40 张图片，其中 20 张用来作为训练集，20 张作为测试集。由于数据集是通过 45°度圆形 FOV 的佳能相机获取的，因此对于每个图像都提供了一个对应于圆形 FOV 的 mask。我们可以通过该 mask 过滤出需要关注的像素点。DRIVE 数据集的样例图像和标签如图 4.5 所示。

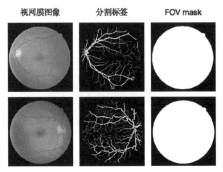
图 4.5　DRIVE 数据集样本示例

我们将 20 个训练集图像分成 16 个样例的训练集和 4 个样例的验证集，用于模型的训练与训练阶段的效果验证。数据集文件夹结构如下：

```
├── test
│   ├── images
│   │   ├── 01_test.tif
│   │   ├── ...
│   └── mask
│       ├── 01_test_mask.gif
│       ├── ...
├── training
│   ├── 1st_manual
│   │   ├── 21_manual1.gif
│   │   ├── ...
│   ├── images
│   │   ├── 21_training.tif
│   │   ├── ...
│   └── mask
│       ├── 21_training_mask.gif
│       ├── ...
└── valid
    ├── 1st_manual
    │   ├── 37_manual1.gif
    │   ├── ...
    ├── images
    │   ├── 37_training.tif
    │   ├── ...
    └── mask
        ├── 37_training_mask.gif
        ├── ...
```

4.2.2　数据读取代码修改

由于标签数据是黑白二值图（0 和 255）形式存储，并且需要用 FOV mask 对有效区域进行标注，因此需要重写数据读取相关函数。对于该任务的数据读取见代码 4.16。

代码 4.16　DRIVE 数据集读取训练和验证 DataLoader

```
1.  import os, sys
2.  import importlib
3.  sys.path.append(os.path.dirname(os.path.abspath(__file__)))
4.  import numpy as np
5.  import torch
6.  import torch.nn as nn
7.  from torch.utils.data import Dataset, DataLoader
8.
9.  import cv2
10. from PIL import Image
11. from glob import glob
12.
13.
14. class DRIVEDataset(Dataset):
15.     """
16.     DRIVE folder structure:
17.             DRIVE/training
18.                 images/
19.                     21_training.tif
20.                     ...
21.                 1st_manual/
22.                     21_manual1.gif
23.                     ...
24.                 mask/
25.                     21_training_mask.gif
26.     Returns:
27.         {"img", "label", "mask", "img_path", "lbl_path", "msk_path"}
28.     """
29.     def __init__(self, opt_dataset) -> None:
30.         super().__init__()
31.         # parse used arguments, explicit parsing is easier for debug
32.         self.dataroot_img = opt_dataset['dataroot_img']
33.         self.dataroot_lbl = opt_dataset['dataroot_lbl']
34.         self.dataroot_msk = opt_dataset['dataroot_msk']
35.         self.phase = opt_dataset['phase']
36.
37.         augment_opt = opt_dataset['augment']
38.         augment_type = augment_opt.pop('augment_type')
39.         if self.phase == 'train':
40.             self.augment = importlib.import_module(
41.                 f'data_augment.{augment_type}').train_augment(**augment_opt)
42.         elif self.phase == 'valid':
43.             self.augment = importlib.import_module(
44.                 f'data_augment.{augment_type}').val_augment(**augment_opt)
45.
46.         img_paths=list(glob(os.path.join(self.dataroot_img,f'*.tif')))
47.         self.img_paths = sorted(img_paths)
```

163

```
48.        lbl_paths=list(glob(os.path.join(self.dataroot_lbl,f'*.gif')))
49.        self.lbl_paths = sorted(lbl_paths)
50.        msk_paths=list(glob(os.path.join(self.dataroot_msk,f'*.gif')))
51.        self.msk_paths = sorted(msk_paths)
52.
53.    def __getitem__(self, index):
54.
55.        cur_img_path = self.img_paths[index]
56.        cur_lbl_path = self.lbl_paths[index]
57.        cur_msk_path = self.msk_paths[index]
58.        cur_img = cv2.imread(cur_img_path)
59.        cur_lbl_pil = Image.open(cur_lbl_path)
60.        cur_lbl = np.array(cur_lbl_pil) / 255
61.        cur_msk_pil = Image.open(cur_msk_path)
62.        cur_msk = np.array(cur_msk_pil) / 255
63.
64.        img_lbl_aug=self.augment(image=cur_img,masks=[cur_lbl,cur_msk])
65.        img_aug = img_lbl_aug['image']
66.        # lbl_aug=torch.from_numpy(img_lbl_aug['masks'][0]).to(torch.int64)
67.        # msk_aug=torch.from_numpy(img_lbl_aug['masks'][1]).to(torch.int64)
68.        lbl_aug = img_lbl_aug['masks'][0].to(torch.int64)
69.        msk_aug = img_lbl_aug['masks'][1].to(torch.int64)
70.        lbl_aug[msk_aug == 0] = 255
71.        output_dict = {
72.            "img" : img_aug,
73.            "label": lbl_aug,
74.            "mask": msk_aug,
75.            "img_path": cur_img_path,
76.            "lbl_path": cur_lbl_path
77.        }
78.        return output_dict
79.
80.    def __len__(self):
81.        return len(self.img_paths)
82.
83.
84. def DRIVEDataloader(opt_dataloader):
85.    phase = opt_dataloader['phase']
86.    if phase == 'train':
87.        batch_size = opt_dataloader['batch_size']
88.        num_workers = opt_dataloader['num_workers']
89.        shuffle = True
90.    elif phase == 'valid':
91.        batch_size = 1
92.        num_workers = 0
93.        shuffle = False
94.    folder_dataset = DRIVEDataset(opt_dataloader)
95.    dataloader=DataLoader(folder_dataset,batch_size=batch_size,pin_ memory=True, \
96.                          drop_last=True,shuffle=shuffle,num_workers=num_
```

```
        workers)
97.      return dataloader
98.
99.
100.if __name__ == "__main__":
101.
102.     opt_dataloader = {
103.         "dataroot_img": "../../DRIVE/training/images",
104.         "dataroot_lbl": "../../DRIVE/training/1st_manual",
105.         "dataroot_msk": "../../DRIVE/training/mask",
106.         "augment": {
107.             "augment_type": "simple_aug",
108.             "size": 512
109.         },
110.         "batch_size": 4,
111.         "num_workers": 4,
112.         "phase": "train"
113.     }
114.
115.     dataloader = DRIVEDataloader(opt_dataloader)
116.     for i, batch in enumerate(dataloader):
117.         print(i,batch["img"].size(),batch["img"].min(),batch ["img"].max())
118.         print(i,batch["label"].size(), batch["label"].min(), batch ["label
    "].max())
119.         print(i, batch["mask"].size(), batch["mask"].min(), batch ["mask"].
    max())
120.
```

在 DRIVEDataLoader 中，将有效区域 mask 和标签都读入，并将标签取值为 255 的点置
为 1，同时将无效区域置为 255。在后面计算损失（loss）和计算评估（metrics）时都对会这
些点进行过滤，只对背景（标签取值 0）和血管区域（标签取值 1）进行计算。运行上述脚本，
可以测试数据读取器的正确性，结果如下：

```
0 torch.Size([4, 3, 512, 512]) tensor(-2.1179) tensor(2.6400)
0 torch.Size([4, 512, 512]) tensor(0) tensor(255)
0 torch.Size([4, 512, 512]) tensor(0) tensor(1)
1 torch.Size([4, 3, 512, 512]) tensor(-2.1179) tensor(2.6400)
1 torch.Size([4, 512, 512]) tensor(0) tensor(255)
1 torch.Size([4, 512, 512]) tensor(0) tensor(1)
2 torch.Size([4, 3, 512, 512]) tensor(-2.1179) tensor(2.6400)
2 torch.Size([4, 512, 512]) tensor(0) tensor(255)
2 torch.Size([4, 512, 512]) tensor(0) tensor(1)
3 torch.Size([4, 3, 512, 512]) tensor(-2.1179) tensor(2.6400)
3 torch.Size([4, 512, 512]) tensor(0) tensor(255)
3 torch.Size([4, 512, 512]) tensor(0) tensor(1)
```

类似地，也需要对测试的 DataLoader 进行重新定义，见代码 4.17。

代码 4.17　DRIVE 数据集测试阶段 DataLoader

```
1.  import os, sys
2.  import importlib
```

```
3.  sys.path.append(os.path.dirname(os.path.abspath(__file__)))
4.  import torch
5.  import torch.nn as nn
6.  from torch.utils.data import Dataset, DataLoader
7.
8.  import cv2
9.  import numpy as np
10. from PIL import Image
11. from glob import glob
12.
13. class DRIVESingleDataset(Dataset):
14.     """
15.     DRIVE folder structure:
16.         DRIVE/training
17.             images/
18.                 21_training.tif
19.                 ...
20.             mask/
21.                 21_training_mask.gif
22.     Returns:
23.         {"img", "mask", "img_path", "msk_path", "ori_size_wh"}
24.     """
25.     def __init__(self, opt_dataset) -> None:
26.         super().__init__()
27.         # parse used arguments, explicit parsing is easier for debug
28.         self.dataroot_img = opt_dataset['dataroot_img']
29.         self.dataroot_msk = opt_dataset['dataroot_msk']
30.
31.         augment_opt = opt_dataset['augment']
32.         augment_type = augment_opt.pop('augment_type')
33.         self.augment = importlib.import_module(
34.             f'data_augment.{augment_type}').val_augment(**augment_opt)
35.         img_paths=list(glob(os.path.join(self.dataroot_img,f'*.tif')))
36.         self.img_paths = sorted(img_paths)
37.         msk_paths=list(glob(os.path.join(self.dataroot_msk,f'*.gif')))
38.         self.msk_paths = sorted(msk_paths)
39.
40.     def __getitem__(self, index):
41.
42.         cur_img_path = self.img_paths[index]
43.         cur_img = cv2.imread(cur_img_path)
44.         ori_size_wh = (cur_img.shape[1], cur_img.shape[0])
45.         cur_msk_path = self.msk_paths[index]
46.         cur_msk_pil = Image.open(cur_msk_path)
47.         cur_msk = np.array(cur_msk_pil) / 255
48.
49.         img_msk_aug = self.augment(image=cur_img, mask=cur_msk)
50.         img_aug,msk_aug=img_msk_aug['image'],img_msk_aug['mask'].to(torch.int64)
51.         output_dict = {
```

```
52.            "img": img_aug,
53.            "mask": msk_aug,
54.            "img_path": cur_img_path,
55.            "mask_path": cur_msk_path,
56.            "ori_size_wh": ori_size_wh,
57.        }
58.        return output_dict
59.
60.    def __len__(self):
61.        return len(self.img_paths)
62.
63.
64. def DRIVESingleDataloader(opt_dataloader):
65.    folder_dataset = DRIVESingleDataset(opt_dataloader)
66.    dataloader=DataLoader(folder_dataset,batch_size=1, pin_memory=True, \
67.                        drop_last=True, shuffle=False, num_workers=0)
68.    return dataloader
69.
70.
71. if __name__ == "__main__":
72.
73.    opt_dataloader = {
74.        "dataroot_img": "../../DRIVE/valid/images",
75.        "dataroot_msk": "../../DRIVE/valid/mask",
76.        "augment": {
77.            "augment_type": "simple_aug",
78.            "size": 512
79.        },
80.    }
81.
82.    dataloader = DRIVESingleDataloader(opt_dataloader)
83.    for i, batch in enumerate(dataloader):
84.        print(i,batch["img"].size(),batch["img"].min(),batch["img"] .max())
85.        print(i,batch["mask"].size(),batch["mask"].min(),batch["mask "].max())
86.        print(i, batch["ori_size_wh"])
87.
```

上述代码的测试结果如下：

```
0 torch.Size([1, 3, 512, 512]) tensor(-2.1179) tensor(2.6400)
0 torch.Size([1, 512, 512]) tensor(0) tensor(1)
0 [tensor([565]), tensor([584])]
1 torch.Size([1, 3, 512, 512]) tensor(-2.1179) tensor(2.6400)
1 torch.Size([1, 512, 512]) tensor(0) tensor(1)
1 [tensor([565]), tensor([584])]
2 torch.Size([1, 3, 512, 512]) tensor(-2.1179) tensor(2.6400)
2 torch.Size([1, 512, 512]) tensor(0) tensor(1)
2 [tensor([565]), tensor([584])]
3 torch.Size([1, 3, 512, 512]) tensor(-2.1179) tensor(2.6400)
3 torch.Size([1, 512, 512]) tensor(0) tensor(1)
3 [tensor([565]), tensor([584])]
```

4.2.3 模型训练与效果测试

接下来，我们对数据集采用 Unet++为网络结构进行训练作为基线模型，训练配置文件见代码 4.18。

代码 4.18 Unet++训练 DRIVE 数据集基线模型配置文件

```
1.   exp_name: ~
2.   model_type: BaselineModel
3.   log_dir: ./tb_logger
4.   save_dir: ../exps_retina_test
5.   device: cuda
6.   multi_gpu: false
7.
8.   datasets:
9.     train_dataset:
10.      type: DRIVEDataloader
11.      dataroot_img: ../DRIVE/training/images
12.      dataroot_lbl: ../DRIVE/training/1st_manual
13.      dataroot_msk: ../DRIVE/training/mask
14.      augment:
15.        augment_type: simple_aug
16.        size: 512
17.      batch_size: 4
18.      num_workers: 4
19.
20.    val_dataset:
21.      type: DRIVEDataloader
22.      dataroot_img: ../DRIVE/valid/images
23.      dataroot_lbl: ../DRIVE/valid/1st_manual
24.      dataroot_msk: ../DRIVE/valid/mask
25.      augment:
26.        augment_type: simple_aug
27.        size: 512
28.
29.  train:
30.    num_epoch: 300
31.    model_arch:
32.      type: SMPArch
33.      load_path: ~
34.      backbone: UnetPlusPlus
35.      in_channels: 3
36.      encoder_name: resnet50
37.      classes: 2
38.
39.    optimizer:
40.      type: Adam
41.      lr: !!float 5e-4
42.      weight_decay: 0
43.      betas: [0.9, 0.99]
```

```
44.
45.    scheduler:
46.      type: MultiStepLR
47.      milestones: [50, 100, 150, 200]
48.      gamma: 0.5
49.
50.    criterion:
51.      type: celoss
52.      ignore_index: 255
53.
54.    metric:
55.      type: miou
56.
57. eval:
58.    eval_interval: 5
59.
```

　　训练在大约 200 次迭代后开始收敛，得到的模型可以通过 inference 对验证集进行预测，并保存在对应文件夹中，与 GT 标签对比评估。为了符合 GT 标签的标注格式，需要对 inference 函数进行一定的修改，具体见代码 4.19。

代码 4.19　DRIVE 数据集预测的 inference 代码

```
1.      def inference(self):
2.          iscolor = self.opt['infer']['output_color']
3.          if iscolor:
4.              SEG_COLORMAP=generate_random_colormap(self.opt['model_arch']['classes'])
5.
6.          opt_test = deepcopy(self.opt['datasets']['test_dataset'])
7.          test_type = opt_test.pop('type')
8.          self.test_loader=getattr(importlib.import_module('data'),test_type)
    (opt_test)
9.          # prepare network for inference
10.         opt_model_arch = deepcopy(self.opt['model_arch'])
11.         arch_type = opt_model_arch.pop('type')
12.         load_path = opt_model_arch.pop('load_path') if 'load_path' in opt_
    model_arch else None
13.         self.network = self.get_network(arch_type, load_path, **opt_ model_
    arch).to(self.device)
14.         self.network.eval()
15.         vis_dir = osp.join(self.opt['result_dir'], self.opt['exp_name'], 'vi
    sualization')
16.         os.makedirs(vis_dir, exist_ok=True)
17.         print(f"[MODEL] Begin inference ...")
18.         # result_df = pd.DataFrame()
19.         with torch.no_grad():
20.             pbar = tqdm(enumerate(self.test_loader), total=len(self.test_load
    er))
21.             for iter_id, batch in pbar:
22.                 img = batch['img'].to(self.device)
23.                 img_path = batch['img_path'][0]
```

```
24.            ori_size_wh = batch['ori_size_wh']
25.            # ori_size_wh = (ori_size_wh[0].item(), ori_size_wh[1].item())
26.            ori_size_wh = (ori_size_wh[0], ori_size_wh[1])
27.            imname = osp.basename(img_path)
28.            valid_mask = batch['mask'][0].to(self.device)
29.            probs = F.softmax(self.network(img), dim=1)
30.            pred_clsmap_ten = torch.argmax(probs, dim=1, keepdim= False)[0]
31.            pred_clsmap_ten = pred_clsmap_ten * valid_mask * 255
32.            pred_clsmap=pred_clsmap_ten.detach().cpu().numpy().ast ype
    (np.uint8)
33.            pred_clsmap = np.array(
34.                Image.fromarray(pred_clsmap).resize(ori_size_wh, resample
    =0))
35.            if iscolor:
36.                pred_mask = SEG_COLORMAP[pred_clsmap]
37.            else:
38.                pred_mask = pred_clsmap
39.            mask_img = Image.fromarray(pred_mask)
40.            output_path=osp.join(vis_dir,imname.split('.')[0]+'.png')
41.            mask_img.save(output_path)
42.            pbar.set_postfix(Idx=iter_id)
```

验证集上的预测结果如图 4.6 所示。

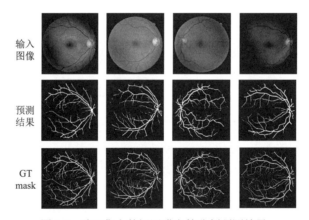

输入
图像

预测
结果

GT
mask

图 4.6　验证集上的视网膜血管分割预测结果

可以看出，分割结果基本符合预期，但是对于细小血管的分割准确度还是相对较低，许多小血管没有被分割出来。下面对预测结果计算评估指标以定量衡量基线模型的效果。对于预测结果的评估代码也需要根据其数据格式进行对应地处理，具体见代码 4.20。

代码 4.20　视网膜血管分割预测准确性评估代码

```
1.  import os
2.  import os.path as osp
3.  import cv2
4.
5.  import torch
```

```
6.  from glob import glob
7.  import sys
8.  sys.path.append(osp.dirname(osp.dirname(osp.abspath(__file__))))
9.  from metrics.all_metric import SegMetricAll
10. import matplotlib.pyplot as plt
11. import numpy as np
12. from PIL import Image
13.
14. pred_mask_dir = "../../infer_retina_test/test_001/visualization"
15. gt_mask_dir = "../../DRIVE/valid/1st_manual"
16. ignore_mask_dir = "../../DRIVE/valid/mask"
17.
18. pred_list = list(glob(osp.join(pred_mask_dir, '*.png')))
19. pred_list = sorted(pred_list)
20. gt_list = list(glob(osp.join(gt_mask_dir, '*.gif')))
21. gt_list = sorted(gt_list)
22. ignore_list = list(glob(osp.join(ignore_mask_dir, '*.gif')))
23. ignore_list = sorted(ignore_list)
24.
25. meter = SegMetricAll(num_classes=2, metric_type='miou')
26.
27. assert len(pred_list) == len(gt_list)
28. for i in range(len(pred_list)):
29.     pred_path = pred_list[i]
30.     gt_path = gt_list[i]
31.     ignore_path = ignore_list[i]
32.     pred_idx = osp.basename(pred_path).split('_')[0]
33.     gt_idx = osp.basename(gt_path).split('_')[0]
34.     assert pred_idx == gt_idx
35.     # read prediction
36.     pred = cv2.imread(pred_path, cv2.IMREAD_UNCHANGED) / 255
37.     # read GT
38.     gt_pil = Image.open(gt_path)
39.     gt = np.array(gt_pil) / 255
40.     # read ignore mask and apply on GT label
41.     ignore_pil = Image.open(ignore_path)
42.     ignore_mask = np.array(ignore_pil)
43.     gt[ignore_mask == 0] = 255
44.     pred[ignore_mask == 0] = 255
45.     tensor_pred = torch.from_numpy(pred)
46.     tensor_gt = torch.from_numpy(gt)
47.     tensor_pred = tensor_pred.unsqueeze(0).unsqueeze(0)
48.     tensor_gt = tensor_gt.unsqueeze(0).unsqueeze(0)
49.     meter.update(tensor_gt, tensor_pred)
50.
51. conf_mat = meter.calc_confusion_mat()
52. print(conf_mat)
53. acc = meter._calc_acc()
54. miou = meter._calc_miou()
55. fwiou = meter._calc_fwiou()
56. print(f"[Result Dir] {pred_mask_dir}")
57. print(f"[Metrics] Acc: {acc:.4f}")
```

```
58. print(f"mIoU: {miou['miou']:.4f} \n")
59. print(f"FWIoU: {fwiou['fwiou']:.4f} \n")
60. print("IoUs of each category: \n", miou['ious'])
61. print("freqs of each category: \n", fwiou['freq'])
62. # plot as histograms
63. os.makedirs(osp.join(pred_mask_dir, 'plots'), exist_ok=True)
64. fig = plt.figure(figsize=(5,5))
65. plt.stem(miou['ious'])
66. plt.title('IoU for each category')
67. plt.savefig(osp.join(pred_mask_dir, 'plots/ious.png'))
68. fig = plt.figure(figsize=(5,5))
69. plt.stem(fwiou['freq'])
70. plt.title('freq for each category')
71. plt.savefig(osp.join(pred_mask_dir, 'plots/freqs.png'))
72.
```

输出结果如下：

```
[[770772  26406]
 [ 30778  79888]]
[Result Dir] ../../infer_retina_test/test_001/visualization
[Metrics] Acc: 0.9370
mIoU: 0.7569

FWIoU: 0.8885

IoUs of each category:
 [0.93093353 0.58281779]
freqs of each category:
 [0.8781002 0.1218998]
```

由于上述模型的问题主要在于其对于细小纹理的识别较弱，一个直接的方法就是提升输入图像的分辨率，以增加模型对于细小血管枝节部分的分割精度。我们将配置文件 datasets 部分的 augment 参数中的 size 设置为 1 024（基线为 512），这样即可测试在高分辨率输入下的预测效果。训练过程中的损失函数与验证集精度如图 4.7 所示。

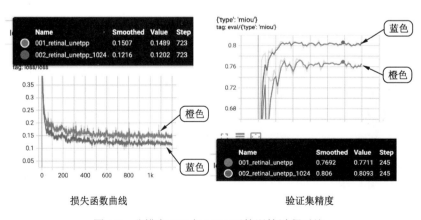

| | 损失函数曲线 | | 验证集精度 |

图 4.7　分辨率 512 与 1024 下的训练过程对比

可以看出，高分辨率输入的训练中具有更低的损失函数，同时其验证集准确率也更高（需要注意这里的验证集对比并没有缩放到相同尺寸进行计算）。为了更准确地评估两版模型预测的差距，我们通过 inference 函数对实验 002 的高分辨率输入的模型进行预测，得到的预测结果与基线模型对比，如图 4.8 所示。

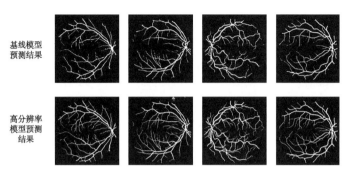

基线模型
预测结果

高分辨率
模型预测
结果

图 4.8　两次实验验证集预测结果对比

可以看出，高分辨率输入的模型预测结果在具有更高的精细度，对于细小血管也可以较好地分割出来。对实验 002 的预测结果计算评估指标，得到的结果如下：

```
[[768575  28603]
 [ 18329  92337]]
[Result Dir] ../../infer_retina_test/test_002/visualization
[Metrics] Acc: 0.9483
mIoU: 0.8027

FWIoU: 0.9084

IoUs of each category:
 [0.94245052 0.66301187]
freqs of each category:
 [0.8781002 0.1218998]
```

可以看出相对于基线模型有一定的提升，这说明了高分辨率输入对于精细化的分割任务也是有必要的。

4.3　Segment Anything 基于 prompt 的分割

在语义分割原理部分中，已经介绍过了 SAM 的基本思路与训练方法。作为目前较新的通用分割工具，SAM 可以实现通用的分割任务，即直接将其作为特征提取器，获取图像的分割区域，该功能除了可以辅助直接分割类场景以外，还可以作为前置操作，与其他类型的模型结合（比如图像修复模型、生成模型等），被应用在图像标注、图像编辑等任务中，并衍生出很多有意思的尝试。下面我们使用 SAM 开源的代码和模型来尝试对图像进行分割处理，并将其封装为交互式函数，从而实现"一键分割"的功能。

4.3.1　Segment Anything 代码库简介

Segment Anything 由 Facebook Research 开源，其代码库地址为：https://github.com/

facebookresearch/segment-anything。该代码库给出了相关代码与预训练模型的下载方式，并附上了相关功能测试的 notebook。首先，我们创建一个 conda 环境用于测试 SAM。然后对代码库进行 clone 并安装，同时安装相关依赖库，包括 OpenCV，pycocotools（主要用于将 mask 保存成为 COCO 的标注格式），以及导出为 onnx 格式所需要的代码库。SAM 代码库的安装见代码 4.21。

代码 4.21　安装 SAM 代码库

```
1.  conda create -n sam python=3.8 -y
2.  conda activate sam
3.  git clone git@github.com:facebookresearch/segment-anything.git
4.  cd segment-anything; pip install -e .
5.  pip install opencv-python pycocotools matplotlib onnxruntime onnx
```

接下来，我们在以下链接下载预训练模型 https://github.com/facebookresearch/segment-anything#model-checkpoints。该项目共开放了三种不同尺寸的 ViT 模型，分别是 ViT-H，ViT-L 和 ViT-B。将下载的预训练模型保存到 ckpt 文件夹下，用于代码后续调用。

4.3.2　本地配置与分割功能测试

经过上述操作，我们可以得到一个如下的工作文件夹，其文件夹结构如下：

```
seg_proj3_sam_test/
    ckpt/
    segment-anything/
    test_figs/
```

其中，ckpt 和 segment-anything 两个文件夹保存了上面得到的代码库和预训练模型，test_figs 文件夹存放待测的样例图像。我们在这个文件夹中新建一个文件名为 auto_gen_masks.py 的脚本，用于对预训练模型进行测试。

SAM 可以输入坐标点与限定框作为提示（prompt），因此首先定义几个作图函数，用于将作为提示的点和限定框，以及最后获得的分割 mask 在原图上画出来。这几个函数见代码 4.22（在脚本 draw_utils.py 中）。

代码 4.22　坐标点、限定框与分割 mask 作图函数

```
1.  import os
2.  import cv2
3.  import numpy as np
4.
5.  def draw_mask(img, mask, color=(255, 0, 0), alpha=0.6):
6.      color = np.array(color).reshape(1, 1, -1)
7.      h, w = mask.shape
8.      mask_image = mask.reshape(h, w, 1) * color
9.      masked = mask_image * alpha + img * (1 - alpha)
10.     img_show = masked.astype(np.uint8)
11.     return img_show
12.
13. def draw_points(img, points, labels,
14.             point_color=(0, 255, 255), point_size=10):
15.     for pt_idx in range(len(points)):
16.         x, y = points[pt_idx, :]
```

```
17.          label = labels[pt_idx]
18.          marker_type = cv2.MARKER_CROSS \
19.              if label == 1 else cv2.MARKER_TILTED_CROSS
20.          img = cv2.drawMarker(img, (x, y),
21.                    point_color, markerType=marker_type,
22.                    markerSize=point_size, thickness=2)
23.      return img
24.
25. def draw_bboxs(img, bboxs, bbox_color=(0, 255, 255)):
26.      for box_idx in range(len(bboxs)):
27.          x1, y1, x2, y2 = bboxs[box_idx, :]
28.          img = cv2.rectangle(img, (x1, y1), (x2, y2),
29.                      color=bbox_color, thickness=2)
30.      return img
31.
```

从代码可以看出，对于 mask 我们根据设定的颜色及 alpha 系数，将 mask 图与原图进行 alpha 混合，从而得到带有 mask 的图像。这个过程被定义在 draw_mask 函数中。对于 SAM 所允许使用的两种提示（即点与限定框）来说，我们分别构建函数将提示标注在原图上，从而方便分析。对用点标注方式进行提示的任务来说，函数首先读入原图和选择的点坐标，并且根据它们的 label 取值不同设置不同形状的 markerType，label=1 的情况选择 cv2.MARKER_CROSS，将点选的位置标注为十字星型，如果 label=0，那么则认为标注了一个负样本，因此标记选择为 cv2.MARKER_TILTED_CROSS，即叉形符号进行标注。

准备工作做好后，新建一个脚本文件（文件名为 auto_gen_masks.py），首先导入所需要的包，然后根据路径读取模型，并生成一个 SamPredictor 用于后续的预测相关过程，见代码 4.23。

代码 4.23　读取测试图像并进行模型选择以生成预测器

```
1.  import numpy as np
2.  import torch
3.  import matplotlib.pyplot as plt
4.  import os
5.  import cv2
6.  from segment_anything import sam_model_registry, \
7.          SamPredictor, SamAutomaticMaskGenerator
8.  from draw_utils import draw_bboxs, draw_mask, draw_points
9.
10.
11. os.makedirs('./sam_results', exist_ok=True)
12. img_bgr = cv2.imread("test_figs/cats.jpg")
13. img_rgb = cv2.cvtColor(img_bgr, cv2.COLOR_BGR2RGB)
14.
15. # load model
16. # model_path = "./ckpt/sam_vit_h_4b8939.pth"
17. # model_type = "vit_h"
18. # model_path = "./ckpt/sam_vit_l_0b3195.pth"
19. # model_type = "vit_l"
20. model_path = "./ckpt/sam_vit_b_01ec64.pth"
21. model_type = "vit_b"
22.
```

```
23. sam = sam_model_registry[model_type](checkpoint=model_path)
24. sam.cuda()
25. predictor = SamPredictor(sam)
26. print("[Segment Anything] start setting image ...")
27. predictor.set_image(img_rgb)
```

然后，测试基于坐标点提示的模型分割结果，见代码 4.24。

代码 4.24　测试坐标点作为提示的 SAM 分割效果

```
1.  # 测试基于坐标点 prompt 的分割
2.  input_points = np.array([[300, 500], [500, 100]])
3.  input_plabels = np.array([1, 0])
4.  print("[Segment Anything] start testing points as prompt ...")
5.  masks, scores, logits = predictor.predict(
6.      point_coords=input_points,
7.      point_labels=input_plabels,
8.      multimask_output=True)
9.  for i, (mask, score) in enumerate(zip(masks, scores)):
10.     print(f" >>> Points prompt: {i}th mask, score: {score:.4f}")
11.     img_show = draw_mask(img_bgr, mask)
12.     img_show = draw_points(img_show, input_points, input_plabels)
13.     cv2.imwrite(f'./sam_results/point_prompt_{i}_score{score:.4f}_out.png',
    img_show)
```

首先，该代码段确定了两个点，坐标分别为 (300, 500) 和 (500, 100)，分别代表正样本与负样本区域的一个标注。然后，利用前面提到的 SamPredictor 的 predict 函数进行预测，其中传入的参数就是点的位置和标签。另一个参数是 multimask_output，它是一个 bool 值，当该值为 True 时，即可得到多个不同的预测 mask。这个性质在讨论 SAM 原理的时候曾经提到过：由于 SAM 不是针对某类物体进行训练的，因此通过选择坐标点的方式选中整个目标 mask 是有歧义的，比如对于人脸上的一个样本点无法告诉我们需要分割的是人脸区域、还是人像上半身，还是整个人像整体。鉴于预测结果的歧义性，可以将 multimask_output 设置为 1，这样就可以得到多个不同的 mask 及其对应的得分（score）和 logits。根据具体需求合理选择。将所有分割结果保存在 sam_results 文件夹下，得到的结果如图 4.9 所示。

可以看出，由于设置的正样本在左边的猫的身体内部，因此该部分在所有预测中都可以分出来，但是由于负样本点选在了距离较远的背景草丛区域，没有将右边的猫排除出去，因此无法判断是需要分割所有的猫，还是左边的猫，或者只是左边猫身体的一部分。可以看到，不同的分割结果分别给出了不同的需求下的分割效果。在本例中，我们

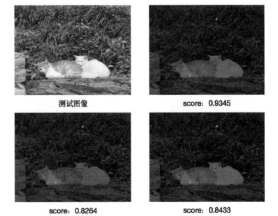

图 4.9　基于坐标点提示的 SAM 分割结果

可以认为最合适的结果是右下角的分割结果，该结果将两只猫较为完整地分割出来，并且 mask 内较少出现背景区域。

接下来，测试基于限定框提示的分割效果，见代码 4.25。

代码 4.25　测试限定框作为提示的 SAM 分割效果

```
1.   # 测试基于限定框（bbox）作为 prompt 的分割
2.   # bbox: [x1, y1, x2, y2]
3.   input_bbox = np.array([[100, 350, 500, 550]])
4.   print("[Segment Anything] start testing points as prompt ...")
5.   masks, scores, logits = predictor.predict(
6.       point_coords=None,
7.       point_labels=None,
8.       box=input_bbox,
9.       multimask_output=True)
10.  for i, (mask, score) in enumerate(zip(masks, scores)):
11.      print(f" >>> BBox prompt: {i}th mask, score: {score:.4f}")
12.      img_show = draw_mask(img_bgr, mask)
13.      img_show = draw_bboxs(img_show, input_bbox)
14.      cv2.imwrite(f'./sam_results/bbox_prompt_{i}_score{score:.4f}_out.png',
     img_show)
```

与基于坐标点提示的方法类似，这里需要传入一个限定框作为提示，框的形式为左上角和右下角的坐标点，即 xyxy 格式。然后将该限定框传入 predict 函数的 box 参数中，用来进行分割。仍然保持 multimask_output=True，从而输出多个不同的预测结果。得到的结果如图 4.10 所示。可以看到，SAM 可以较好地利用输入的限定框所框选的区域对其主体部分进行分割，并且也可以给出多个不同分数的分割结果。

除了基于提示的分割外，SAM 还支持对输入图像整体进行自动分割，类似传统算法的超像素（super-pixel）分割，但是分割的结果更加符合语义信息。下面我们通过调用 SamAutomaticMaskGenerator 函数，对测试图像实现自动分割 mask 的生成，具体见代码 4.26。生成的结果如图 4.11 所示。

图 4.10　基于限定框提示的 SAM 分割结果

图 4.11　SAM 自动整图分割 mask 生成结果
（左边为原图，右边为对应分割结果）

代码 4.26　测试自动整图分割效果

```
1.   mask_generator = SamAutomaticMaskGenerator(sam)
2.   print("[Segment Anything] generate masks of image <food> automatical ly ...")
3.   img_food = cv2.imread("test_figs/food.jpg")
```

```
4.  img_food = cv2.cvtColor(img_food, cv2.COLOR_BGR2RGB)
5.  mask_dicts = mask_generator.generate(img_food)
6.  print(" num of predicted mask items: ", len(mask_dicts))
7.  print(" key of predicted results: \n", mask_dicts[0].keys())
8.  img_show = draw_mask_dicts(img_food, mask_dicts)
9.  cv2.imwrite(f'./sam_results/automatic_out_food.png', img_show)
10. print("[Segment Anything] generate masks of image <street> automatically ...")
11. img_street = cv2.imread("test_figs/street.jpg")
12. img_street = cv2.cvtColor(img_street, cv2.COLOR_BGR2RGB)
13. mask_dicts = mask_generator.generate(img_street)
14. print(" num of predicted mask items: ", len(mask_dicts))
15. print(" key of predicted results: \n", mask_dicts[0].keys())
16. img_show = draw_mask_dicts(img_street, mask_dicts)
17. cv2.imwrite(f'./sam_results/automatic_out_street.png', img_show)
```

从效果图可以看出，SAM 整图分割可以将不同的物体或者目标物体的不同部分较准确地分割出来，多数物体的边界的准确度与语义的一致性都比较好。但是对于一些相对较难的实例（比如有光影变化、颜色差异、遮挡关系等），SAM 的分割结果会更细致，但是缺少了部分语义的一致性。总的来说，SAM 相比于之前的单一任务的分割模型来说具有更强的泛化能力，但是在非典型场景处理中也会具有一定的局限性。

4.3.3 基于 SAM 的交互式分割代码开发与实验

由于 SAM 可以通过点和框的方式作为提示进行分割，并且由于其在网络结构设计上编码器计算量大而解码器计算量小的特点，使得读入一次图片后可以通过多次交互完成符合预期的分割效果，这个特点非常适合交互式分割的任务。OpenCV 中可以通过设置 setMouseCallback 函数对窗口的鼠标操作进行捕获和执行函数内容，通过设计回调函数并结合 SAM 的预测功能，即可实现基于点击或者框选的交互式分割操作，具体见代码 4.27。

代码 4.27　通过 OpenCV 和 SAM 实现交互式分割

```
1.  import numpy as np
2.  import torch
3.  import matplotlib.pyplot as plt
4.  import cv2
5.  from segment_anything import sam_model_registry, SamPredictor
6.  from draw_utils import draw_bboxs, draw_mask, draw_points
7.
8.
9.  img_bgr = cv2.imread("test_figs/cats.jpg")
10. img_rgb = cv2.cvtColor(img_bgr, cv2.COLOR_BGR2RGB)
11. img_copy = img_bgr.copy()
12. img_show = img_bgr.copy()
13. prev_mask = None
14.
15. # load model
16. # model_path = "./ckpt/sam_vit_h_4b8939.pth"
17. # model_type = "vit_h"
18. model_path = "./ckpt/sam_vit_b_01ec64.pth"
```

```
19. model_type = "vit_b"
20.
21. sam = sam_model_registry[model_type](checkpoint=model_path)
22. sam.cuda()
23. predictor = SamPredictor(sam)
24. print("[Segment Anything] start setting image ...")
25. predictor.set_image(img_rgb)
26.
27. input_points = None
28. input_plabels = None
29.
30. # 定义坐标点 prompt 的交互函数
31. def point_prompt_seg(event, x, y, flags, params):
32.     global img_rgb, img_copy, img_show
33.     global prev_mask
34.     global input_points, input_plabels
35.     if event == cv2.EVENT_LBUTTONDBLCLK or \
36.         event == cv2.EVENT_MBUTTONDBLCLK:
37.         # 检测双击事件，并更新 point prompt 集合
38.         if event == cv2.EVENT_LBUTTONDBLCLK:
39.             print("[PointPrompt] selected pos point: ({}, {})".format(x, y))
40.             cur_label = np.array([1])
41.         else:
42.             print("[PointPrompt] selected neg point: ({}, {})".format(x, y))
43.             cur_label = np.array([0])
44.         cur_coord = np.array([[x, y]])
45.         if input_points is None:
46.             input_points = cur_coord
47.         else:
48.             input_points = np.concatenate(
49.                 (input_points, cur_coord), axis=0)
50.         if input_plabels is None:
51.             input_plabels = cur_label
52.         else:
53.             input_plabels = np.concatenate(
54.                 (input_plabels, cur_label), axis=0)
55.         # 模型预测
56.         masks, scores, logits = predictor.predict(
57.             point_coords=input_points,
58.             point_labels=input_plabels,
59.             multimask_output=True,
60.             mask_input=prev_mask
61.         )
62.         maxid = np.argmax(scores)
63.         mask = masks[maxid, :, :]
64.         prev_mask = logits[maxid:(maxid+1), :, :]
65.         # 画出当前分割 mask，并更新 mask
66.         img_show = draw_mask(img_copy, mask)
67.         img_show = draw_points(img_show, input_points, input_plabels)
68.
```

```
69.
70. top_left = None
71. # 定义bbox prompt 的交互函数
72. def bbox_prompt_seg(event, x, y, flags, params):
73.     global img_rgb, img_copy, img_show
74.     global prev_mask
75.     global top_left
76.     if event == cv2.EVENT_LBUTTONDOWN:
77.         # 单击确定左上角点
78.         print("[BBoxPrompt] selected top-left point: ({}, {})".format(x, y))
79.         top_left = (x, y)
80.         img_show=draw_points(img_copy,np.array([[x,y]]),np.array([1]))
81.         # 模型预测
82.     if event == cv2.EVENT_LBUTTONUP:
83.         # 单击确定右下角点
84.         print("[BBoxPrompt]selectedbottom-rightpoint:({},{})".format(x, y))
85.         input_bbox = np.array([[top_left[0], top_left[1], x, y]])
86.         masks, scores, logits = predictor.predict(
87.             point_coords=None,
88.             point_labels=None,
89.             box=input_bbox,
90.             multimask_output=True)
91.         maxid = np.argmax(scores)
92.         mask = masks[maxid, :, :]
93.         prev_mask = logits[maxid:(maxid+1), :, :]
94.         # 画出当前分割 mask, 并更新 mask
95.         img_show = draw_mask(img_show, mask)
96.         img_show = draw_bboxs(img_show, input_bbox)
97.     if event == cv2.EVENT_LBUTTONDBLCLK:
98.         # 检测双击进行reset, 重新画bbox并预测
99.         img_show = img_copy.copy()
100.        prev_mask = None
101.        top_left = None
102.
103.
104.# 创建一个窗口进行交互, 按 Esc 键退出
105.cv2.namedWindow("Prompt")
106.# cv2.setMouseCallback("PointPrompt", point_prompt_seg)
107.cv2.setMouseCallback("Prompt", bbox_prompt_seg)
108.while True:
109.    cv2.imshow("Prompt", img_show)
110.    key = cv2.waitKey(1) & 0xFF
111.    if key == 27:
112.        break
113.cv2.destroyAllWindows()
114.
```

在上面的代码中，定义了两个不同的回调函数，包括基于坐标点作为提示的 point_prompt_seg 函数，以及基于限定框提示的 bbox_prompt_seg。对于点提示的交互式函数来说，首先我们通过 event == cv2.EVENT_LBUTTONDBLCLK 来检测双击的动作，以及 event

== cv2.EVENT_MBUTTONDBLCLK 检测鼠标中键的双击，左键双击表示标注一个正样本点，中键双击表示标注一个负样本点。每次标注的结果被添加到已标注的点的 list 中，并且根据当前 list 中的所有正负样本点提示进行 mask 的预测。预测结果和标注的点通过之前定义的 draw_mask 和 draw_points 两个函数进行作图，并显示到窗口中。在函数执行过程中，先新建一个 namedWindow，然后调用 cv2.setMouseCallback("PointPrompt", point_prompt_seg)检测鼠标事件并执行函数，完成交互式分割。类似地，我们也对基于框选的提示设计了对应的回调函数，其中的 cv2.EVENT_LBUTTONDOWN 和 cv2.EVENT_LBUTTONUP 分别表示鼠标左键的按下和放下的行为，通过该函数，我们在框的左上角单击并拖动至右下角再松开鼠标，即可得到一个限定框，并以此为提示对目标物体进行分割。

下面，我们运行上述代码，并进行交互操作，结果如图 4.12 所示。图 4.12（a）为基于坐标点提示的交互分割结果；图 4.12（b）为基于限定框提示的交互分割结果。

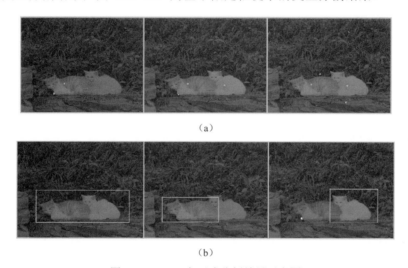

（a）

（b）

图 4.12　SAM 交互式分割效果示意图

在坐标点提示的操作中，第一次双击分割结果是左边的猫的实例，而为了让右边的猫也被分到前景，我们在右边猫身体上继续双击。将右边的猫分割到了前景，但同时下方有一个小斑块被误分为了前景，在这个斑块上双击中键标记为负样本点，即可将其去除。在限定框提示的交互式分割操作中，我们可以通过选择不同的限定框范围来分割出指定的前景区域。从图 4.12 的结果中可以看出，SAM 的分割精度较高，且分割出的目标符合预期，这说明 SAM 可以作为一个零样本分割器（类似超像素分割）对目标物体进行有效地分割，从而为后续可能的处理任务提供初步信息。

第5章 目标检测算法原理

本章介绍计算机视觉领域的另一个重要任务——目标检测（object detection），以及目标检测任务的关键问题和处理思路，并对目标检测相关的经典模型分别进行介绍。另外，还介绍目标检测的两个特殊任务：小目标检测和旋转目标检测，并介绍这两个任务各自的特殊性及对应的解决方案。

5.1 目标检测任务概述

这一节对目标检测任务进行简要介绍。主要包括目标检测任务的定义与目的，目标检测解决方案的发展过程，并针对目标检测问题的挑战和难点进行分析，另外还会介绍目标检测任务常用的度量评价指标。最后，通过简单的具体案例来介绍目标检测在实际生产生活场景中的应用，从而更好地理解目标检测技术的实用前景。

5.1.1 目标检测方法的发展

目标检测是计算机视觉领域的一类重要任务，它的主要目的就是从图像或者视频中对于目标物体进行定位（localization）并分类（classification）。一般来说，目标检测的输出是包围目标物体的矩形限定框（bounding box，bbox），它包括了 bbox 的位置坐标，以及被框选出的物体所属的类别，还有对该物体的置信度（confidence）。与分类任务相比，目标检测任务多了定位的工作，而相比于语义分割，目标检测在输出的精细程度上不需要像语义分割那样精确到像素级别，但是它对同属一类的不同物体可以区分。如果先通过目标检测对单个物体检出并框选，然后对框内的像素进行精细分割，这就是我们前面介绍过的另一个常见的视觉任务——实例分割。

目标检测在很多场景中都有广泛应用，虽然当前的绝大多数目标检测方法都是基于深度学习和神经网络，但实际上目标检测任务在深度学习兴起之前就已经有了很多的研究，并且取得了一定的成果。传统的目标检测方案一般是通过对候选区域进行遍历，并且依据某些传统特征提取器进行特征提取，然后再利用分类器对提取到的代表该区域的特征进行分类，以确定是否该区域属于某个类别。这种方案的简单的流程示意如图 5.1 所示。

图 5.1 传统的目标检测方法

这种传统方法的目标检测有很多局限性，首先，通过滑窗遍历所有子区域，会导致产生非常多的候选区域，如果每个区域都需要进行特征提取和分类计算，使得计算量大大增加，但实际上大部分区域都是没有目标的，因此造成了很大的冗余。针对滑动窗冗余的问题，人们也提出了许多方法，通过图像信息提供一些更准确的备选框用于后面的分类，以降低计算复杂度。这类方法通常称为候选框生成算法（region proposal algorithm）。另外，传统方法的特征提取方法鲁棒性往往比较有限，有的还需要手工设计特征，再加上分类器表达能力有限，因此后面逐渐被深度学习方案所替代。但是，基于深度学习的目标检测方法与传统方案也有很多联系和借鉴，早期的深度学习方案利用了传统方法（比如 selective search 和 SVM）结合神经网络的表达性能和先验设计出了更优的目标检测器，而且很多模块改进的思路也是延续自传统方案中的经验。因此，在介绍深度学习目标检测方法之前，了解一些传统的目标检测方案也是非常必要的。

传统方法中的一个比较经典的模型是 DPM（Deformable Parts Model，可变性部件模型）[27]。DPM 沿用了 HOG（histogram of gradient，梯度直方图）的思路提取图像的特征，并针对其进行了改进。

HOG 特征的大致计算思路是这样的：首先，对各个像素点计算 x 和 y 两个方向上的梯度，即可得到该像素点的梯度大小及其方向，然后，将梯度方向（0°~360°）进行分箱，将梯度的大小考虑在内，类似图像直方图的计算方式，将一个区域内的梯度映射到各个箱中，得到一个表示该区域的特征向量。将这样得到的特征向量进行某种方式的归一化后，图像中所有位置的特征向量就共同构成了图像的特征信息。由于 HOG 特征从梯度计算得到，因此对于光照不敏感，而对于边角细节等具有类别区分度的代表性特征较为敏感，可以用来用作语义级别的分类。对于目标检测任务来说，一般需要设计模板特征，并与滑窗内的子图的特征计算相似度进行匹配。

但是，对于目标检测任务来说，简单地通过特征模板匹配的思路有一个重要缺陷，那就是对于物体的形变无法处理。当然，如果将各个部分的特征分散处理可以解决对于形变的问题，但是却很难精准地对物体进行定位。DPM 的提出主要就是为了解决这个问题，它的想法是通过一个根滤波器（root filter）和若干的部分滤波器（part filter），其中根滤波器描述整体的目标特征，部分滤波器描述各个部分的特征。以人体检测为例，根滤波器就是整个人体的模板，而部分滤波器是各个部位，比如头、手臂、腿等的匹配模板。部分滤波器不需要预先设定，而是作为隐变量自动学习得到。另外，还有一个形变模型（deformation model），它的作用是规定各个部分的相对位置，用于惩罚变形过大的情况。为了更加精细地对各个部分进行匹配，部分滤波器的匹配是在两倍尺寸的特征图上进行的。另外，整个匹配过程是多尺度进行的，每个尺度的匹配过程如图 5.2 所示。

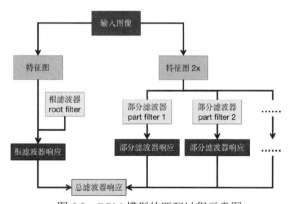

图 5.2　DPM 模型的匹配过程示意图

DPM 模型在神经网络检测方法流行以前，可以说是领域内最为经典的模型之一，在各种常见数据集上也取得了很好的效果。卷积神经网络实现目标检测的过程在某种意义上也可以视为类似的思路，即先提取各个位置、各个尺度下的目标物体各部件的特征，然后以此进行整合和分类。实际上，DPM 模型也可以用 CNN 的形式重新表示，说明了两者在一些基本的处理思路上存在着某种共同性。

5.1.2 目标检测的难点

目标检测任务由于要求定位和范围限定的准确性，相比于单个目标图像的分类任务来说更加复杂和困难。一般来说，目标检测任务主要有以下几方面的难点：

首先是目标的遮挡问题。在自然图像中，由于深度关系的不同，不同物体之间的遮挡是很常见的现象。而对于目标检测任务来说，这种遮挡关系会导致目标物体可见的形状的变化，而且由于遮挡物的位置和大小的不确定，会给目标物的形状变化带来很多的不确定性。另外，遮挡关系会导致目标的部分内容缺失，这对于目标检测算法来说可能会导致类别无法判断或者错误判断，如果缺失的是较为关键的、有类别辨识特征的部分，这样的遮挡带来的问题会更加显著。另外，如果遮挡物也是需要检测的目标类别，那么就会造成目标的重叠，对于这两个目标都要检出，为算法增加了难度。

目标检测中的另一个难点是小目标检测。小目标也就是在图像中像素数较少的目标，可能只有几十个甚至几个像素。由于目标范围过小，其可以提取到的特征也比较有限，提高了分类难度。另外，小目标也对图像的定位精度提出了更高的要求。除此以外，对于实际的模型训练来说，一般小目标在常用的目标检测数据集中的占比相对较少，这就导致了样本数量少及样本不均衡的问题。以上这些问题使得小目标检测也是当前目标检测任务的一个重点和难点。

除此以外，物体的视角、形变等因素也是制约目标检测效果的重要因素。在某些场景下（比如端侧应用，手机端的人脸检测，自动驾驶的行人检测等）对检测的实时性也有要求，因此如何轻量化且保证效果也是目标检测中的一个实际难题。其他的目标检测领域的重点难点还包括样本不均衡、不同域的迁移，以及开集检测等。虽然目标检测已经发展了很长的时间，并取得了很多重要的突破，但这个领域仍然还有很多技术与应用的难点问题等待研究者们去解决。

5.1.3 目标检测方法的评价准则

对于目标检测模型的效果有一些公认的评价指标。与之前介绍的语义分割的评价指标类似，我们也可以通过准确率、召回率等方式评估目标检测的结果。然而，与语义分割以单个像素为统计单位不同，目标检测是以限定框（bbox）为统计单位来计算准确率等指标的。对于语义分割来说，一个像素被正确分类了，那么 TP 值就会加 1，而对于目标检测模型，当一个 bbox 被正确检测出来，目标检测的 TP 值会加 1。FP、FN 的定义和计算方法也是类似。用这里得到的 TP、FP、FN，按照之前在语义分割评价指标那里介绍的方式，就可以计算出准确率和召回率，以及各种衍生的评价指标。一般来说，由于目标检测只有正样例（即标签中的所有 bbox），因此计算 TN 没有意义（不过对于训练过程，我们还是会定义出一些负样例用于训练模型）。

既然以 bbox 作为计算单位，那么就涉及一个问题：如何评价一个 bbox 是否被正确检出？通常用的方法是根据预测结果与 GT 的 IoU 来进行判断，如果对于某一个类别，预测的 bbox 与 GT 中的某个 bbox 的 IoU 大于一定的阈值，那么我们就认为这个 bbox 是预测正确的。为了防止多个预测结果的 bbox 与同一个 GT bbox 重复计算，在多个预测 bbox 都和同一个 GT bbox 的 IoU 大于阈值的情况下，只保留置信度最大的 bbox，其他的不再认为是 TP，而被看成 *FP*。从实现的角度，可以将预测 bbox 集合按照置信度进行排序，当前面的预测 bbox 与某个 GT bbox 被当成 TP 计算了之后，就不再用这个 GT bbox 与后面的预测 bbox 进行计算了。那么，对于所有预测出来的 bbox 中没有被计为 TP 的那些剩下的 bbox 的数量，就是 FP。而 GT 的 bbox 集合中，没有被检测出来的剩下的 bbox 数量，就是 FN。

根据以上 TP、FP、FN 的判断，可以计算出每个类别的准确率和召回率。但是，由于我们可以通过对于置信度的阈值来控制模型输出多少个 bbox，因此一般需要计算平均准确率（average precision，AP）。准确率和召回率是相互制约的关系，对于同一个模型，如果希望准确率高，那么只需要将置信度阈值设置得高一些，使得输出的预测 bbox 都是比较确定的，那么这样就可以让预测结果中更多的是预测对的。但这样操作会使预测的 bbox 总数更少，从而很多真实的目标框被遗漏，导致召回率变低。如果降低置信度，则刚好相反，GT 目标框更容易被召回，但是准确率会下降。因此，我们按照置信度进行排序，并通过调整置信度，就可以得到许多（recall, precision）的数据点，表示在特定阈值下的召回率与准确率。这些点的连线就是 P-R 曲线，直观上来说，这个曲线与坐标轴围成的面积越大，模型也就越好。AP 计算的就是在不同召回率下的准确率的平均值。在具体的实现中，一般需要对 P-R 曲线通过求包络的方式进行平滑，有些规则需要指定固定的召回率数值点，对这些点下的准确率求平均，而有些规则针对所有真实的召回率下的准确率进行平均。计算出每个类别的 AP 后，对所有类别的 AP 进行平均，就是常用的 mAP（mean average precision）指标。

由于不同的 IoU 阈值也会影响 TP 和 FP 的判断，进而影响 mAP 指标，因此在有些时候会标注出该 mAP 是在哪个 IoU 阈值下计算的，比如常用的 mAP@0.5 指的是在 IoU 阈值大于 0.5 的情况下就认为检测正确，在这种设定下得到的 mAP 指标。还有一个常用的是 mAP@0.5:0.95，它指的是将 IoU 阈值从 0.5 取到 0.95（即 0.5, 0.55, 0.6,…, 0.95），分别计算对应 IoU 阈值下的 mAP，然后进行平均。另外，还有一些情况下要对目标物体大小进行区分，比如 mAP(large)、mAP(medium)、mAP(small)，分别表示大目标、中等目标和小目标的检测效果。

5.1.4　目标检测的应用场景

目标检测有着非常广泛的应用场景，这里简单介绍几个实际生产生活场景中的目标检测任务的具体应用，来说明目标检测技术是如何提高生产效率和方便我们的日常生活。

首先，目标检测对于人脸识别等安防技术有重要的作用。在当下社会生活中，人脸识别已经不再是一个特殊的任务，它的应用已经遍布我们日常出行、购物、工作等方方面面。从购物支付的人脸身份核验，到乘坐火车的人脸识别进站，以及各种门禁的人脸验证，都离不开人脸识别技术。人脸识别需要对待处理的人脸图像与数据库中已有的图像进行比对，确定当前人脸对应的身份，而人脸的检测就是人脸识别的一项基础任务，准确稳定地检测到人脸的位置后，才可以通过识别算法对人脸特征进行提取和匹配。另外，对于一些监控和侦察相关的安防场景，很多时候还需要对行人、车辆等目标进行检测和跟踪，以监测可能发生的异常。

对于工业生产场景，目标检测模型也有很多应用场景。比如对于流水线生产车间中各种产品的分类、识别和自动分拣、排列，以及对可能的瑕疵产品和缺陷产品的检测，包括更加精细的缺陷位置的检测等。另外，目标检测也可以对于整个生产环境，包括机器设备的运转情况及操作工人的安全进行监控和保护，从而提高生产效率、减少事故的发生。

除了上述两个场景以外，还有很多其他场景利用了目标检测技术。比如，在自动驾驶领域比较常用的行人和车辆的检测及各种交通标识牌的检测和识别，都与目标检测任务有关。另外，医学影像中目标检测模型也可以用于辅助医生进行病灶和肿瘤等目标物的检测和分类。总结来说，目标检测作为计算机视觉中的核心任务之一，在很多场景中都起到了关键的作用。

5.2 目标检测经典模型

下面我们对目标检测领域内的经典模型和有启发性的模型分别详细介绍。目标检测模型按照算法流程一般可以分为两阶段（two-stage）模型和单阶段（one-stage）模型。其中，两阶段模型指的是需要先预测或者生成候选框，然后对候选框内的目标进行分类，以及对候选框的位置和大小进行修正，这种流程类似于传统方法的先取框再计算特征并进行分类的模式，可以看成是传统方法的一种延续，也是最早的将深度学习应用到目标检测任务中的方案，其代表有 R-CNN、Fast R-CNN 等。而单阶段模型则不需要预先生成候选框，而是直接对整张图中的目标位置、类别、bbox 大小等信息进行预测，这种方式的算法流程更加简单，并且预测速度相对更快。单阶段模型的代表有 YOLO 系列，SSD 等。我们先来介绍两阶段的 R-CNN 模型及其迭代版本。

5.2.1 R-CNN：从传统方法到 CNN 方法

由于 CNN 在分类等语义任务上的强大性能，一个自然的想法就是用 CNN 提取的特征代替传统的 HOG 等手工特征，用来进行目标检测任务，以提高对于类别的学习和自适应能力。R-CNN 模型[28]是最早的利用 CNN 强大的特征提取和表达能力，并结合传统的候选区域生成算法和分类算法的目标检测模型。该模型由 Ross Girshick 等人在 2013 年提出，其中 R-CNN 中的 R 指的是 region，即区域，表示它是基于区域去提取 CNN 特征的。R-CNN 的基本流程图如 5.3 所示。

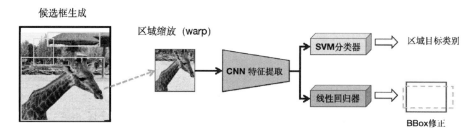

图 5.3　R-CNN 的流程图

R-CNN 的处理过程是这样的：对于一张输入图像，先通过候选框生成（region proposal）算法生成足够多的候选区域的 bbox，再通过这些 bbox 对原图进行裁切，选取感兴趣区域中的图像内容，并将它们缩放到同样大小，以便输入 CNN 分类网络。最后，将分类网络训练好的分类特征提取出来，用来进行分类和 bbox 回归，分类模型和回归模型采用的是传统的机器学习算法。从 R-CNN 流程可以看出，作为深度学习目标检测的首个模型，R-CNN 模型中的很多步骤都是采用了传统方案，比如候选框的生成、目标分类与 bbox 回归，而 CNN 只是用来替换传统方案分类中的特征提取部分。下面，来对每个模块进行详细说明。

R-CNN 的第一个步骤是候选框的生成。R-CNN 实际上是对于候选框生成方案无关的，也就是说任何一种合适的候选框生成都可以满足要求。但是为了方便与之前的工作进行对比，R-CNN 的作者采用了选择性搜索算法（selective search）来生成候选框。选择性搜索的基本目的是从图上所有 bbox 中选出一些有可能包含有物体的 bbox，然后送入后面的模块进行预测，从而避免对于所有 bbox 的穷举搜索（exhaustive search）。选择性搜索算法首先通过一种基于图（graph）的图像分割方法得到一些初始区域，然后利用层级分组算法（hierarchical grouping algorithm）对这些初始区域进行合并，并计算区域的 bbox。层级分组算法的具体步骤如下：首先，把所有初始区域的集合作为备选区域集合 R，并计算初始区域中的相邻区域之间的相似度，维护一个相似度集合 S，用于保存所有被计算出的相似度及其对应的区域标识。然后，从当前所有的区域集合中取出相似度最大的两个相邻区域 r_i 和 r_j，将它们进行合并，得到一个新的区域 r_t。这个新的区域就被加入备选区域集合 R 中，并且将这两个已经被合并掉的区域 r_i 和 r_j 所对应的邻域相似度从相似度集合 S 中删除，对新得到的 r_t 计算相邻区域的相似度并加入 S 中。对这个过程进行迭代操作，直到 S 为空，即所有的合并都已完成。然后，我们对 R 中得到的各个阶段的备选区域（分割区域）找到它们的 bbox，这样就得到了融合过程中的各种尺度和状态的潜在的目标 bbox。在选择性搜索算法中，为了提高得到结果的多样性，还可以采用不同的颜色空间来适应不同的不变性，以及不同的相似度特征（比如颜色、纹理、尺寸、形状兼容性等）相结合的方式，获得更加丰富和合理的区域候选结果。选择性搜索的流程如图 5.4 所示。

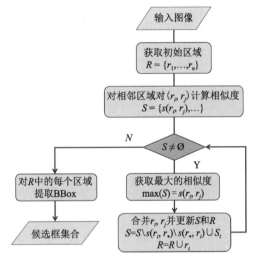

图 5.4　选择性搜索（selective search）算法的流程图

获得候选框集合后，接下来就是用这些框去裁切原图，得到各种不同尺寸和长宽比的局部区域图像。为了适应分类 CNN 的输入尺寸（AlexNet 输入尺寸是需要统一的，由于全连接层神经元个数是固定的，所以需要保证进入全连接层之前的图像特征是固定大小的。实际上 CNN 可以允许不同尺寸的输入），首先将这些局部区域图像缩放（不固定长宽比）到 CNN 所需的尺寸大小，然后对 CNN 进行训练。CNN 的训练就是以训练分类网络的方式进行，但是这里并不直接用分类的结果直接作为目标检测的结果，而是将得到的特征向量送入 SVM 进行分类（相当于用 SVM 代替了逻辑回归模型进行分类）。

对于分类 CNN 来说，由于局部区域的图像的长宽比（也就是候选 bbox 的长宽比）差距较大，因此直接缩放可能带来图像内容的空间扭曲的问题。这种扭曲后的图像数据集与分类问题数据集存在一定的领域差异（domain gap），所以需要对一个在分类任务上预训练的 CNN 模型进行微调（fine-tune）。在 R-CNN 模型中，CNN 模型首先在 ILSVRC 分类数据集上进行了预训练，然后将学习率降低到 1/10，在目标检测的 bbox 缩放扭曲后的数据集上进行微调。对于各种候选框进行分类，还需要定义出哪些是正样本，哪些是负样本。在 R-CNN 中采用的策略是，对于与某类的 GT bbox 的 IoU 大于等于 0.5 的候选 bbox，它对应的输入图像就被认为是该类的正样本，其余的则为负样本。另外，在训练采样每个 batch 的时候，保持正负样本的比例倾向于比随机采样的方式多取正样本，这是由于在目标检测问题中，正样本相对于背景来说比较稀缺，通过这种方式可以使模型获取更多有意义的正样本的信息。

最后就是 SVM 分类器的训练和 bbox 回归模型的训练。对于分类器，R-CNN 中对于每个类别都训练了一个线性 SVM 分类器，由于训练数据量过于庞大，因此采用了标准的难负样本挖掘策略。对于 SVM 中的正负样本定义与 CNN 微调有所不同，在 SVM 分类器中，只有每个类别的 GT 的 bbox 被认为该类的正样本，而负样本则被定义为与 GT bbox 的 IoU 小于 0.3 的候选框。bbox 回归模型也是对每个类别单独进行训练的。回归的过程就是利用候选框 bbox 的坐标与 CNN 提取到的特征，对 bbox 的实际坐标进行回归预测。这个过程采用的是带正则的线性回归，即岭回归（ridge regression）的方式进行的。它的回归目标如下：

$$t_x = (G_x - P_x)/P_w$$
$$t_y = (G_y - P_y)/P_h$$
$$t_w = \log(G_w/P_w)$$
$$t_h = \log(G_h/P_h)$$

其中，t_x, t_y, t_w, t_h 就是回归目标，P 和 G 分别表示候选框 bbox 和 GT bbox。这四个回归目标对应的分别是 bbox 位置的移动与大小的缩放，对应的公式如下：

$$G_x = P_w t_x + P_x$$
$$G_y = P_h t_y + P_y$$
$$G_w = P_w \exp(t_w)$$
$$G_h = P_h \exp(t_h)$$

训练后的 bbox 回归模型就可以基于候选框当前位置，用 CNN 特征计算平移和缩放系数，然后施加到当前候选框 bbox 上，即可获得修正后的 bbox 预测。

在测试时的目标检测计算流程中，还有一个值得注意的操作，那就是非极大值抑制策略（non-maximum supression，NMS）。这个操作在目标检测模型中经常出现，它主要解决的是对于同一个目标区域的重复预测，如图 5.5 所示。NMS 的基本逻辑是，如果有预测重复的，优先保留置信度高的预测 bbox，将置信度低的舍弃掉。

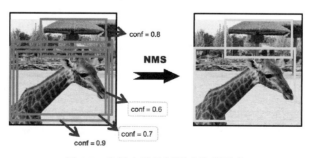

图 5.5　非极大值抑制策略结果示意

对于一个预测结果，它的形式应该是一个(x, y, w, h, c)的元组的集合，包含四个可以确定 bbox 坐标的值（可以是 bbox 中间位置坐标加长宽值，也可以是矩形框对角点的坐标），以及一个置信度值 c。NMS 以这样一个集合作为输入，它的具体计算过程如下：首先，将所有的预测结果按照置信度进行降序排列，维护一个保留的 bbox 集合 S，将置信度最高的 bbox 加入 S，然后，依次按照置信度排序遍历所有 bbox，如果遍历到的某个候选框 m 与 S 中的某个 bbox n 的 IoU 大于给定的阈值 thr，就将 m 舍弃，如果 m 与所有 S 中的 bbox 的 IoU 都不大于该阈值 thr，就保留 m 并将其加入 S。完成遍历后，所有 S 中的 bbox 就是被 NMS 过滤后的结果。过滤后的结果避免了重叠过大的 bbox 同时存在。NMS 的示例见代码 5.1。

代码 5.1　NMS 算法示例

```python
1.  import torch
2.
3.  def calc_bbox_iou(bbox_a, bbox_b):
4.      """
5.          bbox: torch.Tensor, size [4]
6.          (x1, y1, x2, y2) 左上角和右下角坐标
7.      """
8.      # 计算两个输入 bbox 的面积
9.      x1a, y1a, x2a, y2a = bbox_a
10.     x1b, y1b, x2b, y2b = bbox_b
11.     wa = torch.clamp(x2a - x1a, min=0)
12.     ha = torch.clamp(y2a - y1a, min=0)
13.     area_a = wa * ha
14.     assert area_a > 0
15.     wb = torch.clamp(x2b - x1b, min=0)
16.     hb = torch.clamp(y2b - y1b, min=0)
17.     area_b = wb * hb
18.     assert area_b > 0
19.     # 求解输入 bbox 相交的框，并计算交集面积
20.     x1 = max(x1a, x1b)
21.     y1 = max(y1a, y1b)
22.     x2 = min(x2a, x2b)
23.     y2 = min(y2a, y2b)
24.     w = torch.clamp(x2 - x1, min=0)
25.     h = torch.clamp(y2 - y1, min=0)
26.     # 计算 IoU
27.     intersect = w * h
28.     union = area_a + area_b - intersect
29.     iou = intersect / union
30.     return iou.item()
31.
32.
33. def non_maximum_supression(bboxes, probs, iou_thr=0.5):
34.     """
35.     args:
36.         bboxes <torch.Tensor> size is [b, 4] 输入 bbox 集合
37.         probs <torch.Tensor> size is [b] 各个 bbox 对应的置信度
38.     ret:
39.         bboxes_kept <torch.Tensor> 经过 NMS 后保留下来的 bbox
```

```
40.     """
41.     # 根据置信度排序，得到概率从大到小的 indices
42.     _, indices = torch.sort(probs, descending=True)
43.     res_idx_ls = list()
44.     while indices.numel() > 0:
45.         idx = indices[0]
46.         # 每轮抑制的第一个元素直接加入
47.         # 因为已经确定与已保留的 bbox 无重叠
48.         res_idx_ls.append(idx.item())
49.         if indices.numel() < 2:
50.             break
51.         cur_bbox = bboxes[idx]
52.         no_remove_ls = list()
53.         # 用新加入的保留 bbox 对后面的进行抑制
54.         # 由于前面所有的保留 bbox 都对后面的元素进行过抑制，因此
55.         # 只需要在加入当前的 bbox 抑制一遍即可
56.         for i, test_idx in enumerate(indices[1:]):
57.             if calc_bbox_iou(bboxes[test_idx], cur_bbox) < iou_thr:
58.                 # 不重的 bbox 被保留下来
59.                 no_remove_ls.append(i)
60.         # 更新保留下来的 bbox indices 列表
61.         indices = indices[1:][no_remove_ls]
62.     # 最终的 NMS 后的结果 bbox
63.     bboxes_kept = bboxes[res_idx_ls]
64.     return bboxes_kept
65.
66.
67. bbox_a = torch.Tensor([1, 1, 3, 3])
68. bbox_b = torch.Tensor([2, 2, 4, 4])
69.
70. iou = calc_bbox_iou(bbox_a, bbox_b)
71. print("bbox_a 和 bbox_b 的 IoU 为: ", iou)
72.
73.
74. bboxes = torch.Tensor([[1,1,30,30],
75.                        [1,1,31,31],
76.                        [1,1,40,40]])
77. probs = torch.Tensor([0.8, 0.9, 0.5])
78. bboxes_kept = non_maximum_supression(bboxes, probs, iou_thr=0.9)
79. print("NMS 前 bbox 集合 \n", bboxes)
80. print("NMS 前各个 bbox 对应概率 \n", probs)
81. print("=" * 24)
82. print("NMS 后 bbox 集合 \n", bboxes_kept)
83.
```

上述代码的测试输出结果为：

```
bbox_a 和 bbox_b 的 IoU 为:  0.1428571492433548
NMS 前 bbox 集合
 tensor([[ 1.,  1., 30., 30.],
         [ 1.,  1., 31., 31.],
         [ 1.,  1., 40., 40.]])
NMS 前各个 bbox 对应概率
```

```
 tensor([0.8000, 0.9000, 0.5000])
 ===========================
 NMS 后 bbox 集合
 tensor([[ 1.,  1., 31., 31.],
         [ 1.,  1., 40., 40.]])
```

从最终效果上来说，R-CNN 相比于传统方法得到了大幅度的提升，检测效果（mAP 度量）提高了 30% 多，是目标检测领域的一大突破。从模型设计上来说，R-CNN 也为后来的两阶段模型设立了一个基本的框架和基线。但是从另一方面来说，R-CNN 也存在许多明显的缺陷和可改进点，比如模型计算和训练步骤烦琐，每个区域都要过 CNN 网络导致计算开销较大，选择性搜索本身的时间开销等等。这些问题在之后的模型中也都被关注并改进。

5.2.2　SPP-net：空间金字塔池化网络

SPP-net [29] 全称为 spatial pyramid pooling network，即空间金字塔池化网络。SPP-net 目标检测模型延续了 R-CNN 的两阶段的策略，以及基本训练测试流程，它主要是为了解决 R-CNN 中的两个比较明显的问题：其一是效率问题，由于 R-CNN 中每个区域都要作为输入图像进入 CNN 提取特征，这样就导致大量的计算，从而成为预测时的效率瓶颈；另一个问题则是输入区域图像需要经过长宽比不固定的缩放，这就使得目标形状会发生形变，从而影响训练的效果。这两个问题其实都来自 R-CNN 的基本设定，那就是用候选框裁切原图。由于 CNN 可以保留空间信息的特性，实际上只需要提取一次原图的特征图，就可以获得各个区域对应的子特征图。也就是说，我们并不需要对每个候选区域在原图进行裁切，而是只需要在特征图层面进行裁切即可。这种修改可以省去很多重复运算，从而提高效率。SPP-net 与 R-CNN 的基本流程图的区别如图 5.6 所示。

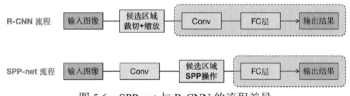

图 5.6　SPP-net 与 R-CNN 的流程差异

上述操作还面临另外一个问题，那就是如何将不同 bbox 区域对应的特征图映射到同样大小的特征向量，从而进入最后的分类器。这个问题的解决也正是 SPP-net 的主要创新点，即图 5.6 中所标注的 SPP 模块。SPP 模块的结构如图 5.7 所示。

SPP 通过不同参数的池化操作，得到不同的固定尺寸的输出结果，比如图中的 1×1、2×2 和 4×4。然后将这些特征向量拉平并在特征通道上进行拼接，得到最后的结果。SPP 模块主要解决的是如何提取不同尺度的特征，并且对不同尺寸的输入都能得到相同长度的特征向量的问题。在 SPP-net 中，我们首先将候选框的 bbox 根据模型的下采样倍率关系，映射到特征图上，从而可以获取一个特征图中的 ROI 区域。这个 ROI 区域大小是可变的，而我们又需要一个定值长度的特征，因此需要根据 ROI 的大小，动态调整池化的核大小与步长，使得输出满足固定的尺寸。比如说，对于一个 32×16 的特征图 ROI 区域，如果要想得到 4×4 大小的输出特征图，就需要对这个 ROI 进行核为 8×4 的池化操作，且两个方向的步长分别也是 8 和 4。而对于大小为 48×12 的 ROI，则池化核变成了 12×3，步长也同样改变。对于不能整除的情况，可以设定核大小为 ceil(h/n)×ceil(w/n)，其中 ceil 为向上取整，而对应的步长分别为 floor(h/n)和 floor(w/n)，floor 为向下取整，这样也可以使得输出仍然保持给定的大小。SPP 的一个实现示例见代码 5.2。

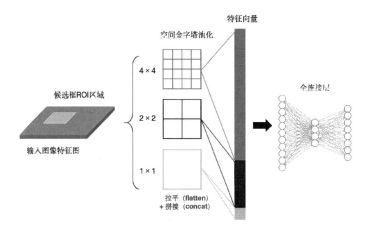

图 5.7　SPP 模块示意图

代码 5.2　SPP 代码示例

```
1.   import math
2.   import torch
3.   import torch.nn as nn
4.   import torch.nn.functional as F
5.
6.   class SPPModule(nn.Module):
7.      def __init__(self, levels=[1, 2, 3, 6], pool_mode="max"):
8.          super().__init__()
9.          self.levels = levels
10.         self.pool_mode = pool_mode
11.         if pool_mode == "max":
12.             self.pool = nn.MaxPool2d
13.         else:
14.             assert pool_mode == "avg"
15.             self.pool = nn.AvgPool2d
16.
17.     def forward(self, x):
18.         b, c, h, w = x.size()
19.         out_vec = None
20.         for level in self.levels:
21.             # 对于每个 level，计算其 pooling 参数，使得输出为 level × level 大小
22.             h_gridsize,w_gridsize=math.ceil(h/level),math.ceil(w/level)
23.             h_stride,w_stride=math.floor(h/level),math.floor(w/level)
24.             pool = self.pool((h_gridsize, w_gridsize), stride=(h_stride,
     w_stride), padding=(0, 0))
25.             out = pool(x)
26.             print(f"[SPP forward] level {level}x{level}, current level size :
     {out.size()}")
27.             if out_vec is None:
28.                 out_vec = out.view(b, c * level ** 2)
```

```
29.          else:
30.              out_vec=torch.cat([out.view(b,c*level**2), out_vec], dim=1)
31.      return out_vec
32.
33. spp = SPPModule(levels=[1, 2, 3, 6], pool_mode="max")
34. x_in = torch.randn(3, 8, 211, 103)
35. out_vec = spp(x_in)
36. print(f"output vector size: {out_vec.size()}")
37.
```

输出结果如下：

```
[SPP forward] level 1x1, current level size : torch.Size([3, 8, 1, 1])
[SPP forward] level 2x2, current level size : torch.Size([3, 8, 2, 2])
[SPP forward] level 3x3, current level size : torch.Size([3, 8, 3, 3])
[SPP forward] level 6x6, current level size : torch.Size([3, 8, 6, 6])
output vector size: torch.Size([3, 400])
```

可以看出，最终的向量长度为 $(1\times1+2\times2+3\times3+6\times6)\times8 = 400$，即各金字塔各层的特征图向量化并拼接后的总长度。

5.2.3　Fast R-CNN 和 Faster R-CNN：R-CNN 的进化

由于 R-CNN 中反复裁切原图 bbox 区域并过 CNN 计算特征带来的计算负担使得 R-CNN 效率较低，因此，在后续的迭代版本 Fast R-CNN [30]中对这个问题进行了优化。我们看到上面的 SPP-net 对 R-CNN 的改进主要就在调换了 bbox 裁切和 CNN 提取特征的顺序，从而可以在计算好的特征图上进行裁切，并且结合了 SPP 模块，使输出可以无视特征图中 ROI 区域的大小，得到相同长度的特征向量。Fast R-CNN 的主要改动与此类似，也是先将图片提取特征，然后利用 ROI 池化（ROI pooling）方法对不同大小的 ROI 提取到相同大小的特征，最后，Fast R-CNN 放弃了 SVM 分类和线性边框回归，改为了网络形式的 FC 层，从而使整个模型成为一个端到端的结构，如图 5.8 所示。

Fast R-CNN 的主要特点和贡献包括以下几个方面：首先是效果优于 R-CNN 和 SPP-net；另外，相比 R-CNN 需要分别训练并且预先提取特征训练分类模型等烦琐的操作，Fast R-CNN 只需要端到端训练一个多任务损失函数即可完成对目标检测任务的学习。Fast R-CNN 中的一个重要结构就是 ROI 池化，ROI 池化可以看成是一个特殊的 SPP 模块，即只有一层金字塔的 SPP。它先将 ROI 内的特征图划分为 $h\times w$ 个子区域，然后分别在每个区域进行最大值池化，得到对应格子的值。ROI 的输出尺寸的空间大小就是 $h\times w$。ROI 池化的一个示例见代码 5.3。

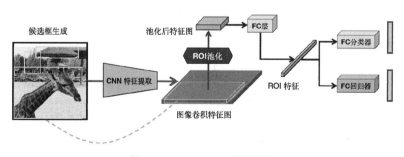

图 5.8　Fast R-CNN 模型结构

代码 5.3 ROI 池化模块代码示例

```
1.  import torch
2.  import torch.nn as nn
3.  import torch.nn.functional as F
4.
5.
6.  class ROIPool(nn.Module):
7.      def __init__(self, output_size):
8.          super(ROIPool, self).__init__()
9.          self.output_size = output_size
10.
11.     def forward(self, feat, rois):
12.         """
13.             rois: [num_roi, 5], num_roi 表示对于一个该 batch 共有 num_roi 个 ROI 区域,
14.             每个 roi 共 5 个元素, 分别表示: sample_index, xmin, ymin, xmax, ymax
15.         """
16.         assert rois.dim() == 2 and rois.size()[1] == 5
17.         pool_out = list()
18.         for _, id_bbox in enumerate(rois):
19.             sample_idx = id_bbox[0]
20.             xmin, ymin, xmax, ymax = id_bbox[1:]
21.             # 找到 ROI 对应的 batch 中的样本和区域，裁剪出来
22.             region=feat[sample_idx:sample_idx+1,:,ymin:(ymax+1),xmin: (xmax+ 1)]
23.             # 通过自适应最大池化，得到 output_size 大小的输出结果
24.             cur_out = F.adaptive_max_pool2d(region, self.output_size)
25.             pool_out.append(cur_out) # [1, c, out_size_0, out_size_1]
26.         # 对所有 rois 中的 ROI 的输出进行拼接
27.         pool_out=torch.cat(pool_out,dim=0)#[num_roi,c,out_size_0,out_ size_1]
28.         return pool_out
29.
30. # 生成一个测试样例: batch 特征图和对应的 ROI 列表
31. feat = torch.randn(4, 64, 256, 256)
32. rois = torch.LongTensor(
33.     [[0, 3, 5, 120, 150],
34.      [1, 120, 200, 230, 240],
35.      [1, 36, 50, 108, 100],
36.      [2, 18, 27, 96, 53],
37.      [3, 50, 50, 100, 105]
38.     ]
39. )
40. roi_pool = ROIPool(output_size=(6, 6))
41. pool_output = roi_pool(feat, rois)
42. print('ROI Pooling output size : ', pool_output.size())
43.
```

输出结果如下：

```
ROI Pooling output size : torch.Size([5, 64, 6, 6])
```

可以看出，通过 ROI 池化，可以获得一个固定尺寸的特征图，其 batch 大小即 ROI 区域的数量，通道数与输入特征图相同，特征图宽高为指定的输出大小。

对于多任务损失函数，Fast R-CNN 对于提取到的 ROI 特征分别进入分类和回归两个分支，

分别产生类别预测和 bbox 预测。分类分支产生一个 $K+1$ 的 softmax 后的类别向量（K 个目标类别加 1 个背景类），bbox 回归仍然是采用(x, y, w, h)的方式，预测尺度无关的平移系数及 log 域的宽高相对于候选框宽高的变化量。整体的损失函数数学形式如下：

$$L = L_{cls}(p,u) + \lambda[u \geqslant 1]L_{loc}(t_u, v)$$

其中，L_{cls} 为分类损失函数，p 和 u 分别表示类别向量和类别索引。数学形式就是 $\log(p_u)$，而 L_{cls} 为 bbox 位置的损失函数，L_{loc} 只在有目标类别的情况下计算（即公式中的$[u \geqslant 1]$），它的数学形式是各个数值对 GT 的 smooth L_1 损失函数，即：

$$L_{loc} = \sum_{i \in \{x,y,w,h\}} \text{smootsh}_{L_1}(t_u^i - v^i)$$

这里的 smooth L_1 损失函数的数学形式如下：

$$\text{smooth}_{L_1} = \begin{cases} 0.5x^2, & \text{if } |x|<1 \\ |x|-0.5, & \text{otherwise} \end{cases}$$

其函数图像如图 5.9 所示。

相比平方损失，smooth L_1 对于离群点（outlier）更加鲁棒。另外，损失函数值中的 λ 控制的是多任务学习的任务间比重程度。

在网络训练的过程中，同样也用到了 mini-batch 采样的策略，对于 IoU 大于 0.5 的作为各类正样本（对应于 $u \geqslant 1$），而在 [0.1, 0.5) 之间的作为背景（$u=0$）。对于 IoU 小于 0.1 的用于难样本挖掘（hard example mining）。针对全连接层计算量大的问题，可通过截断 SVD 的方式进行加速。

由于 Fast R-CNN 在效果、性能及方案复制程度上都相对于 R-CNN 有所改善，于是另一个比较花费

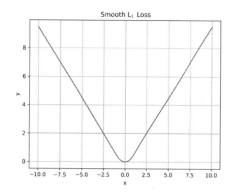

图 5.9　smooth L_1 损失函数图像

时间的步骤被暴露出来了，那就是候选框生成（region proposal）。由于之前的框架都是默认先从选择性搜索方法中获得大量的候选框，因此没有考虑对该步骤进行优化。而实际上，这个步骤也可以用网络来实现，这就是 Faster R-CNN [31]中的 RPN 网络。另外，Faster R-CNN 还应用了不同尺寸和比例的锚框（anchor）作为参考辅助 RPN 的判断。下面来看一下 Faster R-CNN 的基本模型结构与改进点。

Faster R-CNN 的基本结构如图 5.10 所示。

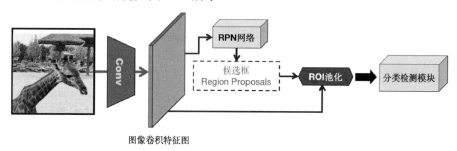

图 5.10　Faster R-CNN 的基本结构与计算流程

可以看出，Faster R-CNN 的模型计算主要由以下步骤组成：首先，通过常规的卷积操作

提取特征图，然后，特征图作为共同的输入，被送进了两个分支，第一个分支就是 RPN 网络（region proposal network），它的作用就是代替选择性搜索等传统方法,产生出一系列的候选框，用于后续的目标分类和 bbox 回归等计算。第二个分支就是可以利用候选框进行目标检测的网络模型，比如 Fast R-CNN。这个分支用 RPN 生成的候选框对输入特征图选择 ROI，然后通过 ROI 池化汇总 ROI 内的特征信息，对于各个 ROI 的目标类别和位置分别进行分类和回归。

　　RPN 网络是 Faster R-CNN 的主要贡献，也是让模型变得更加高效的主要手段，因此这里我们重点讲解一下 RPN 网络的设计思路。RPN 网络的目的在于提供备选的 bbox，因此它不需要预测具体的类别，而是只需要预测是否有目标，以及这个目标的 bbox 的位置和大小。然而，直接对每个特征图上的每个位置回归出目标物体的 bbox 是非常困难的，因为目标可能有不同的尺寸（scale）和形状比例（aspect ratio），如果直接回归 bbox 的位置和尺寸的话不容易拟合。RPN 网络解决这个问题的思路是，通过设置不同尺寸和比例的预设的参考框，让 RPN 的输出拟合相对于这些参考框的相对值。由于不同尺寸和比例的回归位置被分开，因此每个部分只需要负责类似尺寸和比例的 bbox 即可，这样就限定了每个 bbox 的解空间，降低了回归的难度。这种不同尺寸和比例的预设的参考框通常被称为锚框（anchor，在后面我们还会经常提到这个概念）。

　　假设一共有 k 个锚框，那么 RPN 的预测过程就如图 5.11 所示。首先，通过滑窗（也就是卷积）计算各个区域的特征，然后通过 1×1 的卷积（相当于逐像素作 FC 层）将通道数映射成 256 维。然后，对于每个位置的 256 维的特征向量，分别送入分类层和回归层。分类层的输出通道数总共是 $2k$，即 k 个锚框分别进行二分类预测（有目标/无目标），输出属于正/负类的分类结果（当然这里也可以通过 sigmoid 作二分类，此时就只需要 k 个输出通道）。回归层用于预测相对于 k 个锚框的坐标和尺寸的修正量，因此共需要 $4k$ 个输出通道。

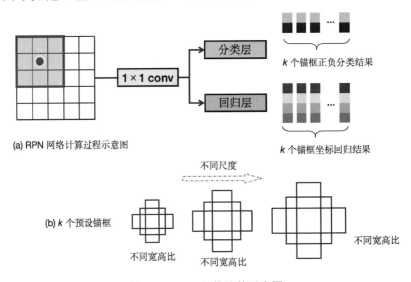

图 5.11　RPN 网络计算示意图

　　锚框大小的设计是尺寸和比例共同决定的，在 Faster R-CNN 中，采用了 3 个尺寸和 3 种比例关系（1/2, 1, 2）。因此，总共会得到 $k=9$ 个锚框。对于特征图的每个像素都需要输出 $4k+2k = 54$ 个维度，用于预测候选框。

　　RPN 网络训练的另一个问题就是如何定义正负样本用于分类层的分类。在 RPN 中，有两种类型的锚框会被定义为正样本：第一种是对于一个 GT bbox 来说，在所有锚框里 IoU 是最大的，第二种是与任意一个 GT bbox 的 IoU 大于 0.7 的。一般来说，只用第二种规则就基本可以满足要求（要注意的是，第二种规则中，一个 GT 对应多个锚框是允许的），但是为了防止某些 GT bbox 比较特殊，导致没有任何一个给定的锚框与它计算 IoU 可以大于 0.7 的阈值，那么在这种情况下，仍然选择所有锚框中与 GT bbox 的 IoU 最大的，也将其作为正样本，防止出现第二个规则找不到某个 GT 的正样本的情况。对于负样本，规则就相对比较简单了，那就是对于所有的 GT bbox 的 IoU 都小于 0.3 的那些锚框。而剩下的锚框既不属于正样本也不属于负样本，因此对损失函数的优化没有贡献。

由于 Faster R-CNN 中采用了 RPN 网络作候选框生成和 Fast R-CNN 做检测，所以训练方式与之前有所不同。Faster R-CNN 采用了多阶段训练的策略：第一步，用 ImageNet 预训练权重初始化 RPN，并对 RPN 进行训练；第二步，用训练好的 RPN 生成候选框，单独训练 Fast R-CNN（也用了 ImageNet 权重初始化）；第三步，用 Fast R-CNN 初始化 RPN，并保持公共层的权重固定，对 RPN 的非共享层进行微调；第四步，保持公共层权重固定，并对 Fast R-CNN 的特殊层进行微调。Faster R-CNN 中的这种权重共享的机制，以及无须选择性搜索提供候选框的端到端统一检测方式，使得检测效率进一步提升。目前，Faster R-CNN 仍然是一个在许多场合常用的二阶段基线模型。

5.2.4　YOLO：单阶段目标检测器的代表模型

下面介绍一个经典的单阶段（single-stage）目标检测模型 YOLO（you look only once），字面意思是只"看"一次，表示模型的特点是单阶段直接预测，而非先候选一些区域再去对这些区域进行预测（相当于看了两次）的两阶段。YOLO 模型的设计简单直接，并且预测精度和效率之间也取得了很好的平衡。目前已经有了很多基于 YOLO 的基本思路进行改进的模型，融合了各种方案中的先进的数据增强、模型设计、训练策略等内容。为了更好地了解 YOLO 算法框架的基本思路，这里先介绍 YOLO 的最初版本（后面称为 YOLOv1）。对于 YOLO 的各种改进方案，将在后面的部分中继续讲解。

首先来看 YOLOv1 的模型结构与计算流程，如图 5.12 所示。

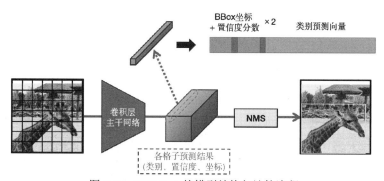

图 5.12　YOLOv1 的模型结构与计算流程

与之前的二阶段模型不同，YOLOv1 不需要进行候选框的生成，而是直接对各个位置可能的目标的区域、类别、置信度等内容进行预测。具体过程如下：首先，对于一张输入图像，YOLO 先将其划分为 $S \times S$ 个格子（grid），如果某个需要检测的目标的中心点落入其中的某个格子，那么该格子就负责对该目标的预测。通过一个主干网络，每个输入图片可以得到一个

$S \times S \times K$ 大小的张量，K 对应的就是各个格子的预测结果向量的长度。每个格子需要预测如下内容：首先是 B 个 bbox，每个 bbox 有五个元素，分别是四个位置参数，这里用的是 (x,y,w,h)，其中 (x,y) 是目标框中心点坐标，w 和 h 分别为框的宽度和长度。另外一个元素是置信度分数（confidence score），它表示的是两方面的内容：一方面是模型认为这个 bbox 有多大可能含有目标，另一方面是预测的 bbox 与 GT 对应的 bbox 相比有多准确。基于这两个方面的信息，置信度分数可以定义为：

$$\text{conf} = P(\text{object}) * \text{IoU}_{\text{pred}}^{\text{truth}}$$

其中 $P(\text{object})$ 表示的就是对于含有目标的概率，IoU 表示的是预测 bbox 与 GT 相比的准确性。除了预测 B 个含有置信度信息的 bbox 外，每个位置还要预测对应的类别置信度向量，对于目标类别数为 C 的数据集来说，需要预测一个长度为 C 的向量，其中向量的第 i 个元素表示的是第 i 类的条件概率，即 $P(\text{class}_i \mid \text{object})$。也就是说，这个预测类别向量意味着，如果这个格子里有目标，那么这个目标是某一类的概率是多少。由于已经对各个 bbox 预测了置信度分数，因此这个条件概率可以与置信度分数相乘，就可以得到 $P(\text{class}_i)\text{IoU}_{\text{pred}}^{\text{truth}}$，在测试阶段，这个值就作为每个 bbox 对各个类别的置信度。

总结来说，YOLO 对于一个输入图像的输出结果是大小为 $S \times S \times (5B+C)$ 的张量。举例来说，在 Pascal VOC 数据集的训练中，如果选择 $S=7$，即将原图划分为 7×7 个格子，每个预测 $B=2$ 个 bbox，由于类别数 $C=20$，那么输出张量的尺寸就是 $7 \times 7 \times 30$。

下面介绍这个模型的主干网络部分的实现。YOLOv1 的主干模型的主要输出特征如图 5.13 所示。

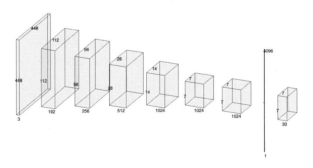

图 5.13　YOLOv1 的主干模型主要层的特征图

YOLOv1 的主干网络结构包含 24 个卷积层和 2 个全连接层，其结构参考了分类网络 GoogLeNet 的设计，但是将 GoogLeNet 中的 Inception 模块换成了简单的 1×1 和 3×3 相结合的操作，1×1 卷积用来降低特征图的通道数，3×3 卷积用来提取特征。另外，为了验证快速目标检测的性能，YOLOv1 的作者还设计了一个更加轻量的网络，称为 Fast YOLO。它的主要修改就是将网络层数和通道数进行缩减，只保留了 9 层卷积。在训练阶段，首先对网络的前 20 层在 ImageNet 数据集上进行预训练（后面的层改成平均池化+全连接），训练好后，再针对目标检测任务进行训练。由于检测一般需要更高分辨率的图像以便准确定位，在目标检测任务训练阶段，不再采用预训练的 224×224，而是将输入分辨率提高到 448×448。

下面来详细说明 YOLO 的最终预测结果形式，以及对应的损失函数设计。如前所述，最后一层的每个位置的预测包括 bbox、置信度分数和类别预测向量。对于 bbox 来说，首先将 w 和 h 根据输入图的宽度和高度进行归一化，中心坐标则根据对应的格子位置的偏移量来进行归一化，最终将每个 bbox 中表示坐标的 4 个值都归一化到 0~1 之间。对于损失函数的设计，主要有以下几个考虑：第一，定位权重和类别权重应该有所区别；第二，对于置信度分数的优化，应当避免对没有目标的格子的分数向零拟合得过强，也就是说，应该对于置信度分数的正样例和负样例给予不同的权重，使得负样例的权重更小；第三，由于不同大小的 bbox 对于损失函数的影响不同，因此希望对较大的 bbox 的影响进行一定的限制；另外，对于多个预测 bbox 来说，我们希望只有一个 bbox 对于一个目标负责，负责的 bbox 被指定为与 GT 有最高的 IoU 的 bbox，这样可以实现不同预测器的专门化，即适应于不同的尺度、大小等。基于上面的想法，YOLOv1 的损失函数构成如下：

$$L_{\text{coor}} = \sum_{i=0}^{S^2}\sum_{j=0}^{B}\mathbb{1}_{ij}^{\text{obj}}[(x_i - \hat{x}_i)^2 + (y_i - \hat{y}_i)^2] + \sum_{i=0}^{S^2}\sum_{j=0}^{B}\mathbb{1}_{ij}^{\text{obj}}[(\sqrt{w_i} - \sqrt{\hat{w}_i})^2 + (\sqrt{h_i} - \sqrt{\hat{h}_i})^2]$$

$$L_{\text{conf}} = \sum_{i=0}^{S^2}\sum_{j=0}^{B}\mathbb{1}_{ij}^{\text{obj}}(\text{conf}_i - \hat{\text{conf}}_i)^2 + \lambda_{\text{noobj}}\sum_{i=0}^{S^2}\sum_{j=0}^{B}\mathbb{1}_{ij}^{\text{noobj}}(\text{conf}_i - \hat{\text{conf}}_i)^2$$

$$L_{\text{cls}} = \sum_{i=0}^{S^2}\mathbb{1}_{ij}^{\text{obj}}\sum_{c\in\text{classes}}\left[p_i(c) - \hat{p}_i(c)^2\right]$$

$$L = \lambda_{\text{coor}}L_{\text{coor}} + L_{\text{conf}} + L_{\text{cls}}$$

分析 YOLOv1 的损失函数，主要由以下几个部分构成：第一部分为坐标预测，即 L_{coor}，它只针对负责 bbox 计算损失，并且考虑到降低较大的 bbox 对于小 bbox 的影响，对于 w 和 h 分别进行了平方根处理。第二部分为置信度预测，即 L_{conf}，它主要考虑即前面所说的对于正负样例的加权。第三部分为分类预测 L_{cls}，需要注意该项只对有目标的格子进行计算。

YOLOv1 模型具有简单快速、域适应能力强等优点，同时也有一些固有的局限性，比如：由于每个格子只能预测两个 bbox 并输出一个预测的目标，因此对于重叠的目标无法都检出，对于数量大的小目标的检测也比较困难。另外，大 bbox 对于小 bbox 在训练过程中的影响仍然没有解决（虽然通过平方根处理有所缓解），导致定位的准确性也受到了一定的限制。

5.2.5　SSD：多尺度预测目标检测器

另一个经典的单阶段目标检测器是 SSD（single-shot multi-box detector）[33]，它的基本思路与 YOLO 类似，即通过各个位置的输出向量直接预测该区域的目标类别和 bbox 位置。SSD 的主要改进点在以下两个方面：第一个是对每个位置提供多个设计好的默认框（default box），用于对目标 bbox 进行匹配定位，并作为拟合 bbox 位置和大小的基准；第二个就是多尺度预测，即在特征金字塔的每一层都进行分类和回归，以适应不同大小的物体目标。SSD 的基本结构如图 5.14 所示。

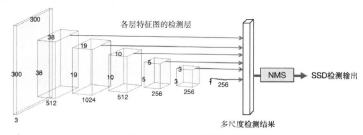

图 5.14　SSD 模型结构

首先，SSD 的主干网络是基于 VGG16 修改而成，并增加了一些额外的特征提取层。该模型可以得到多个不同尺度的特征图，在每个特征图上，都加入一个分类器，用于对那些对应到该尺度特征图上的目标物体进行检测。随着网络层数由浅到深，特征图的尺寸逐渐降低，而其中每个像素点所对应的原图中的位置就逐渐增加。因此，对于大目标的检测，需要放在较深的层数上，即较小的特征图，这样有助于利用目标区域的全部信息。相反，对于小目标，应该放在较浅层的特征图上，因为对于小目标来说，特征图加深后对应区域过大，可能引入更多非目标区域的信息，导致特征不准确。将网络各层感受野的大小与待检测目标大小相对应，并匹配负责的默认框，这个思路是 SSD 多尺度预测的基础，如图 5.15 所示。

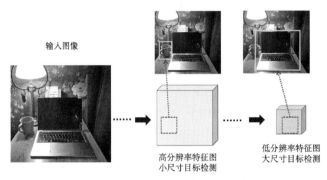

图 5.15　SSD 中的多尺度预测示意图

下面来介绍 SSD 中的默认框设置原则。首先，与 Faster R-CNN 锚框的设计类似，默认框需要覆盖足够的尺寸和比例。但是与 Faster R-CNN 的锚框不同，SSD 中的默认框的不同尺寸是通过对应到不同分辨率的特征图实现的。比如说，对于一个同样大小的默认框，如果放到浅层大分辨率特征图上，那么它的尺寸就较小（只能对应到原图中较少的像素点），而将其放到小分辨率的深层特征图上，那么它的实际尺寸就比较大了。根据主干网络中的各个输出层的尺寸关系，可以线性地计算出不同层对应的尺度大小。对于长宽比，设置了 {1, 2, 3, 1/2, 1/3} 这样几种比例，同时对于长宽比为 1 的，还增加一个新的尺寸（$S_k' = \sqrt{S_k S_{k+1}}$，其中 S_k 和 S_{k+1} 为第 k 和 $k+1$ 层的尺寸，S_k' 为第 k 层的新尺寸）。这样，对于一个金字塔层，就可以有最多 6 个默认框。

由于高分辨率特征图的尺寸较大，再加上多尺度分别预测，SSD 的预测 bbox 数量远远多于 YOLOv1（默认的 SSD300 共有 8 732 个 bbox，而 YOLOv1 只有 98（=7×7×2）个）。在训练阶段，首先需要确定 GT 与各个默认框的匹配关系，以便确定各个预测 bbox 的优化目标。SSD 所采用的匹配策略分为两步：第一步，对每个 GT 找到 IoU 最大的默认框，将该默认框和 GT 作为匹配的训练目标；第二步，对于默认框与任何 GT 的 IoU 大于某个阈值（比如 0.5）的，也将这些默认框和对应的 GT 视为匹配。这种匹配策略可以有助于网络的训练，对于一个 GT bbox 来说，不只有一个最大匹配的可以与它计算损失，而是有多个与它重叠的默认框都参与计算，所以训练出的网络对于多个与 GT 有重叠的默认框都可以输出较高的分数。这个逻辑可以在一定程度上缓解由于默认框多而 GT bbox 少带来的正负样本不均衡，但是最终匹配的结果仍然负样本过多。因此，SSD 中还采用了难负样本挖掘（hard negative mining）的策略，即只采用最难判断的部分负样本。具体实现方式就是对所有默认负样本根据置信度损失函数由高到低排序，然后只选择损失函数最高的 k 个负样本参与训练，以保证正负样本比例为 1:3，这种策略在实验中可以加速网络的收敛速度与稳定性。

SSD 的损失函数也是位置损失和类别置信度损失的组合。此外，SSD 还应用了区块采样、图像级的失真等方法进行数据增广，提高模型对于不同尺寸和形状的输入目标的鲁棒性。

5.2.6　FPN：特征金字塔用于目标检测

FPN（Feature Pyramid Network，特征金字塔网络）[34]的主要贡献在于提供了一种不同尺度特征融合的新方法。对于目标检测任务来说，不同尺寸的目标的识别与定位是一个主要的困难。前面讲的 SSD 就是基于多尺度方式来解决这一问题的。但是，SSD 是对不同层次的特征分别进行预测的，对于浅层特征其语义信息并不显著。更好的方法是将深层语义信息与浅层位置和细节信息融合起来，用于最终的定位与检测。这个就是 FPN 的基本思路。

FPN 的主要创新点在于其对特征金字塔不同层次特征的逐层融合方式。这种融合方式可以被加入各种主干网络中，并且用于最后的检测与回归。一般来说，目标检测模型分为三个部分，通常称为主干网络（backbone）、检测颈（neck）和检测头（head）。其中，主干网络就是用来提取特征的部分，常见的 VGG、GoogLeNet、ResNet 等都可以被作为主干网络；检测颈是对主干网络提取到的特征进行整合处理，以便更好地利用其信息的网络模块；检测头则利用整理好的特征图输出检测结果。这里的 FPN 的特征融合模块归属于检测颈的位置，它和主干网络以及检测头相互独立，因此可以将其用于各种不同的网络中，比如 RPN 网络和 Fast R-CNN 网络。

FPN 的计算方式可以与之前的检测模型架构对比介绍。图 5.16 展示了 4 种常用的目标检测模型的基本架构。

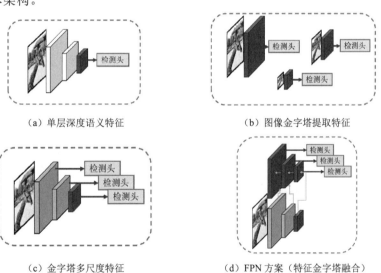

（a）单层深度语义特征　（b）图像金字塔提取特征　（c）金字塔多尺度特征　（d）FPN 方案（特征金字塔融合）

图 5.16　常用的目标检测模型基本架构

第一种就是最常见也是最直接的方案，通过主干网络提取特征，然后在最后的特征图上进行预测。这种结构计算简单，易于实现，但是只用最后一层的小尺寸特征图会导致定位不准确。第二种是特征化的图像金字塔方案，它的基本思路就是建立图像金字塔，然后对金字塔中的不同尺寸的图像计算出不同尺寸的特征图，分别用于预测。这种方案自然可以利用更丰富的特征信息，但是由于每个图像都要过一遍网络计算，因此计算开销较大。第三种称为金字塔多尺度特征方案，它实际上就是 SSD 的基本思路，通过对同一张输入图像在网络中不同尺寸的特征图上进行预测，来更好地利用多尺度特征信息，这就比第一种方案计算量更少了，但它的缺点是高定位精度的浅层特征图缺少了高层的语义信息。而最后一种就是 FPN 的方案，它通过自上而下的方式，将高层语义信息逐层传递到下一层，并进行融合，然后将融合后的特征继续向下传递。对于每个金字塔层级的融合特征图都进行预测，与 SSD 相比，FPN 的各级特征图具有更好的多尺度特征，而与第二种特征化的图像金字塔方案相比，FPN 直接在网络中间层进行操作，因此计算成本更低。

FPN 的具体实现过程是这样的：对于一个主干网络来说，我们将输出相同分辨率的特征图的层合称为一个阶段（stage），网络的每个阶段都会输出一个尺寸的特征图，不同阶段的输出特征图大小不同，随着网络层数加深逐渐减小，一般为 2× 尺度关系。这个过程称为自下而上（bottom-up）的特征提取。提取后的特征图进行 FPN 的操作，即自上而下（top-down）的特征融合。对于小尺寸的特征图，首先进行 2× 的上采样，并对大尺寸特征图进行一次侧向连接（lateral connection）的 1×1 卷积操作，操作后的结果与上采样的结果相加，然后再经过一个 3×3 卷积，即可得到该层的输出特征图。FPN 特征融合实现过程如图 5.17 所示。

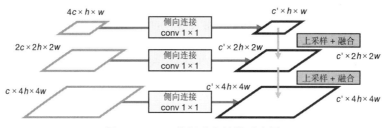

图 5.17　FPN 特征融合计算示意图

FPN 的示例实现见代码 5.4。这里采用了 ResNet 作为主干网络，提取其中的 4 个不同阶段的输出特征图，并采用 FPN 进行特征增强处理。

代码 5.4　FPN 模型代码示例

```
1.  import torch
2.  import torch.nn as nn
3.  import torch.nn.functional as F
4.
5.  # 金字塔融合的上采样+相加融合操作
6.  def upsample_add(coarse, fine):
7.      h, w = fine.size()[2:4]
8.      upsampled = F.interpolate(coarse, size=(h, w), mode='bilinear', align_
    corners=False)
9.      return fine + upsampled
10.
11. class BottleneckBlock(nn.Module):
12.     def __init__(self, in_ch, ch, expansion=4, stride=1):
13.         super().__init__()
14.         self.conv1 = nn.Conv2d(in_ch, ch, kernel_size=1)
15.         self.bn1 = nn.BatchNorm2d(ch)
16.         self.conv2=nn.Conv2d(ch,ch,kernel_size=3,padding=1,stride=stride)
17.         self.bn2 = nn.BatchNorm2d(ch)
18.         self.conv3 = nn.Conv2d(ch, ch * expansion, kernel_size=1)
19.         self.bn3 = nn.BatchNorm2d(ch * expansion)
20.         self.relu = nn.ReLU(inplace=True)
21.
22.         use_conv_skip = (stride > 1) or (in_ch != ch * expansion)
```

```
23.        if use_conv_skip:
24.            self.skip = nn.Sequential(
25.                nn.Conv2d(in_ch,ch*expansion,kernel_size=1,stride=stride),
26.                nn.BatchNorm2d(ch * expansion)
27.            )
28.        else:
29.            self.skip = nn.Identity()
30.
31.    def forward(self, x):
32.        idt = self.skip(x)
33.        res = self.relu(self.bn1(self.conv1(x)))
34.        res = self.relu(self.bn2(self.conv2(res)))
35.        res = self.bn3(self.conv3(res))
36.        out = self.relu(idt + res)
37.        return out
38.
39.
40.
41. class FPN(nn.Module):
42.    """
43.    Feature Pyramid Network 结构，以 Resnet50 主干网络为例
44.    img_ch: 输入图像的通道数
45.    num_blocks: 每个阶段(stage)的 block 数
46.    base_ch: 基础通道数，即第一层 conv 的输出通道数
47.    channels: 各个 stage 的 bottleneck 内压缩到的通道数
48.    expansion: block 的输出与输入通道数比值
49.    """
50.    def __init__(self,
51.                 img_ch=3,
52.                 num_blocks=[3, 4, 6, 3],
53.                 base_ch=64,
54.                 channels=[64, 128, 256, 512],
55.                 expansion=4,
56.                 lateral_ch=256
57.                 ):
58.        super().__init__()
59.
60.        self.base_ch = base_ch
61.        self.expansion = expansion
62.        self.conv1=nn.Conv2d(img_ch,base_ch,kernel_size=7, stride=2, padding =3)
63.        self.bn1 = nn.BatchNorm2d(base_ch)
64.        self.relu = nn.ReLU(inplace=True)
65.        self.maxpool = nn.MaxPool2d(kernel_size=3, stride=2, padding=1)
66.
67.        # 基础网络 ResNet 的 stage 生成，注意 _make_stage 的时候改变了 base_ch
68.        self.stage1=self._make_stage(channels[0],stride=1,num_blocks= num_blocks[0])
69.        self.stage2=self._make_stage(channels[1],stride=2,num_blocks= num_blocks[1])
70.        self.stage3=self._make_stage(channels[2],stride=2,num_blocks= num_blocks[2])
```

```
71.        self.stage4=self._make_stage(channels[3],stride=2,num_blocks= num_
   blocks[3])
72.
73.        # 各个 lateral conv (将各 stage 输出压缩到 lateral_ch，用于融合)
74.        self.lateral0=nn.Conv2d(channels[3]*expansion,lateral_ch,kernel_ size=1)
75.        self.lateral1=nn.Conv2d(channels[2]*expansion,lateral_ch,kern el_si
   ze=1)
76.        self.lateral2=nn.Conv2d(channels[1]*expansion,lateral_ch,kernel _size
   =1)
77.        self.lateral3=nn.Conv2d(channels[0]*expansion,lateral_ch,kernel_ size=1)
78.
79.        # 特征金字塔各层的输出 conv
80.        self.fpn_conv1 = nn.Conv2d(lateral_ch, lateral_ch, kernel_size=3,
   padding=1)
81.        self.fpn_conv2 = nn.Conv2d(lateral_ch, lateral_ch, kernel_size=3,
   padding=1)
82.        self.fpn_conv3 = nn.Conv2d(lateral_ch, lateral_ch, kernel_size=3,
   padding=1)
83.
84.
85.    def _make_stage(self, ch, stride, num_blocks):
86.        layers = list()
87.        # stride 只对一个 stage 中的第一个 block 有效，后均为 stride=1
88.        layers.append(BottleneckBlock(self.base_ch, ch, self.expansion,
   stride))
89.        for _ in range(num_blocks - 1):
90.            layers.append(BottleneckBlock(ch*self.expansion,ch,self.Expan sion,
   stride=1))
91.        stage = nn.Sequential(*layers)
92.        # 每次 make_stage 完成后，更新 base_ch
93.        # 即以上一个 stage 的输出通道数作为下个 stage 的输入通道数
94.        self.base_ch = ch * self.expansion
95.        return stage
96.
97.    def forward(self, x):
98.        # 自底向上 (降采样)
99.        c1 = self.maxpool(self.relu(self.bn1(self.conv1(x))))
100.       c2 = self.stage1(c1)
101.       c3 = self.stage2(c2)
102.       c4 = self.stage3(c3)
103.       c5 = self.stage4(c4)
104.       print('[FPN] c1-c5 size: ', c1.size(), c2.size(), '\n',
105.           c3.size(), c4.size(), c5.size())
106.       # 自顶向下 (特征金字塔融合)
107.       p5 = self.lateral0(c5)
108.       p4 = self.fpn_conv1(upsample_add(p5, self.lateral1(c4)))
109.       p3 = self.fpn_conv1(upsample_add(p4, self.lateral2(c3)))
110.       p2 = self.fpn_conv3(upsample_add(p3, self.lateral3(c2)))
111.       print('[FPN] p5-p2 size: ', p5.size(), p4.size(), '\n', p3.size(),
   p2.size())
112.       return {'p2': p2, 'p3': p3, 'p4': p4, 'p5': p5}
```

```
113.
114.
115.feat = torch.randn(4, 3, 256, 256)
116.fpn_network = FPN()
117.out = fpn_network(feat)
118.for k in out:
119.    print(f'output {k} size: {out[k].size()}')
120.
```

上述代码测试输出如下：

```
[FPN] c1-c5 size: torch.Size([4, 64, 64, 64]) torch.Size([4, 256, 64, 64])
 torch.Size([4, 512, 32, 32]) torch.Size([4, 1024, 16, 16]) torch.Size([4,
2048, 8, 8])
 [FPN] p5-p2 size: torch.Size([4, 256, 8, 8]) torch.Size([4, 256, 16, 16])
 torch.Size([4, 256, 32, 32]) torch.Size([4, 256, 64, 64])
 output p2 size: torch.Size([4, 256, 64, 64])
 output p3 size: torch.Size([4, 256, 32, 32])
 output p4 size: torch.Size([4, 256, 16, 16])
 output p5 size: torch.Size([4, 256, 8, 8])
```

5.2.7　RetinaNet：样本均衡问题与 Focal Loss

接下来，介绍另一个单阶段密集检测模型：RetinaNet[35]。它的主要贡献并不在于模型结构的调整，而是通过损失函数的设计，缓解了单阶段目标检测中的样本极端不均衡的问题。对于目标检测任务来说，两阶段模型和单阶段模型相比，尽管效率上可能不如单阶段模型，但是效果往往会优于单阶段模型。通过分析发现，两阶段模型和单阶段模型的一个主要区别就在于：两阶段模型在一开始的时候通过生成候选框，实际上已经筛选掉了很多负样本，而单阶段模型则保持稠密预测，对于不同位置不同尺寸都会进行检测，由于少了预先的筛选，单阶段模型的正负样本比例比两阶段模型更加悬殊。虽然在单阶段模型训练中也通过一些样本比例调整方法以及难负样本挖掘等方式对这一差距进行了补偿，但是训练过程仍然会过度受到负样本的影响。

基于这个发现，RetinaNet 使用了一种新的损失函数形式，称为 Focal Loss。Focal Loss 的主要设计思路就是：对于分类效果已经较好的样本，降低其在损失函数优化中所占的权重，而对于分类效果较差的，则提高其权重，这样就能减少简单样本对于训练的影响，相当于一种动态的困难样本挖掘策略。Focal Loss 的数学形式也非常简单，我们首先定义一个二分类的交叉熵损失：

$$CE(p_t) = -\log(p_t)$$

这里的 p_t 定义如下：当真实标签为正样本时，p_t 即预测概率 p，否则 $p_t=1-p$。通过这种标记方法可以简化交叉熵损失的写法。可以看出，p_t 实际上表示的是预测结果接近真实标签的程度，当样本为正样本时，预测概率 p 越高，p_t 越大，也就越准确；反之，对于负样本来说，预测概率 p 越低，p_t 越大，说明越接近真实值。

既然这样，就可以用 $1-p_t$ 来度量样本预测的不准确性，也就是分类的难度。将这个难度作为权重，即可对不同样本根据其难易程度加权，从而让难样本施加更多的影响。基于这个思路，Focal Loss 的数学表达形式如下（这里采用了 α 平衡的 Focal Loss）：

$$FocalLoss(p_t) = -\alpha_t(1-p_t)^\gamma \log(pt)$$

这里的 α_t 表示类别的加权系数，用于平衡正负样本，而 $(1-p_t)^\gamma$ 表示不同分类难度的样本的加权系数，用于平衡难易样本。其中，γ 被称为聚焦系数（focusing parameter），是一个可调的参数。当 $\gamma=0$ 时，Focal Loss 退化为一个交叉熵损失，而 γ 越大，说明对于容易分类的样本的权重越少，而难样本的权重相对越高。不同 γ 值的 Focal Loss 曲线如图 5.18 所示（不考虑类别均衡系数）。

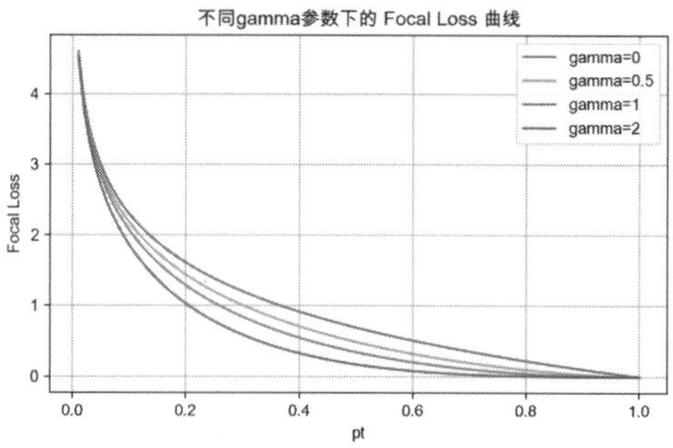

Focal Loss 的一个多分类上的使用见代码 5.5。

图 5.18   不同参数 γ 的 Focal Loss 图像示意图

代码 5.5   多分类 Focal Loss 代码实现

```
1.  import torch
2.  from torch.nn.modules.loss import _WeightedLoss
3.  import torch.nn.functional as F
4.
5.  class FocalLoss(_WeightedLoss):
6.      def __init__(self, alpha=None, gamma=2, label_smooth=0.0):
7.          super(FocalLoss, self).__init__()
8.          self.gamma = gamma
9.          self.alpha = alpha
10.         self.label_smooth = label_smooth
11.
12.     def forward(self, pred, target):
13.         # # F.cross_entropy 支持类别加权，因此将 alpha 直接传入
14.         ce_loss = F.cross_entropy(pred, target, reduction='none',
15.                         weight=self.alpha,label_smoothing=self.label_
    smooth)
16.         # pred_logsoft 得到的是 -log p_i (真实类别为 i)，p_i 为 softmax 后的类别 i 的归
    一化概率值
17.         pred_logsoft = F.cross_entropy(pred, target, reduction='none')
18.         # 将 -log p_i 转换为 p_i，用于 focal loss 加权
19.         pt = torch.exp(-pred_logsoft)
20.         focal_loss = ((1 - pt) ** self.gamma * ce_loss).mean()
21.         # 分别打印类别加权后的 CE loss，预测概率，以及 focal 难易样本权重等中间结果
22.         print(f"pred : {pred}")
23.         print(f"target : {target}")
24.         print(f"CE loss : {ce_loss}")
25.         print(f"neg log softmax : {pred_logsoft}")
26.         print(f"prob : {pt}")
27.         print(f"focal weight : {(1 - pt) ** self.gamma}")
28.         return focal_loss
29.
30.
31. gt = torch.randint(0, 3, size=(1, 5))
32. pred = torch.randn((1, 3, 5))
33. pred.requires_grad = True
34. weight = torch.Tensor([0.3, 0.6, 0.1])
35. loss = FocalLoss(alpha=weight, gamma=1.5)
```

```
36. loss_val = loss(pred, gt)
37. print(f"focal loss of GT and pred is : {loss_val.item():.4f}")
38. loss_val.backward()
39. print("pred gradient after focal loss backward is \n", pred.grad)
40.
```

代码输出结果如下：

```
pred : tensor([[[-0.7407, 1.8868, -1.6035, 0.8565, 0.4607],
        [-1.1237, 0.4029, 0.4740, -0.3202, -0.0895],
        [-0.7392, 1.4951,-0.5692, 0.2036, 1.3900]]], requires_grad=True)
target : tensor([[1, 0, 0, 2, 2]])
CEloss:tensor([[0.8220,0.1930,0.7404,0.1257,0.0484]],grad_fn=<ViewBackwar
d0>)
 neg log softmax : tensor([[1.3700, 0.6432, 2.4679, 1.2565, 0.4840]],
grad_fn=<ViewBackward0>)
 prob : tensor([[0.2541, 0.5256, 0.0848, 0.2846, 0.6163]], grad_fn=
<ExpBackward0>)
 focal weight : tensor([[0.6442, 0.3268, 0.8756, 0.6050, 0.2377]], grad_
fn=<PowBackward0>)
 focal loss of GT and pred is : 0.2657
 pred gradient after focal loss backward is
 tensor([[[ 0.0490, -0.0192, -0.0646, 0.0116, 0.0025],
        [-0.0980, 0.0048, 0.0477, 0.0036, 0.0014],
        [ 0.0491, 0.0144, 0.0168, -0.0151, -0.0040]]])
```

对照各个中间变量可以看到，第三个样本 focal weight 最高，因为它对真实标签的预测 prob 最低（0.0848），这一点也可以在预测的 pred 变量中看出，说明它是一个难样本。相反，最后一个样本的预测结果 pred 向量在第 3 类值最大（1.3900），因此说明预测正确，相对应的，prob 就比较高，因此 focal weight 就较低，即对于已分类准确的容易样本减少对损失函数的贡献，这一点通过最后的 pred.grad 可以看出，最后一个样本的梯度值也是最小的。

在网络结构方面，RetinaNet 采用了 FPN 的主干网络，对于每层特征都引出两个子网络分别进行分类和 bbox 回归。通过该网络结合 Focal Loss，RetinaNet 将单阶段目标检测的性能和效果又提高到一个新的水平，超过了之前经典的目标检测网络（包括两阶段 Faster R-CNN 模型）。

5.2.8　Mask R-CNN：RoIAlign 与实例分割

Mask R-CNN [36]延续 Faster R-CNN 思路的改进版模型，可以同时用于目标检测与实例分割任务，即对于每个检测出的目标框，将其中的目标物体用 mask 精细地分割出来。Mask R-CNN 的结构如图 5.19 所示。

Mask R-CNN 基于 Faster R-CNN 的构造，除了分类回归外，加入了一个分割支路，用于对 ROI 内的像素点进行二分类预测，以确定为该目标的前景还是背景。相比于 ROI 池化用于汇总内部特征进行分类的方式，Mask R-CNN 采用了一个改进版的策略，称为 ROIAlign，用于对 ROI 进行操作获取特征图，并以此进行后面的检测和分割。

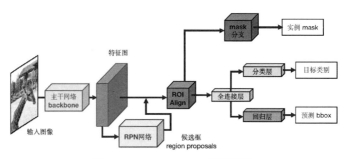

图 5.19　Mask R-CNN 网络结构

ROIAlign 可以解决特征图中的 ROI 与对应的图像中区域像素的对齐问题。对于实例分割来说，利用 ROI 区域的特征，如果不能与输入图对齐，自然会影响输出 mask 的精度。而通过 ROI 池化则无法避免过程中的两次量化（quantization，即对小数取整）的操作，第一次量化发生在从原图的 bbox 映射到特征图中的 ROI 区域时，由于特征图一般要进行下采样缩放（比如除以 16），这样得到的 bbox 坐标位置就会出现小数，一般来说会对小数结果直接取整，对应到特征图的各个位置上，这个过程损失了一部分原始 bbox 位置信息；第二次量化发生在 ROI 池化将特征图划分成预设数量的区域（比如 7×7 大小的区域）的过程中，由于不一定可以整除，也会出现取整的情况，导致池化后各个位置的结果与应该对应到的原图的位置有一定的偏差。

要解决这个问题，最好的方法就是避免量化（取整），ROIAlign 的基本思路就是用双线性插值的方法来对所需要的特征进行计算，整个过程中都保留原始的小数坐标，如图 5.20 所示。

ROIAlign 先将目标区域的 bbox 缩放到特征图上，得到 ROI 但不进行量化，然后将 ROI 根据宽和高平均分成 $k \times k$ 个区域，

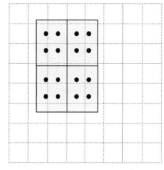

图 5.20　ROIAlign 示意图

然后在每个区域里分别均匀取 4 个点，计算这 4 个点上的值。由于这些点也不进行取整，因此需要用双线性插值的方式，利用整数点上的数值将目标点的位置插值计算出来。最后，将得到的每个区域中的 4 个点的值取最大值或平均值进行整合，即可得到 ROIAlign 的结果。由于整个过程中没有进行取整量化，因此避免了由取整量化而导致的对齐误差。

5.2.9　无锚框的目标检测范式：CornerNet、CenterNet 和 FCOS

接下来介绍几种无锚框（anchor-free）的目标检测方案。这类方案不需要预先设置不同尺度与形状的锚框并针对对应的锚框进行回归，从而减少了处理上的冗余。

由于确定一个矩形框实际上只需要两个对角的顶点，因此一个较为直接的思路是用预测角点位置来取代对于目标框的预测，该方案就是 CornerNet [37]，它的整体流程与网络结构如图 5.21 所示。

CornerNet 采用了沙漏结构（hourglass）作为主干网络的基础模块，分别对目标框的左上角和右下角两个角点进行预测，将目标检测问题转换为关键点预测问题，从而摆脱了锚框设计的限制。但是这种角点预测的设计有两个需要处理的问题：首先，由于目标物体的形状不规则，角点通常不位于物体的内部，从卷积网络的角度来说，这些位置很难提取到较显著的

特征；另外，对于图像中的多个物体，该方案会产出许多左上角点与右下角点，这些点之间如何配对组成 bbox 也是一个重要问题。

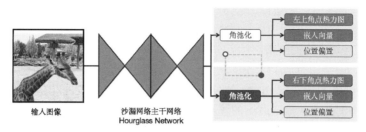

图 5.21　CornerNet 的计算流程

对于这两个问题 CornerNet 分别提出了对应的解决方案。首先，角点的预测采用了一种新的池化方式：角池化（corner pooling），它的计算流程如图 5.22 所示。

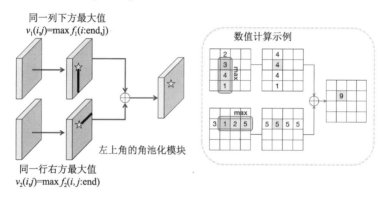

图 5.22　角池化计算示意图

角池化分为两种，分别对左上角和右下角进行处理，这两种处理的逻辑相同，因此图中只展示了左上角的角池化流程作为示例。首先，输入两个特征图，分别用于计算两个方向的最大值。以上面的特征图为例，池化后的每个点的值就是同一行的该点右边的所有点的最大值，类似地，下面的特征图中的每个点即该点同列的下面所有点的最大值。最后，将两个方向的池化结果相加，得到输出结果。这个过程可以这样直观地理解：如果我们想要找出一个不规则目标物体的左上角点，通常需要向右边水平方向的线段，并且判断这条线是否触及物体的最顶上的位置，然后向下通过画垂直方向线段来看是否与物体的左边界相交。通过改变这两条线段的位置，让水平线刚好过物体的最高的边缘，垂直线过最左的边缘，那么这两条线的角点就是 bbox 的左上角点。通过这种方式，可以让角点位置获得更好的特征表示，从而有助于后面的计算。

得到角池化结果后，后续通过卷积、BN 和 ReLU 等操作，对左上角和右下角分别回归出关键点热力图（heatmap）、嵌入向量（embedding），以及位置偏置（offset）。热力图即对每个位置是否是角点的预测，类似人体关键点检测任务中的热力图。嵌入向量代表预测出的角点位置的特征，其设计就是为了解决不同左上角和右下角点的配对问题。通过对同属一个 bbox 的角点的嵌入向量对施加拉近损失（pull loss），而不属于同一个 bbox 的嵌入向量施加推远损失（push loss），从而利用嵌入之间的距离即可对不同的角点进行匹配分组。这个操作是关键点检测任务中的经典思路，即关联嵌入（associative embedding），其作用也是对多人场景中检测到的关键点进行分组，以确定其所属的人体实例。最后的位置偏置项用于对小图预测的量化误差进行补偿，从而微调预测结果的位置。对于左上角点与右下角点的两个预测支路，分别预测对应的偏置，并且对每个支路所有类别共用同一个偏置。

CornerNet 的训练损失函数即检测损失、嵌入距离损失，以及偏置准确性损失三个部分的综合。在推理阶段，首先通过 3×3 的最大池化对关键点热力图进行处理，相当于 NMS 的过程，防止出现邻近位置重复预测。然后分别在左上角和右下角的两个热力图中各取出 top-100 的预测点，并两两计算其距离以确定匹配组合。距离过大或者角点目标类别不一致的被舍弃。配对的角点即可组成 bbox，该 bbox 的分数就是两个角点的分数的均值。最后通过 soft-NMS 对得到的 bbox 进行去重，得到最终的预测结果。

另一种较为类似的无锚框检测方案是 CenterNet [38]，它的主要思路也是将目标检测问题视为关键点回归问题，但是与 CornerNet 回归角点不同，CenterNet 将目标物体不是视为 bbox，而是视为其 bbox 中心的单点。该模型只需要预测中心点坐标，并对应地回归物体的尺寸即可，整个流程简单高效，可以实时运行并取得较好的检测效果。

CenterNet 的整体流程如下：首先，通过各个类别的 GT 的 bbox 计算其中心点位置，作为拟合目标，然后将其映射到低分辨率尺寸（即下采样后的特征图）上，并通过高斯核对该点进行扩散，得到作为目标的热力图形式，由于高斯核的扩散作用，如果有一个像素点同时有多个不同类别的取值，则取其中最大的类别及其取值作为该点的 GT。在对于目标的拟合过程中，CenterNet 采用了 Focal Loss 类似的方式，对不同位置和不同难易的样本施加不同程度的惩罚，该项损失函数数学形式如下：

$$L_k = \begin{cases} -\frac{1}{N}\sum(1-\text{pred})^\alpha \log(\text{pred}), \text{if } GT=1 \\ -\frac{1}{N}\sum(1-GT)^\beta (\text{pred})^\alpha \log(1-\text{pred}), \text{otherwise} \end{cases}$$

根据上式可以看出，对于 GT 取值为 1 的点，即真正的目标物体中心点，损失函数的权重为$(1-\text{pred})^\alpha$，即与正确标签 1 的距离的 α 次方。pred 越接近于 1，说明其为容易分类正确的样本，该项惩罚系数就越小，反之类似。而对于 GT 不为 1 的点，则应当预测为 0，其权重除了 pred^α，即与 0 的距离以外，还有$(1-GT)^\beta$，这些点虽不是目标中心点，但是由于高斯核的扩散，使得越接近真实中心点的值就越接近于 1。对于越接近中心点的值，该项权重越小，也就是说，对于接近中心点的负样例的预测错误惩罚力度较小，相反地，对于远离真实中心点的位置的负样例的错误预测则基于更严重的惩罚。该损失函数可以一定程度上缓解样本不均衡问题，并将损失集中于对难样本的处理上。

除了对于中心点和对应类别的热力图的拟合外，CenterNet 也对目标物体 bbox 的尺寸进行了回归，并且对偏置项也进行了预测以补偿量化损失（和 CornerNet 类似），回归出的偏置项也是不同类别共享的。在推理阶段，需要先提取预测的中心点热力图中的峰值点（即该点取值大于等于其 8 邻域），并保留 top-100 个峰值点。然后，结合对应位置预测的偏置和尺寸，即可转换为 bbox 形式作为检测输出。由于峰值点的提取操作本身即可一定程度上实现抑制非极大值的作用，因此 CenterNet 中不再需要 NMS 操作对 bbox 进行后处理。CenterNet 的方案也可以很直接地推广到 3D 目标检测或者姿态估计等任务，并可以更加高效地取得较好的效果。

另一种经典的无锚框目标检测模型是 FCOS（fully convolutional one-stage object detector）[39]，即全卷积单阶段目标检测器。它的结构如图 5.23 所示。

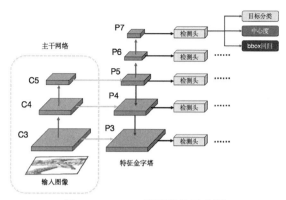

图 5.23　FCOS 模型结构示意图

从整体训练和预测流程上来说，不同于基于锚框的模型将每个点视为一系列潜在的锚框，FCOS 直接将每个位置视为训练样本，分别设置 GT 并进行回归拟合，类似图像分割的训练思路。具体来说，就是对于每一个点，只要它落在某个 GT 的 bbox 内，就被视为正样本，其 GT 类别就是所属的 GT bbox 对应的类别。如果该点不在任何 GT bbox 内，则该点就被当作负样例，对应类别为 0（即背景类别）。

除了对于类别外，FCOS 还需要对每个位置回归一个 4D 向量：(l, t, r, b)，其表示的是当前位置到对应的 GT bbox 的左边界、上边界、右边界和下边界这四个方向上的距离。这种方案会引入一个新的问题：如果一个点同时落在多个 GT bbox 内（对于该点所属的目标有歧义）那应该怎么办？对于这类样本点，FCOS 默认直接对其所属的最小面积的 GT bbox 边界距离进行回归。实际上，由于 FCOS 的多尺度预测策略，这种歧义可以一定程度上被避免。这里的多尺度指的是将不同大小的 GT bbox 放在不同层特征图上进行回归，由于有重叠的 bbox 往往在尺度上差距较大（比如人和手上拿的球拍），因此可以避免很大一部分这种歧义样本的问题。FCOS 模型采用的这种对每个点向四周边界的回归方式相比于基于锚框的方式能够利用更多的前景样本，因为基于锚框的方案只考虑将与 GT bbox 的 IoU 大于一定阈值的锚框作为正样本，而 FCOS 的方案可以将所有 bbox 内的点都利用起来，这也是其效果更好的原因之一。下面我们从模型结构角度，介绍 FCOS 是如何实现多尺度预测的。

FCOS 的网络结构整体参考了 FPN 的设计，图 5.23 中的 C3、C4 和 C5 是主干网络提取到的三层不同尺度的特征图，对应的 P3、P4 和 P5 是经过侧向连接和上层放大融合得到的结果（这个过程与 FPN 类似），P6 和 P7 是从 P5 顺次经过卷积下采样得到的。为了实现多尺度预测，不同于基于锚框的方案通过将不同尺寸锚框分配到不同特征图，FCOS 直接限制了每层的回归 bbox 的尺寸范围。最后经过不同尺度间共享的检测头进行预测。由于不同尺度的预测数值范围不同，检测头采用了 $\exp(s_i x)$ 形式的函数对结果进行处理，其中 s_i 是可学习的参数，可以在训练过程中自适应地调整其取值以便更好地适应第 i 层的特征图的预测目标。另外，$\exp(\cdot)$ 函数可以保证输出是正数，这与我们预测的距离都是正数是相符的。

除了对于目标类别预测与 4D 距离向量的回归以外，在图 5.23 中还可以看到一个中心度（centerness）的预测模块。该模块的作用在于去除预测结果中距离 bbox 中心较远的点所产生的低质量预测框。由于 FCOS 在推理阶段会通过预测类别的置信度对输出结果进行选择，而由于训练过程中，GT bbox 内的所有点都被置为了正样本，因此这些点都可能预测出对应的类别及边框。但通常来说，目标物体会倾向于分布在 GT bbox 的中心而非边角，因此需要将这个因素考虑进去。中心度的计算如图 5.24 所示。

$$\text{centerness} = \sqrt{\frac{\min(l, r)}{\max(l, r)} \cdot \frac{\min(t, b)}{\max(t, b)}}$$

图 5.24　中心度计算示意图

中心度度量的就是在横向和纵向两个方向上，某个点到两端边界的差异性。通过该公式计算，越靠近 bbox 中心的点其中心度越大。通过模型对中心度进行拟合，并将各点预测出的中心度与对应的分类得分相乘，就可以降低边角的分类结果权重，减少预测出的低质量 bbox。由于中心度按照上述定义取值在 0~1 之间，因此可以用 BCE 损失函数进行拟合。最终，FCOS 的损失函数包括了三个部分，分别是分类损失、回归损失，以及中心度损失。

5.2.10　YOLO 的进化：从 v2 到 v8

前面介绍了 YOLO（v1）的基本思路。由于其流程简单、计算高效且对工程开发更友好，YOLO 已经成为单阶段目标检测的一个广泛应用的框架，至今也已有了若干版本的迭代。下面，对 YOLO 系列的各个主要的迭代版本进行简单介绍，通过梳理 YOLO 系列的迭代思路，可以更好地了解检测问题的难点和解决方案。

首先是 YOLOv2[40]，相比于原始的 YOLO 版本，YOLOv2 主要做了如下几点改进：首先，设计了新的主干网络 Darknet-19，Darknet-19 参考 VGG 网络的设计结构，共包含 19 个卷积层和 5 个最大值池化层，并且采用了 1×1 卷积用于压缩通道，还采用了 BN 层用于提高训练的稳定性并加速收敛。Darknet-19 作为主干网络使模型相比于 YOLOv1 更加轻量化，计算速度也更快。另一个重要的改动在于 YOLOv2 开始使用锚框（anchor box）作为基准进行 bbox 的回归，并且通过维度聚类（dimension cluster）的方式，对训练集中标注的 bbox 进行聚类，以提取更合适的先验锚框。检测头对于每个格子输出 5 个 bbox，并分别预测其对于格子的偏移量、预测 bbox 的尺寸相关的参数，以及置信度分数。除此以外，YOLOv2 还应用了更多的细粒度特征，以及多尺度训练等方式提高模型性能。YOLOv2 还采用了混合检测数据集与分类数据集共同训练的策略，对于分类数据，只计算分类的损失并训练网络，通过这种方式，将网络可以检测的目标种类扩展至 9 000 种，称为 YOLO9000。

下一个版本 YOLOv3[41]在网络结构和训练策略上继续进行了一些优化。主干网络方面设计了 Darknet-53，引入了残差连接的结构，使得网络层数可以进一步加深，另外，对于降采样，Darknet-53 采用步长大于 1 的卷积实现，代替了之前的池化层。对于输出前的特征整合，借鉴了 FPN 的思路，将多尺度特征进行金字塔融合用于后续的预测。在预测头阶段，YOLOv3 用多标签分类代替了单标签分类，从而可以允许对于不同类物体的重叠区域预测多个类别，提高了模型的适应能力。

YOLOv4[42]对 YOLO 框架下各个方面进行了进一步的优化，包括主干网络结构设计、更复杂的数据增强方法，以及损失函数的优化等。下面对其中较为主要的改动进行说明。

首先，在主干网络设计中，YOLOv4 采用了 CSPDarknet-53 作为主干网络，SPP+PAN 作为检测颈用于整合特征，检测头部分沿用 YOLOv3 的设计。CSPDarknet-53 是以 Darknet-53 作为基础模型，利用 CSP（cross-stage partial）结构进行修改优化。CSP 结构跨阶段部分连接。它的结构如图 5.25 所示。

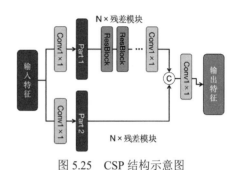

图 5.25　CSP 结构示意图

CSP 的主要目的是在保持准确性的要求下降低计算开销与内存开销。CSP 的主要思路是将上一层输入通过两个 1×1 卷积层分为两个部分，其中一个部分经过常规的 ResBlock 类型的残差结构卷积模块，另一部分则直接与残差模块的输出拼接后再进行卷积融合处理。CSPDarknet-53 中的 CSP 模块的示例见代码 5.6。

代码 5.6　CSP 模块示例代码

```
1.  import torch
2.  import torch.nn as nn
3.  import torch.nn.functional as F
4.
5.  class ConvModule(nn.Module):
6.      """
7.      conv + [bn] + activation module
8.      """
9.      def __init__(self,in_ch,out_ch,ksize,is_bn=True,stride=1,act=nn.Mish):
10.         super().__init__()
11.         self.conv = nn.Conv2d(in_ch, out_ch, kernel_size=ksize, padding=
    ksize//2, stride=stride)
12.         self.bn = nn.BatchNorm2d(out_ch) if is_bn else None
13.         self.act = act(inplace=True)
14.
15.     def forward(self, x):
16.         out = self.conv(x)
17.         if self.bn:
18.             out = self.bn(out)
19.         out = self.act(out)
20.         return out
21.
22.
23. class DarknetBlock(nn.Module):
24.     def __init__(self, in_ch, out_ch, ch, add_idt=True):
25.         super().__init__()
26.         self.conv1 = ConvModule(in_ch, ch, ksize=1)
27.         self.conv2 = ConvModule(in_ch, ch, ksize=1)
28.         self.add_idt = add_idt and (in_ch == out_ch)
29.
30.     def forward(self, x):
31.         idt = x
32.         out = self.conv1(x)
```

```
33.        out = self.conv2(x)
34.        if self.add_idt:
35.            out = out + idt
36.        return out
37.
38.
39. class CSPBlock(nn.Module):
40.     def __init__(self, in_ch, out_ch, ch, num_blocks):
41.         super().__init__()
42.         self.conv_split1 = ConvModule(in_ch, ch, ksize=1)
43.         self.conv_split2 = ConvModule(in_ch, ch, ksize=1)
44.         self.blocks = nn.Sequential(*[
45.             DarknetBlock(ch, ch, ch, add_idt=True)
46.             for _ in range(num_blocks)
47.         ])
48.         self.conv_out = ConvModule(2 * ch, out_ch, ksize=1)
49.
50.     def forward(self, x):
51.         part1 = self.conv_split1(x)
52.         part2 = self.conv_split2(x)
53.         part2 = self.blocks(part2)
54.         out = torch.cat([part1, part2], dim=1)
55.         out = self.conv_out(out)
56.         return out
57.
58.
59. feat = torch.randn(4, 32, 256, 256)
60. cspblock = CSPBlock(in_ch=32, out_ch=32, ch=16, num_blocks=5)
61. out = cspblock(feat)
62. print('CSP Block output size : ', out.size())
63.
```

输出结果为：

```
CSP Block output size :  torch.Size([4, 32, 256, 256])
```

另外，我们注意到，在主干网络中，YOLOv4 采用了新的激活函数 Mish，它的数学形式如下：

$$\text{Mish}(x) = x \tanh(\log(1 + e^x))$$

其函数图像如图 5.26 所示。

Mish 激活函数在 PyTorch 中的实现如下（其中 F.softplus 即 $y=\log(1+e^x)$ 形式的函数，也是一种神经网络激活函数，通常称为 softplus 激活函数）：

代码 5.7 Mish 激活函数示例代码

```
1. import torch
2. import torch.nn as nn
3. import torch.nn.functional as F
4.
5. class Mish(nn.Module):
6.     def __init__(self):
```

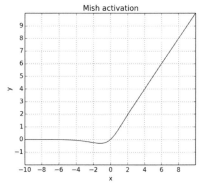

图 5.26 Mish 函数图像示意图

```
7.          super().__init__()
8.
9.      def forward(self, x):
10.         x = x * (torch.tanh(F.softplus(x)))
11.         return x
12.
```

Mish 激活函数相比于 ReLU 来说，它的梯度更加平滑，对于落入负半轴的输入的处理也更好一些，实验证明 Mish 函数替换 ReLU 可以得到更好的精度表现。对于网络的特征融合部分（即通常所谓的检测颈），YOLOv4 采用了 SPP 和 PAN 相结合的方式，其基本结构如图 5.27 所示（为方便表示对结构进行了一定的简化）。

SPP 即空间金字塔池化，YOLOv4 利用 SPP 模块增加感受野的大小，它可以在几乎不降低计算速度的情况下分离出重要的上下文信息，用于后面的检测头。PAN 是路径聚合网络（path aggregation network），它的作用是对主干网络中不同层级的参数进行整合，用于后续的多层级检测。PAN 相当于在 FPN 进行自顶向下（将高层语义信息传播到底层大特征图）的传播之后，再自底向上对特征图进行重新传播，从而有助于将浅层图像的细节特征融合到高层，增强特征的表达能力。其具体应用见代码 5.8。

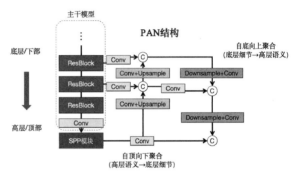

图 5.27　YOLOv4 的检测颈（SPP+PAN）示意图

代码 5.8　PAN 模块示例代码

```
1.  import torch
2.  import torch.nn as nn
3.
4.  class ConvUp(nn.Module):
5.      def __init__(self, in_ch, out_ch):
6.          super().__init__()
7.          self.conv = nn.Conv2d(in_ch, out_ch, 1, 1, 0)
8.          self.up = nn.Upsample(scale_factor=2)
9.      def forward(self, x):
10.         out = self.up(self.conv(x))
11.         return out
12.
13. class ConvBNLeakyReLU(nn.Module):
14.     def __init__(self, in_ch, out_ch,
15.               ksize, stride=1):
16.         super().__init__()
17.         pad = ksize // 2
18.         self.conv = nn.Conv2d(in_ch, out_ch, ksize, stride, pad)
19.         self.bn = nn.BatchNorm2d(out_ch)
20.         self.lrelu = nn.LeakyReLU(negative_slope=0.1)
21.     def forward(self, x):
22.         out = self.lrelu(self.bn(self.conv(x)))
```

```
23.          return out
24.
25. class ConvBlockX5(nn.Module):
26.     def __init__(self, in_ch, mid_ch, out_ch):
27.         super().__init__()
28.         self.conv1 = ConvBNLeakyReLU(in_ch, out_ch, 1)
29.         self.conv2 = ConvBNLeakyReLU(out_ch, mid_ch, 3)
30.         self.conv3 = ConvBNLeakyReLU(mid_ch, out_ch, 1)
31.         self.conv4 = ConvBNLeakyReLU(out_ch, mid_ch, 3)
32.         self.conv5 = ConvBNLeakyReLU(mid_ch, out_ch, 1)
33.     def forward(self, x):
34.         out = self.conv1(x)
35.         out = self.conv2(out)
36.         out = self.conv3(out)
37.         out = self.conv4(out)
38.         out = self.conv5(out)
39.         return out
40.
41. class PAN_Module(nn.Module):
42.     def __init__(self):
43.         super().__init__()
44.         # FPN 操作，自顶向下融合到大尺寸特征图
45.         self.upscale2 = ConvUp(512, 256)
46.         self.lateral1 = ConvBNLeakyReLU(512, 256, 1)
47.         self.conv_u1 = ConvBlockX5(512, 512, 256)
48.         self.upscale1 = ConvUp(256, 128)
49.         self.lateral0 = ConvBNLeakyReLU(256, 128, 1)
50.         self.conv_u0 = ConvBlockX5(256, 256, 128)
51.         # PAN 操作，自底向上融合到小尺寸特征图
52.         self.downscale0 = ConvBNLeakyReLU(128, 256, 3, 2)
53.         self.conv_d1 = ConvBlockX5(512, 512, 256)
54.         self.downscale1 = ConvBNLeakyReLU(256, 512, 3, 2)
55.         self.conv_d2 = ConvBlockX5(1024, 1024, 512)
56.     def forward(self, x0, x1, f2):
57.         # x0: [-1, 256, 52, 52]
58.         # x1: [-1, 512, 26, 26]
59.         # f2: [-1, 1024, 13, 13] -SSP-> [-1, 512, 13, 13]
60.         # top-down (upscale)
61.         f2u = self.upscale2(f2)
62.         f1 = self.lateral1(x1)
63.         f1 = torch.cat([f2u, f1], dim=1)
64.         f1 = self.conv_u1(f1)
65.         f1u = self.upscale1(f1)
66.         f0 = self.lateral0(x0)
67.         f0 = torch.cat([f1u, f0], dim=1)
68.         f0 = self.conv_u0(f0)
69.         # bottom-up (downscale)
70.         f0d = self.downscale0(f0)
71.         f1 = torch.cat([f0d, f1], dim=1)
72.         f1 = self.conv_d1(f1)
```

```
73.        f1d = self.downscale1(f1)
74.        f2 = torch.cat([f1d, f2], dim=1)
75.        f2 = self.conv_d2(f2)
76.        return f0, f1, f2
77.
78.
79. x0 = torch.randn(4, 256, 52, 52)
80. x1 = torch.randn(4, 512, 26, 26)
81. f2 = torch.randn(4, 512, 13, 13)
82.
83. pan_neck = PAN_Module()
84. f0, f1, f2 = pan_neck(x0, x1, f2)
85. print(f'output F0 size: {f0.size()}')
86. print(f'output F1 size: {f1.size()}')
87. print(f'output F2 size: {f2.size()}')
88.
```

测试输出如下：

```
output F0 size: torch.Size([4, 128, 52, 52])
output F1 size: torch.Size([4, 256, 26, 26])
output F2 size: torch.Size([4, 512, 13, 13])
```

在数据增强方面，YOLOv4 采用了多种复杂的高阶数据增强方案，包括 CutMix、Mosaic 等。CutMix 数据增强需要采用两张图像，首先将其中一张图像随机擦除一个区域，然后用另一个图像的区块填充该区域。通过 CutMix 增强后的输入图像可以强制网络从部分内容中学习对于目标的特征识别，从而增强网络的定位能力。Mosaic 增强则利用四张图像拼合成一张图像，这个图像包含了四张图像的部分区域，一方面，与 CutMix 类似，Mosaic 增强后的数据也可以让网络见到常规的图像上下文信息以外的信息，有助于获得更好的特征识别与定位能力；另外，由于 Mosaic 的一张图中实际上包含了 4 个样本，因此可以减少训练过程对于大 batchsize 的要求，从而可以在更少的资源（比如单卡 GPU）上进行训练，提高训练效率。Mosaic 数据增强的示例如图 5.28 所示。

图 5.28　Mosaic 数据增强

YOLOv4 采用 CIoU（Complete IoU）损失函数。它是直接优化两个 bbox 交集比例的 IoU 损失函数的改进版。IoU 损失函数的提出主要是为了解决传统方案预测坐标值时将 x、y、w 和 h 看作独立变量带来的问题，实际上这些用于构成 bbox 的坐标变量是相关的，因此，考虑预测 bbox 与 GT bbox 的 IoU 可以更好地反应目标检测的性能，并且可以平衡不同尺度的目标的损失。但是，如果直接采用 IoU 作为损失的话，当预测结果与 GT 完全不相交时就会无法进行优化，因此需要结合 IoU 设计一个更加稳定的损失函数。CIoU 损失函数考虑了预测结果与 GT 的 bbox 的重叠度，预测 bbox 与 GT bbox 中心点的距离，以及宽高比例的一致性。其函数形式为：

$$\text{CIoU} - \text{Loss} = (1 - \text{IoU})\rho^2(\text{ctr}_{\text{pred}}, \text{ctr}_{\text{GT}}) / c^2 + \alpha v$$

对于 CIoU 的各个部分，可以参考图 5.29 进行理解。

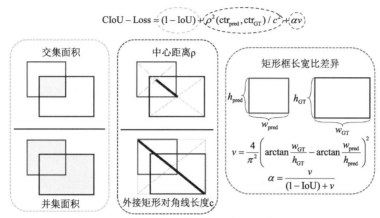

图 5.29　CIoU 损失函数的各部分含义

在 CIoU 损失函数中，ρ 表示的是两个 bbox 中心点的距离，而 c 表示两个 bbox 外接最小矩形的对角线长度，这一项可以用来归一化地描述两个 bbox 之间的距离，这个距离项对预测 bbox 和 GT bbox 为包含关系，从而导致 IoU 在一定范围不再变化的情况下，让两个 bbox 中心趋向于对齐。最后一项则为 bbox 形状（通过长宽比来度量）的约束项，用于使预测结果与 GT 的 bbox 宽高比例趋于一致。CIoU 损失函数的应用见代码 5.9。

代码 5.9　CIoU 损失函数计算模块

```
1.  import torch
2.  import torch.nn as nn
3.
4.  class CIoULoss(nn.Module):
5.
6.      def __init__(self, eps=1e-6):
7.          super().__init__()
8.          self.eps = eps
9.
10.     def forward(self, preds, gts):
11.         """
12.         preds: torch.Tensor size [n, 4]
13.         gts: torch.Tensor size [n, 4]
14.         (x1, y1, x2, y2) 左上角和右下角坐标
15.         """
16.         # 计算 batch 数据的 IoU
17.         w_pred = preds[:, 2] - preds[:, 0]
18.         h_pred = preds[:, 3] - preds[:, 1]
19.         area_pred = w_pred * h_pred
20.         w_gt = gts[:, 2] - gts[:, 0]
21.         h_gt = gts[:, 3] - gts[:, 1]
22.         area_gt = w_gt * h_gt
23.         xy_min = torch.max(preds[:, :2], gts[:, :2])
```

```
24.         xy_max = torch.min(preds[:, 2:], gts[:, 2:])
25.         wh_inter = torch.clamp(xy_max - xy_min, min=0)
26.         intersect = wh_inter[:, 0] * wh_inter[:, 1]
27.         union = area_pred + area_gt - intersect + self.eps
28.         iou = intersect / union
29.
30.         # 计算闭包区域对角线距离的平方
31.         xy_lower = torch.min(preds[:, :2], gts[:, :2])
32.         xy_upper = torch.max(preds[:, 2:], gts[:, 2:])
33.         wh_closure = torch.clamp(xy_upper - xy_lower, min=0)
34.         c2 = wh_closure[:, 0] ** 2 + wh_closure[:, 1] ** 2 + self.eps
35.
36.         # 计算 bbox 中心点距离
37.         centerx_pred = (preds[:, 2] + preds[:, 0]) / 2
38.         centery_pred = (preds[:, 3] + preds[:, 1]) / 2
39.         centerx_gt = (gts[:, 2] + gts[:, 0]) / 2
40.         centery_gt = (gts[:, 3] + gts[:, 1]) / 2
41.         rho2 = (centerx_gt - centerx_pred) ** 2 \
42.                 + (centery_gt - centery_pred) ** 2
43.
44.         tan_diff = torch.atan(w_gt / h_gt) - torch.atan(w_pred / h_pred)
45.         v = 4 / (torch.pi ** 2) * (tan_diff ** 2)
46.
47.         with torch.no_grad():
48.             pos = (iou > 0.5).float()
49.             alpha = pos * v / ((1 - iou) + v)
50.
51.         # CIoU 损失函数，阈值 clamp 防止梯度爆炸
52.         ciou = iou - rho2 / c2 - alpha * v
53.         loss = 1 - ciou.clamp(min=-1.0, max=1.0)
54.
55.         # 输出 loss 计算的中间结果
56.         print("[CIoU loss]: iou \n", iou)
57.         print("[CIoU loss]: rho2 \n", rho2)
58.         print("[CIoU loss]: c2 \n", c2)
59.         print("[CIoU loss]: rho2/c2 \n", rho2 / c2)
60.         print("[CIoU loss]: alpha \n", alpha)
61.         print("[CIoU loss]: v \n", v)
62.
63.         return loss
64.
65.
66. # 测试 CIoU 损失函数的计算
67. pred_bboxes = torch.Tensor([[1,1,30,30],
68.                             [1,1,31,31],
69.                             [1,1,40,40]])
70. pred_bboxes.requires_grad = True
71.
72. gt_bboxes = torch.Tensor([[1,1,30,31],
73.                           [2,3,40,25],
74.                           [6,10,30,100]])
75.
```

```
76. ciou_loss = CIoULoss()
77. loss = ciou_loss(pred_bboxes, gt_bboxes)
78. print("CIoU loss 输出: ", loss)
79. loss_sum = torch.sum(loss)
80. loss_sum.backward()
81. print("CIoU loss 计算出的梯度: \n", pred_bboxes.grad)
82.
```

输出结果如下:

```
[CIoU loss]: iou
 tensor([0.9667, 0.5811, 0.2432], grad_fn=<DivBackward0>)
[CIoU loss]: rho2
 tensor([2.5000e-01, 2.9000e+01, 1.1965e+03], grad_fn=<AddBackward0>)
[CIoU loss]: c2
 tensor([ 1741., 2421., 11322.], grad_fn=<AddBackward0>)
[CIoU loss]: rho2/c2
 tensor([0.0001, 0.0120, 0.1057], grad_fn=<DivBackward0>)
[CIoU loss]: alpha
 tensor([0.0035, 0.0616, 0.0000])
[CIoU loss]: v
 tensor([0.0001, 0.0275, 0.1116], grad_fn=<MulBackward0>)
CIoUloss 输出:tensor([0.0335, 0.4326, 0.8625], grad_fn=<RsubBackward1>)
CIoU loss 计算出的梯度:
 tensor([[ 0.0006,  0.0003, -0.0006, -0.0336],
         [-0.0173, -0.0150, -0.0181,  0.0166],
         [-0.0023, -0.0044,  0.0027, -0.0099]])
```

除了上述这些内容,YOLOv4 还有很多优化策略,比如 DropBlock 正则、标签平滑、MiWRC 结构、DIoU-NMS 等。笔者通过大量的消融实验,验证了各种方式的收益,最终使 YOLOv4 在较高的效率下(65fps @ Tesla V100)达到了当时同等量级网络的最好效果(43.5%AP @ MS COCO)。

下面介绍 YOLOv5。YOLOv5 与 YOLOv4 在包括结构与训练的许多方面比较相似,其更多的是工程化的修改和优化。YOLOv5 通过不同超参数(depth_multiple 和 width_multiple)的控制可以得到不同大小的模型,工程中默认的主要有四种尺寸的模型,分别后缀以 s、m、l 和 x,表示模型量级从小到大。对于实际的应用可以按需求选择合适的模型大小。在网络结构设计上,YOLOv5 早期版本应用了一个称为 Focus 的结构,其计算如图 5.30 所示。

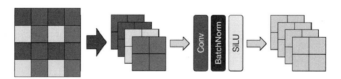

图 5.30　YOLOv5 的 Focus 结构

Focus 结构的主要操作是通过间隔采样并将结果在通道层面拼接,将 $c×h×w$ 的特征图变换为 $4c×(h/2)×(w/2)$ 大小,然后再进行后续卷积等计算。Focus 的具体应用见代码 5.10。

代码 5.10　Focus 模块示例代码

```
1.  import torch
2.  import torch.nn as nn
```

```
3.
4.  class Focus(nn.Module):
5.      def __init__(self, in_ch, out_ch, ksize=1,
6.                  stride=1, pad=0, act=True):
7.          super().__init__()
8.          Activation = nn.SiLU if act else nn.Identity
9.          self.conv = nn.Sequential(
10.             nn.Conv2d(in_ch * 4, out_ch,
11.                 ksize, stride, pad, bias=False),
12.             nn.BatchNorm2d(out_ch),
13.             Activation()
14.         )
15.     def forward(self, x):
16.         p1 = x[..., ::2, ::2]
17.         p2 = x[..., 1::2, ::2]
18.         p3 = x[..., ::2, 1::2]
19.         p4 = x[..., 1::2, 1::2]
20.         p = torch.cat([p1, p2, p3, p4], dim=1)
21.         out = self.conv(p)
22.         return out
23.
24.
25. dummy_in = torch.randn(4, 3, 256, 256)
26. focus_module = Focus(3, 64)
27. out = focus_module(dummy_in)
28. print(f'input size: {dummy_in.size()}')
29. print(f'output size: {out.size()}')
30.
```

输出结果如下：

```
input size: torch.Size([4, 3, 256, 256])
output size: torch.Size([4, 64, 128, 128])
```

这种结构可以有效降低计算量，提高计算效率。在一些底层视觉任务，比如超分辨率中也经常应用这种计算及其逆向操作（即将多个通道的小图重整为少通道数的大图），超分辨率中一般将这种类似Focus的空间转通道的操作称为PixelUnshuffle，其逆操作称为PixelShuffle。在YOLOv5后面的版本中，Focus 操作被卷积核大小为 6×6 的步长为 2 的 Conv2d 取代以提高效率。同样为了提高效率，YOLOv5 将 SPP 模块替换为 SPPF，我们前面讨论过 SPP，它用不同的池化核实现对于不同尺度的信息汇总，而 SPPF 则通过级联的池化操作（后一次池化的输入为上一次池化的输出）来实现相同的不同尺度下的特征池化的功能，并且可以使处理速度显著提高。

在训练过程中，YOLOv5 也采用了大量的数据增强方法，比如 Mosaic、HSV 增强、Copy-Paste、随机仿射变换、MixUp 等。另外，YOLOv5 对于采用的先验锚框可以通过数据自动学习（AutoAnchor），使得先验锚框可以最大限度地符合所用于训练的数据的 GT bbox 分布。这个设计对于训练自己的检测数据集是很有帮助的。此外，YOLOv5 对于训练方案，以及对于优化目标的设计也进行了优化。经过上述的各个方面的优化，YOLOv5 在保持高效的处理速度的前提下仍然可以继续提升准确率和效率。

YOLOv6 [43]仍然基于已有的各种 YOLO 检测框架进行改进，其重要的特征是借鉴了 Rep-VGG

类的重参数化策略（reparameterization），设计了 EfficientRep 主干网络和 Rep-PAN 检测颈结构。另外，YOLOv6 设计了简化的解耦检测头（decoupled head），保证精度的同时降低计算开销。在训练策略中，YOLOv6 采用了无锚框范式，并且采用 SIoU 用于优化。

下面重点讲解一下 YOLOv6 中所用的重参数化策略。重参数化策略指的是在模型设计中，对于多个并联支路进行训练，以获得更强的表达能力，而在推理过程中，可以对这些支路进行合并，即找到一个简单的等价模块（通常是一层卷积）取代复杂的支路，从而在保持效果的前提下降低推理的复杂度。YOLOv6 中用到的最基础的重参数化模块是 RepVGG 模块，其结构如图 5.31 所示。

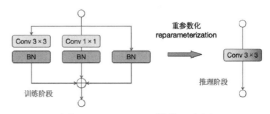

图 5.31　RepVGG 模块示意图

可以看到，在训练阶段，RepVGG 模块由并联的 1×1 卷积、3×3 卷积，以及恒等映射组成，每个支路都有对应的 BN 层进行缩放归一化。最后将各个支路得到的结果进行求和，即可得到模型的输出。在这个过程中，考虑到 BN 是对卷积处理结果特征图的一个线性操作，即可以写成 $y=ax+b$ 的形式，因此一旦 BN 训练好以后，即可通过对上一层卷积核与偏置参数的缩放处理来等价卷积+BN 的共同操作，这样 BN 层在推理阶段可以不用另外写出，通常形象地认为 BN 层被上一层卷积"吸收"。另外，对于不同并联支路，由于卷积操作的线性性质，因此可以通过对卷积核与偏置先进行合成，得到的新参数再用于对输入特征图进行处理，这样得到的结果等价于分别处理后求和。经过上述过程，RepVGG 在推理阶段用一个简单的卷积代替了，这就是重参数化的过程。这个过程见代码 5.11。

代码 5.11　RepVGG 模块重参数化示例代码

```
1.  import torch
2.  import torch.nn as nn
3.  import torch.nn.functional as F
4.
5.  class ConvBN(nn.Module):
6.      """
7.      Conv + BN block
8.      """
9.      def __init__(self, in_ch, out_ch, ksize, stride):
10.         super().__init__()
11.         pad = (ksize - 1) // 2
12.         self.conv=nn.Conv2d(in_ch,out_ch,ksize, stride, pad, bias=False)
13.         self.bn = nn.BatchNorm2d(out_ch)
14.
15.     def forward(self, x):
16.         out = self.bn(self.conv(x))
17.         return out
18.
19.
20. class RepVGGBlock(nn.Module):
21.     """
22.     RepVGG 类型重参数化模块
23.     """
```

```
24.     def __init__(self, in_ch, out_ch, deploy=False, verbose=False):
25.         super().__init__()
26.         self.in_ch = in_ch
27.         self.out_ch = out_ch
28.         self.deploy = deploy
29.         self.verbose = verbose
30.         self.idt = None
31.         self.relu = nn.ReLU()
32.         if not deploy:
33.             if in_ch == out_ch:
34.                 self.idt = nn.BatchNorm2d(in_ch)
35.             self.conv_3x3 = ConvBN(in_ch, out_ch, 3, 1)
36.             self.conv_1x1 = ConvBN(in_ch, out_ch, 1, 1)
37.         else:
38.             self.conv_reparam=nn.Conv2d(in_ch, out_ch, 3, 1, 1, bias=True)
39.
40.     def forward(self, x):
41.         if self.deploy:
42.             if self.verbose:
43.                 print("[forward] deploy mode, use reparam weights")
44.             out = self.relu(self.conv_reparam(x))
45.             return out
46.         else:
47.             if self.verbose:
48.                 print("[forward] multi-branch mode")
49.             out_3x3 = self.conv_3x3(x)
50.             out_1x1 = self.conv_1x1(x)
51.             if self.idt is not None:
52.                 out = self.idt(x) + out_3x3 + out_1x1
53.             else:
54.                 out = out_3x3 + out_1x1
55.             return self.relu(out)
56.
57.     def fuse_conv_bn(self, convbn):
58.         convbn.eval()
59.         with torch.no_grad():
60.             kernel = convbn.conv.weight
61.             bn = convbn.bn
62.             bn_mean = bn.running_mean
63.             bn_std = (bn.running_var + bn.eps).sqrt()
64.             bn_gamma = bn.weight
65.             bn_beta = bn.bias
66.             fuse_kernel = (bn_gamma / bn_std).reshape(-1, 1, 1, 1) * kernel
67.             fuse_bias = bn_beta - bn_mean * bn_gamma / bn_std
68.             return fuse_kernel, fuse_bias
69.
70.     def fuse_idt_bn(self, bn):
71.         kernel=torch.zeros(self.in_ch,self.in_ch,3,3,dtype=torch.float32)
72.         for i in range(self.in_ch):
73.             kernel[i, i, 1, 1] = 1.0
```

```
74.        bn_mean = bn.running_mean
75.        bn_std = (bn.running_var + bn.eps).sqrt()
76.        bn_gamma = bn.weight
77.        bn_beta = bn.bias
78.        fuse_kernel = (bn_gamma / bn_std).reshape(-1, 1, 1, 1) * kernel
79.        fuse_bias = bn_beta - bn_mean * bn_gamma / bn_std
80.        return fuse_kernel, fuse_bias
81.
82.    def reparam_kernel_bias(self):
83.        k_3x3, b_3x3 = self.fuse_conv_bn(self.conv_3x3)
84.        k_1x1, b_1x1 = self.fuse_conv_bn(self.conv_1x1)
85.        k_1x1 = F.pad(k_1x1, [1, 1, 1, 1])
86.        if self.idt is not None:
87.            k_idt, b_idt = self.fuse_idt_bn(self.idt)
88.            k_rep = k_3x3 + k_1x1 + k_idt
89.            b_rep = b_3x3 + b_1x1 + b_idt
90.        else:
91.            k_rep = k_3x3 + k_1x1
92.            b_rep = b_3x3 + b_1x1
93.        return k_rep, b_rep
94.
95.    def switch_to_deploy(self):
96.        if hasattr(self, 'conv_reparam'):
97.            print("already re-parameterized")
98.            return
99.        else:
100.            self.conv_reparam = nn.Conv2d(
101.                self.in_ch, self.out_ch, 3, 1, 1, bias=True)
102.            kernel_rep, bias_rep = self.reparam_kernel_bias()
103.            self.conv_reparam.weight.data = kernel_rep
104.            self.conv_reparam.bias.data = bias_rep
105.            self.__delattr__('conv_3x3')
106.            self.__delattr__('conv_1x1')
107.            if hasattr(self, 'idt'):
108.                self.__delattr__('idt')
109.            for para in self.parameters():
110.                para.detach_()
111.        self.deploy = True
112.
113.
114.if __name__ == "__main__":
115.    x_in = torch.randn(1, 2, 4, 4)
116.    repblock = RepVGGBlock(in_ch=2, out_ch=2, deploy=False)
117.    with torch.no_grad():
118.        # 注意：必须转到eval模式，因为BN在train和eval下计算方式不同，
119.        # train模式下用当前batch的mean和var，而不是running_mean/var，
120.        # 重参数化和eval模式针对测试阶段推理，使用的是running_mean/var
121.        repblock.eval()
122.        out_ori = repblock(x_in)
123.    repblock.switch_to_deploy()
124.    out_rep = repblock(x_in)
```

```
125.    is_same = torch.allclose(out_ori, out_rep, atol=1e-4)
126.    print("reparam correct? : ", is_same)
127.
```

运行上述代码，测试重参数化前后结果是否一致，结果如下：

```
reparam correct? : True
```

YOLOv7 [44]也用到了重参数化策略，并且采用了动态标签匹配策略，参考预测结果的情况以及 GT，对用来训练检测头与辅助头的标签进行分配。在网络结构设计方面，参考 ELAN（efficient layer aggregation network）设计了扩展版本的 E-ELAN（extended ELAN），通过控制最短最长梯度路径，辅助网络更有效地收敛。

截至目前，最新的 YOLO 系列成员是 YOLOv8，该版本的 YOLO 由 Ultralytics 公司开源，并且被设计为一个较为通用的框架，可以支持检测跟踪、实例分割、姿态估计等多种视觉相关任务，具有较高的易用性和可扩展性。其主要改进除了对于网络结构的优化以外，还包括解耦检测头（decoupled head）及无锚框策略。在本书第 6 章会通过具体的案例对 YOLOv8 进行详细讲解，并对检测任务进行实际训练和验证。

5.2.11　DETR：基于 Transformer 的检测框预测

下面要介绍的是一个经典的基于 Transformer 的检测模型——DETR（detectiontransform er）[45]。DETR 在设计思路上与传统 CNN 类的目标检测模型差别较大，不同于传统的基于手工设计的锚框配合 NMS 等复杂操作的方案，DETR 将目标检测看成一个集合预测（set prediction）的任务，即对输入图像，预测出一个集合，其中的每个元素代表一个目标的 bbox。这个过程通过带有位置编码的 Transformer 模型实现，并通过将预测的集合与真实 GT 集合进行二分匹配（bipartite matching）来计算损失函数并进行优化。DETR 的整体流程和模型结构如图 5.32 所示。

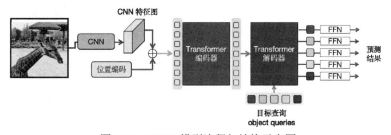

图 5.32　DETR 模型流程与结构示意图

DETR 模型的计算过程是，先通过一个 CNN 网络对输入图像进行特征提取，得到图像的特征图，然后将特征图通过一个 Transformer 的编解码结构，预测一定数量的 bbox 的位置和目标类别。对 CNN 得到的图像特征图首先进行拉平，从$[n, c, h, w]$转为$[n, c, h \times w]$的特征向量序列，以适应 Transformer 编码器的输入。由于 Transformer 对序列的计算过程缺少位置信息，因此需要通过位置编码进行补偿。位置编码与拉平后的特征向量序列一起输入进编码器，得到编码后的各个位置的编码特征向量。将编码结果和目标查询（object query）共同输入到解码器，经过 Transformer 模块处理后得到各个查询的特征，并通过 FFN 模块用这些特征回归出类别和 bbox 位置。其中目标查询相当于可学习的位置编码，其数量就是预测的 bbox 的最大数量，因此需要设置一个大于图像中可能出现的目标数量的值，通常为 100。目标查询的目的就是负责特定 bbox 的预测，它作为解码器的 Q 输入，与编码结果得到的 K 和 V 计算注意力，得到解码结果。

在损失函数设置上，由于 DETR 去掉了锚框和区域提议框等预设的参考，成了集合到集合的预测，因此无法直接找到一一对应的 bbox 对用于计算损失，而是需要先进行匹配。这个过程通过匈牙利匹配算法（Hungarian matching）实现。如果图像中只有 N 个 bbox，那么只有所有预测 bbox（比如 100 个）中的 N 个与对应的 GT bbox 进行匹配，其他的认为匹配到"无目标"，即背景类型。由于匹配算法保证了每个 GT bbox 只能与一个与之最接近的预测 bbox 进行匹配，因此不会有不同输出框预测到同一个 GT 的问题，因此也就不需要 NMS 来进行去重处理。匹配完成后，对于对应的预测 bbox 与 GT bbox，采用类别的交叉熵损失和 bbox 的拟合损失（通过坐标的 L_1 损失与 GIoU 损失实现）来计算损失函数并进行优化。

5.3 小目标检测与旋转目标检测

下面来简要介绍两个目标检测中的特殊任务，分别是小目标检测和旋转目标检测任务。这两个任务既是目标检测任务的特例和子任务，同时也具有其特殊的难点及其对应的处理策略。相比传统目标检测关注场景中的中等目标和较大目标，小目标检测主要关注的是占据像素数较少的目标的检测，这一部分目标通常在经典的目标检测框架下表现不佳；而旋转目标检测主要处理一些特殊场景中水平 bbox 不合适的问题，比如遥感图像的舰船检测等，为了适应目标框的旋转，研究者也对这类目标检测任务设计了许多对策。

5.3.1 小目标检测任务与方案

小目标检测任务（tiny object detection，或 small object detection）的主要目标是优化检测网络对于图像中像素面积较小的目标的检测识别精度。通常来说，小目标的像素数一般在几百的数量级，不同的数据集对其定义的具体指标也略有不同，按照 MS COCO 数据集的定义，目标框尺寸小于 32×32 的就被归类为小目标（相对地，大于 96×96 的目标则被归类为大目标，其他为中等目标），而对于专门用于小目标检测任务的航空遥感数据集 AI-TOD 来说，小于 16×16 的目标被认为是小目标。由于小目标本身较难处理，因此对于一个训练好的普通目标检测器（比如 YOLO、SSD 等）来说，如果对小目标和大目标的平均准确率分别进行统计，就会发现两者的平均准确率具有明显的差别（比如在 MS COCO 上大目标检测的 AP 值约为小目标 AP 值 2～3 倍），因此，针对小目标处理的难点进行分析，并对应地设计处理策略对于提高目标检测的整体效果来说是非常有必要的。

小目标检测的难点主要有以下几个方面：首先，小目标所占的像素面积少，这个特点带来的一个直接的负面影响就是特征信息不充分、网络提取难度大。由于基于网络的小目标检测主要是通过自适应提取目标中的特征信息（比如纹理、形状、结构等）来实现对目标的定位和类别判断，而小目标由于本身较小，从底层图像信息上来说，纹理结构往往不太清晰，形状结构的边界也可能较为模糊，因此难以获取到有明显区分度的特征。另外，由于目前的目标检测网络通常较深，而越深层的信息越倾向于整合更大范围的更高阶的语义信息，小目标通常在深层特征中难以得到充分表达，因此相比普通大小的目标来说更难被检测到。对于这个方面的问题，可以考虑通过特征多尺度融合的策略提升特征表示的细粒度，也可以借助小目标的上下文信息，扩大小目标的特征来源，从而增强小目标的特征表达，提高其识别效果。

小目标检测的另一个难点在于数量少，比如在 MS COCO 数据集中可以统计发现，只有少量的图像包含小目标，而即使在包含小目标的图像中，小目标物体的出现次数也不足，对于这个问题，可以通过过采样（oversample）以及数据增广的方式对训练集中的小目标 GT 进行扩充，从而提高网络对小目标的处理效果。

此外，由于小目标本身的面积较小，导致在基于锚框的目标检测器的标签分配阶段，由于 IoU 度量对于小尺寸的 bbox 更加敏感，因此最终只有很少的锚框与小目标物体的 GT bbox 有大于阈值的 IoU。图 5.33 展示了不同尺寸的 bbox 偏移两个像素带来的 IoU 的变化。可以看出，小尺寸 bbox 由于其本身较小，因此即使是很小的位移也会带来 IoU 的明显变化（从 0.56 到 0.06），因此容易带来不准确的标签匹配，而尺寸大一些的 bbox 则敏感性更低（IoU 从 0.81 到 0.49），因此更容易匹配到合理的大于正样本 IoU 阈值的锚框。

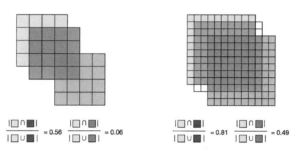

图 5.33　不同尺寸的 bbox 的偏移对于 IoU 的影响

从这个角度出发，可以通过优化目标检测模型的标签分配（label assignment）机制，即如何定义和分配正负样本，以提高小目标在锚框匹配上的准确率，提高小目标正样本占比，从而获得更好的训练结果。

另外，还有一些较为直观的小目标优化策略，比如通过超分辨率（super-resolution）算法提高小目标的尺寸和清晰度，从而获得更有效的特征；或者在推理阶段通过分块处理等增强策略，提高对于小目标的检出率。

下面分别介绍几个基于上述不同策略的小目标检测算法的例子。方案[46]通过过采样和数据增广的策略对数据集中的小目标进行扩充，并用 Mask R-CNN 作为检测器，实现了在 MS COCO 数据集中小目标检测上 7.1% 的明显提升。该方案具体的操作如下：对于包含小目标的图像进行过采样，提高小目标图像的占比，然后对于这些图像中的小目标区域，利用实例分割的 mask 将目标物体选中，并利用复制粘贴的方式增加小目标的数量，如图 5.34 所示。

（a）原图，小目标为网球　　　　　　　　　　（b）增强后结果

图 5.34　小目标检测的数据增广方法

在对小目标进行粘贴之前，该方案会对目标物体进行一定程度的随机变换，比如缩放和旋转，并且保证不同的小目标物体之间不会有遮挡重叠关系。通过这种方式增加小目标数量，可以提高匹配到的锚框数量，从而增加小目标对于损失函数计算的影响，使检测器可以更加关注小目标物体的检测。

对于推理阶段的数据增强策略，一个比较有代表性的方案是 SAHI（sliding aided hyper-inference）[47]，其基本原理如图 5.35 所示。

该方法可以用于微调和预测推理两个阶段的特殊处理，主要思路是通过滑动窗口对原图进行分块，并对每个分块进行缩放到一个给定的尺度范围后再输入到网络中，从而增加小目标在输入图像中的占比。这个过程在微调阶段被称为 SF，即 sliding aided finetuning，在推

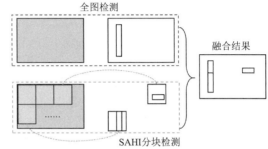

图 5.35　SAHI 基本原理示意图

理阶段就是 SAHI。在 SAHI 的推理过程中，首先对原图进行直接预测，以保证普通尺寸和大尺寸目标的预测结果，然后对原图进行滑窗分块，各区块分别缩放和预测，得到的预测 bbox 按照区块所在原图中的位置进行放置，最终再通过 NMS 进行去重，得到最终的预测结果。相比于原图直接缩放并输入网络的预测来说，利用 SAHI 方式进行预测对于小目标更加友好。当然，该方案的一个明显的局限性在于，由于将原图进行分块并分别进行模型推理，因此整体的预测速度会有比较明显的降低。

小目标检测问题的另一种处理思路在于找到一种可以替代 IoU 的度量指标。在前面曾提到过，由于 IoU 对于像素数较小的 bbox 更加敏感，并且对于基于锚框的模型来说，筛选正样本的 IoU 阈值对于小目标来说通常偏高，导致小目标正样本锚框分配不准确，因此如果可以找到一个能够代替 IoU 的，且对于 bbox 尺寸不敏感的新型度量指标，并用来计算两个 bbox 之间的相似度，那么就可以在模型训练和测试的多个步骤中对小目标有正向优化。这些步骤主要包括：标签分配，损失函数计算，以及最后的 NMS 操作（这些步骤一般都会用到 IoU）。满足这样要求的度量的一个例子就是 NWD（normalized Wasserstein distance）[48]。下面就来介绍一下 NWD 度量。

NWD 度量基于对于长方形 bbox 的一个修正，那就是将长方形 bbox 看成是一个 2D 高斯分布。考虑到长方形 bbox 中可能存在部分背景像素，并且通常前景部分集中于 bbox 的中心位置，而背景往往集中于 bbox 的边缘，因此可以通过高斯分布进行描述。高斯分布的均值就是 bbox 的中心点，而两个方向的方差项则与长方形 bbox 的长宽有关，写成数学形式如下：

$$f(x\,|\,\mu,\Sigma) = \frac{\exp(-\frac{1}{2}(x-\mu)^{\mathrm{T}}\Sigma^{-1}(x-\mu))}{2\pi\,|\,\Sigma\,|^{1/2}}$$

$$\mu = \begin{bmatrix} c_x \\ c_y \end{bmatrix},\Sigma = \begin{bmatrix} w^2/4 & 0 \\ 0 & h^2/4 \end{bmatrix}$$

接下来，考虑两个 bbox 的关系，就变成了对这两个高斯分布的关系的度量。这里考虑利用 Wasserstein 距离来实现。对于两个 2D 高斯分布来说，2 阶 Wasserstein 距离的数学形式如下（F 表示 Frobenius 范数）：

$$W_2^2(\mu_1,\mu_2) = \|\,m_1 - m_2\,\|_2^2 + \|\,\Sigma_1^{1/2} - \Sigma_2^{1/2}\,\|_F^2$$

根据该距离，设计 NWD 度量如下：

$$\text{NWD}(N_a, N_b) = \exp\left(-\sqrt{\frac{W_2^2(N_a, N_b)}{C}}\right)$$

其中 C 是与数据集有关的一个常量。NWD 度量有如下一些优点：比如尺度不变性、对于位置偏差更加平滑、对于不重叠的或者相互包含的两个 bbox 也可以度量其相似度等。实验表明，将 NWD 替代 IoU 应用到标签分配、损失函数计算和 NMS 等步骤，在小目标检测效果上均可获得相较于基线的提升。

5.3.2　旋转目标检测任务与模型

旋转目标检测（rotated object detection）指的是用带有旋转角度的矩形框（简称旋转框）对目标物体进行定位，并识别其对应的类别。相对来说，普通的目标检测所用的框可以被称为水平框（horizontal box）。旋转框相当于在水平框的四个坐标参数（比如 xyxy 或者 xywh）的基础上又增加了一个角度参数，用于表示其旋转的方向。

旋转目标检测在许多任务场景中都有应用，这些任务的共同特点就是对于角度不敏感，即目标物体可能以各种不同的角度出现在图像中。比如航拍和卫星遥感图像的目标检测，由于航空器和卫星的运行轨迹以及拍摄角度不同，同一个物体可能被呈现为不同的角度，这种性质对于目标检测器也提出了新的要求，那就是检测器应该具有一定的旋转不变性。类似的还有文字检测任务、医学影像中的一些检测任务等，这些任务中的目标也会因为拍摄角度的不同而可能有不同的形式。在这些场景中，利用旋转框进行标注和预测相比于水平框来说更加合理，如图 5.36 所示。

图 5.36　旋转框与水平框在遥感影像上的标注效果

在目标有旋转角度的任务中，如果仍然采用水平框进行目标检测，通常会遇到以下几个明显的问题：首先，水平框不能反映目标物体真实的长宽比，比如一个长条形（长宽比很大）但是斜向约 45° 角度的旋转目标，如果用水平框标注，则 bbox 是一个近似正方形的物体（长宽比约为 1:1）。另外，由于不能较好地贴合实际的目标边界，因此水平框标注旋转物体往往会掺杂更多的背景像素，从而不利于提取图像特征，并且在目标密集的情况下更难以准确区分出各个目标的位置和边界。因此，在这些场景下应用旋转框进行预测是很有必要的。

为了达到这一目标，一个直接的想法就是在设计锚框的时候将角度信息也考虑进去，从而得到一系列不同角度的锚框，用这些锚框分别对应预测不同旋转角度的目标。该思路的模型方案为 DRBox[49]。该模型的整体流程与其他基于锚框进行预测的模型类似，先用网络提取图像特征，然后进行基于锚框的回归预测，最后将得到的结果进行解码和 NMS 处理，得到最终结果。DRBox 的主要特征是多角度锚框（multi-angle anchor）的设计，其模型结构与锚框示意如图 5.37 所示。

这个方案的思路比较直观和易于理解，但是有一个问题需要处理，那就是如何度量旋转框之间的相似度。对于水平框通常采用 IoU 进行计算相似度，该 IoU 度量可以直接推广到旋转框，但是由于两个旋转框角度可能不一致，最终需要涉及多边形的面积计算，相比水平框更加复杂。为了解决这个问题，DRBox 提出了一个新的针对 RBox（即旋转框）的相似度度量，称为 ArIoU（angle-related IoU），其数学形式如下：

$$\mathrm{ArIoU}(A, B) = \frac{Area(A' \bigcap B)}{Area(A' \bigcup B)} \cos(\theta_A, \theta_B)$$

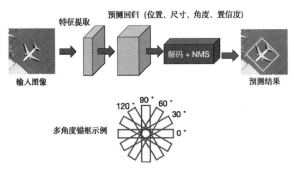

图 5.37 DRBox 模型处理流程与多角度锚框

其中，A 和 B 是被度量的两个旋转框，而 A' 表示将 A 的角度从 θ_A 改为 θ_B，同时保持其他坐标值不变。用 A' 和 B 计算 IoU 后，由于缺少了角度信息，因此后面用 $\cos(\theta_A - \theta_B)$ 项计算角度差异进行补偿，让角度一致的度量的相似性更大。ArIoU 还有另一种形式，即 ArIoU_{180}，它与上面的 ArIoU 的主要区别在于对后面的余弦项加了绝对值，这样相当于对于两个框接近垂直的时候惩罚更大，不再区分旋转框的头部和尾部，只要方向取向接近就认为两者相似度高，这个形式的度量对于头部和尾部不好分辨的目标物体是更合理的。

在模型训练过程中，基于多角度 RBox 和 ArIoU 的设计，标签分配采用 ArIoU(P, G) 是否大于阈值来筛选正样本。在损失函数的设计上，除了坐标回归外还加入了角度回归项 $\tan(t\text{-}p)$，其中采用 tan 函数来避免角度周期性的影响，保证可以回归到正确的角度信息。

尽管 DRBox 模型可以通过回归角度的方式预测出旋转框，但是仍然存在一些问题，比如对于旋转框的预测所采用的特征的 RoI 区域仍然是水平框，因此不能完全准确地提取目标物体内部的特征，如图 5.38 所示。

RoI Transformer 模型[50]基于上述这个出发点进行优化，设计了一个可以利用旋转的 RoI 区域进行特征提取的网络模型，更有效地提升了模型提取目标物体信息的能力。RoI Transformer 模型的基本思路是：先初步学习

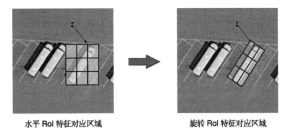

图 5.38 水平 RoI 对于旋转目标的特征选择不准确

旋转角度，然后用该角度对 RoI 进行空间变换，使其更接近实际有旋转的目标物体区域，并用该旋转 RoI 区域进行特征的计算及后续的分类回归流程。RoI Transformer 模型的结构如图 5.39 所示。

可以看出，RoI Transformer 模型主要有两个部分组成：第一个部分用来回归 RGT（rotated GT）相对于水平 RoI 的偏置；第二个部分将该旋转后的旋转 RoI 应用到特征图上进行变形（warp）操作，得到对应的旋转 RoI 特征，以保持旋转不变性。这样得到的特征通过 PS RoI Align 进行处理，用于后续的回归和分类。PS RoI Align 可以看成前面讲过的 RoI Align 的改进版本，PS 表示 position sensitive，即位置敏感。它通过区分 bbox 内部的不同区域（比如左上角、正

上方、右下方等）并分别进行特征提取和整合。通过该策略得到的旋转后的 RRoI 对于后续的坐标回归和目标分类都更加友好。

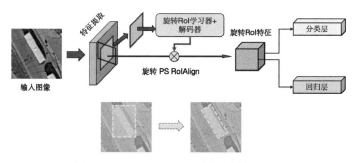

图 5.39　RoI Transformer 模型结构示意图

DRBox 和 RoI Transformer 两种方案均可以处理旋转框检测的问题，然而，为了使网络模型获得对于旋转框的适应能力，上述方案也都相对于水平框检测任务增加了额外的模块或者锚框，从而提高了计算复杂度。对于效率的要求在旋转目标检测任务中也是很重要的，而制约效率的主要因素就是来源于候选框的生成过程，不管是 DRBox 中多角度锚框使锚框数量增加，还是 RoI Transformer 中先计算旋转 RoI 再进行 RoI Align 提取特征，都需要额外花费较多的工作量。下面要介绍的 Oriented R-CNN 算法[51]就是通过优化 RPN 网络，降低生成候选框的成本实现检测效率提升的。该方案的模型结构如图 5.40 所示。

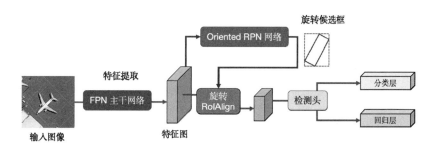

图 5.40　Oriented R-CNN 模型结构示意图

Oriented R-CNN 是一个两阶段网络，其主要的优点在于其近乎无成本的 RPN 网络。这里的 RPN 网络是一个轻量化全卷积网络，称为 Oriented RPN，在提高计算效率的同时也可以防止过拟合的产生。RPN 网络可以生产旋转候选框，用于后续的分类回归操作。模型的骨干网络采用的是 FPN 结构，即共有 5 个层级的特征图。轻量化的 RPN 网络将这 5 个层级的特征图作为输入，每个层级特征图接到相同结构的检测头上。检测头由 3×3 卷积与两个并联的 1×1 卷积支路构成，这两个并联的支路分别用于回归坐标和目标物体存在分数（objectness score）。对于每个层级的每个空间位置，分别设置三种不同长宽比的锚框（1:2、1:1 和 2:1），不同层级所代表的锚框面积也不同，分别为 $\{32^2, 64^2, 128^2, 256^2, 512^2\}$。

回归存在分数的分支分别对每个候选框计算得分，回归坐标的支路则需要预测旋转框的坐标系数。每个锚框的位置用 $xywh$ 的格式表示，共 4 个参数，但是对于旋转候选框的预测则需要回归 6 个系数，这是因为在该模型中采用了新的旋转框表示方法，该表示方法称为中点

偏置表示法（midpoint offset representation）。其示意如图 5.41
所示。

可以看到，每个旋转框可以用如下 6 个参数进行表示：
$(x, y, w, h, \triangle \alpha, \triangle \beta)$，其中前四个表示旋转框外接水平矩
形框的中心坐标与宽高表示的尺寸，而 $\triangle \alpha$ 和 $\triangle \beta$ 两个参数
表示旋转框的顶点相对于外接矩形框边缘中点的偏置。通过
加入这两个额外的参数，可以将旋转框用水平框作为参考并
进行表示，从而在 RPN 阶段直接回归 6 个参数的水平框。在
训练过程中，Oriented RPN 网络的损失函数也是由分类和回

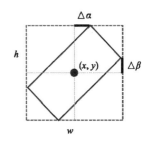

图 5.41　中点偏置表示法示意图

归损失两部分构成，对于中点偏置表示法的 6 个参数，(x, y, w, h) 需要与锚框计算相对值，
并对 GT 的计算结果进行回归，而 $\triangle \alpha$ 和 $\triangle \beta$ 两个参数则需要分别对 w 和 h 进行归一化，同
样与 GT 的结果计算差值。

从 Oriented RPN 网络得到候选框后，需要通过旋转 RoIAlign 来计算目标 RoI 中的特征，
用于后续的检测和回归。由于中点偏置表示法得到的旋转框不一定是一个矩形（实际上一组
合理的 6 值参数组可以确定一个平行四边形），因此在计算 RoIAlign 的时候，需要将平行四边
形的较短的对角线延长到与长对角线相等，从而得到一个旋转的矩形框。通过这种设计，
Oriented R-CNN 虽然采用了两阶段的整体流程，但是仍然可以以接近单阶段检测器的效率，
达到与两阶段检测器类似的效果。

第 6 章　目标检测项目实战

本章以三个目标检测相关的实战项目来帮助大家更深入理解目标检测的方法及其在实际场景中的运用。第一个实战项目是通过 YOLOv8 实现口罩人脸检测任务；第二个任务是通过 Faster-RCNN 实现车辆交通工具的检测与识别。这两个项目都是利用公开数据集进行实验。在最后一个任务中，通过一个手势识别项目来完成从数据收集步骤到模型导出应用的目标检测任务的整个流程，从而大致了解如何实现一个相对完整的目标检测项目。

6.1　实战一：基于 YOLOv8 的口罩人脸检测

本实例将基于当前最新的 YOLO 系列目标检测代码库 YOLOv8 来实现人脸的检测，并判断每个人脸是否戴口罩。

6.1.1　YOLOv8 代码库简介

YOLOv8 是基于 YOLO 模型的单阶段检测思路，并基于已有的 YOLO 系列模型作为参考而得到的 SOTA 检测框架。YOLOv8 的框架名称为 ultralytics（由 ultralytics 团队开发，该团队也是 YOLOv5 的开发者），其开源的代码网址为 https://github.com/ultralytics/ ultralytics。框架的文档网址：https://docs.ultralytics.com/。该框架不仅支持目标检测任务，还支持跟踪、分类、实例分割和姿态估计等多个视觉领域的任务。该框架兼顾了模型的效率和效果，并有较强的可扩展性，其调用方式也比较简单，配置文件修改比较灵活，因此，我们选择了该代码库来训练目标检测任务的基线模型。

YOLOv8 基于缩放系数的不同，提供了如下几个不同量级的模型，分别以 n、s、m、l、x 作为后缀。首先，我们通过 git clone 的方式在本地克隆 ultralytics 框架的代码，并通过 pip install 进行安装，见代码 6.1。

代码 6.1　ultralytics 框架安装

```
1.  git clone https://github.com/ultralytics/ultralytics
2.  cd ultralytics
3.  pip install -e .
```

完成安装后，就可以通过一些简单的接口调用 YOLOv8 模型进行训练、预测和导出等操作。官方文档给出了几个关于调用 YOLOv8 的代码语句示例，见代码 6.2。

代码 6.2　ultralytics 框架安装

```
1.  from ultralytics import YOLO
2.
3.  # 创建一个 YOLO 模型
4.  model = YOLO('yolov8n.yaml')
5.
6.  # 加载预训练好的 YOLO 模型
```

```
7.   model = YOLO('yolov8n.pt')
8.
9.   # 模型训练（数据集配置在 coco128.yaml 文件中，训练 epoch 数为 3）
10.  results = model.train(data='coco128.yaml', epochs=3)
11.
12.  # 在验证集上验证效果
13.  results = model.val()
14.
15.  # 对测试图像进行预测
16.  results = model('https://ultralytics.com/images/bus.jpg')
17.
18.  # 将模型导出为 onnx 格式，方便后续的部署和应用
19.  success = model.export(format='onnx')
```

可以看出，整个调用流程相当简洁，既可以通过对 YOLO 类传入配置 yaml 文件名的方式确定采用的 YOLO 模型的配置，并以此创建一个新的网络模型用于训练，也可以利用已经训练好的预训练模型文件（.pt 格式）作为初始化参数，进行微调或者直接用于测试。对于训练过程，需要指定相关的训练参数，包括数据集的配置（主要是数据集的存放路径）、训练轮数、batchsize 大小、项目名称、优化器选择等，训练过程需要调用 model.train 函数进行，model 即为之前定义的 YOLO 模型。对于验证过程，需要调用 model.val 函数，该函数可以对当前模型效果在验证集上进行效果的验证。另外，训练好的模型可以直接通过传入图像路径的方式进行预测，并输出预测结果。最后，模型支持导出为 onnx 格式，从而可以将训练好的模型部署到其他设备进行应用。

YOLOv8 的模型 yaml 的内容见代码 6.3。

代码 6.3　YOLOv8 模型配置文件内容

```
1.   # Ultralytics YOLO , AGPL-3.0 license
2.   # YOLOv8 object detection model with P3-P5 outputs. For Usage examples see
     https://docs.ultralytics.com/tasks/detect
3.
4.   # Parameters
5.   nc: 2  # number of classes
6.   scales:# model compound scaling constants, i.e.'model=yolov8n.yaml' will call
     yolov8.yaml with scale 'n'
7.   # [depth, width, max_channels]
8.   n:[0.33,0.25,1024]#YOLOv8nsummary:225layers,3157200parameters,3157184 gra
     dients,  8.9 GFLOPs
9.   s: [0.33, 0.50, 1024] # YOLOv8s summary: 225 layers, 11166560 parameters,
     11166544 gradients, 28.8 GFLOPs
10.  m: [0.67, 0.75, 768]  # YOLOv8m summary: 295 layers, 25902640 parameters,
     25902624 gradients, 79.3 GFLOPs
11.   l: [1.00, 1.00, 512]  # YOLOv8l summary: 365 layers, 43691520 parameters,
     43691504 gradients, 165.7 GFLOPs
12.   x: [1.00, 1.25, 512]  # YOLOv8x summary: 365 layers, 68229648 parameters,
     68229632 gradients, 258.5 GFLOPs
13.
14.  # YOLOv8.0n backbone
15.  backbone:
16.  # [from, repeats, module, args]
17.  - [-1, 1, Conv, [64, 3, 2]] # 0-P1/2
```

```
18. - [-1, 1, Conv, [128, 3, 2]]  # 1-P2/4
19. - [-1, 3, C2f, [128, True]]
20. - [-1, 1, Conv, [256, 3, 2]]  # 3-P3/8
21. - [-1, 6, C2f, [256, True]]
22. - [-1, 1, Conv, [512, 3, 2]]  # 5-P4/16
23. - [-1, 6, C2f, [512, True]]
24. - [-1, 1, Conv, [1024, 3, 2]]  # 7-P5/32
25. - [-1, 3, C2f, [1024, True]]
26. - [-1, 1, SPPF, [1024, 5]]  # 9
27.
28. # YOLOv8.0n head
29. head:
30. - [-1, 1, nn.Upsample, [None, 2, 'nearest']]
31. - [[-1, 6], 1, Concat, [1]]  # cat backbone P4
32. - [-1, 3, C2f, [512]]  # 12
33.
34. - [-1, 1, nn.Upsample, [None, 2, 'nearest']]
35. - [[-1, 4], 1, Concat, [1]]  # cat backbone P3
36. - [-1, 3, C2f, [256]]  # 15 (P3/8-small)
37.
38. - [-1, 1, Conv, [256, 3, 2]]
39. - [[-1, 12], 1, Concat, [1]]  # cat head P4
40. - [-1, 3, C2f, [512]]  # 18 (P4/16-medium)
41.
42. - [-1, 1, Conv, [512, 3, 2]]
43. - [[-1, 9], 1, Concat, [1]]  # cat head P5
44. - [-1, 3, C2f, [1024]]  # 21 (P5/32-large)
45.
46. - [[15, 18, 21], 1, Detect, [nc]]  # Detect(P3, P4, P5)
47.
```

在该配置文件的参数设置中，由于具体任务的不同，需要对 nc 进行设置，将其修改为目标类别数。下面的 scales 参数为不同尺寸模型的缩放参数，分别表示深度和宽度的缩放比例，以及最大通道数。接下来是 YOLOv8 模型的主干部分（backbone）和检测头部分（head）的结构和通道等配置信息。如果需要调用不同尺寸的模型，需要在配置文件名的后缀上指明，比如上述 yaml 文件名如果为 yolov8.yaml，那么采用 nano 结构的 YOLOv8 就需要将文件名指定为 yolov8n.yaml，其余类似。

下面，我们就使用该框架实现一个简单的人脸目标检测任务，并对人脸是否有口罩进行判断识别。

6.1.2　任务简述与数据集获取

该任务的目的在于通过目标检测模型对口罩人脸和无口罩人脸进行识别。该任务对于典型场景和目标来说，由于有口罩人脸和无口罩人脸两类的区别较为明显，因此目标的识别和检测较为简单。但是对于密集的多人场景，由于这些人脸之间有比较复杂的遮挡关系，并且分布在不同的尺度，对于这些场景来说，识别的准确率及检测框的精度都会面临较大的挑战。本次任务采用的是一个公开数据集对 YOLOv8 检测器进行训练和测试。该数据集可以在以下链接进行下载：https://public.roboflow.com/object-detection/ mask-wearing。该数据集支持不同的标签格式，这里我们选择 YOLOv8 格式，下载到符合 YOLOv8 规则的标注文件，即每个图像对应一个 txt 文件，每行表示一个目标框，每个目标框都是 class id 和（*x*，*y*，*w*，*h*）的格式。数据集的几个示例图像及其对应标注如图 6.1 所示。

图 6.1　训练集数据示意图

根据 ultralytics 框架要求，需要对数据集 yaml 文件进行配置，根据文件夹结构和存放位置，数据集的配置文件如下：

代码 6.4　数据集配置文件（facemask_data.yaml）内容

```
1.  path: ../../datasets/face_mask
2.  train: ./train/images
3.  val: ./valid/images
4.  test: ./test/images
5.
6.  nc: 2
7.  names:
8.    0: 'mask'
9.    1: 'no-mask'
```

该配置文件主要指定了数据集的根目录，以及训练集、验证集和测试集的相对位置。上述配置的含义是数据集存放在 "../../datasets/face_mask" 路径中（根目录），并且训练集图像对于根目录的相对路径为 "./train/images"，验证集和测试集也是同理。下面的 nc 表示目标类别数，这里设置为 2，即只有两个类别，分别为"有口罩人脸"和"无口罩人脸"。下面的 names 对类别 id 和对应的名称进行对应。

接下来，就可以调用 YOLOv8 模型，并通过模型和数据集配置 yaml 文件将具体参数配置传入训练流程并启动训练了。

6.1.3　模型训练与效果评估

如前所述，由于 ultralytics 框架的调用方式非常简洁，模型训练只需要加载一个预定义好的模型，并传入相关参数即可。这里我们以 YOLOv8n 模型训练为例，见代码 6.5。

代码 6.5　训练脚本代码（train_yolov8n.py）

```
1.  from ultralytics import YOLO
2.
3.  # Load a model
4.  model = YOLO('face_yolov8n.yaml').load('yolov8n.pt')
```

```
5.
6.  params = {
7.      'data': 'facemask_data.yaml',
8.      'epochs': 200,
9.      'imgsz': 640,
10.     'batch': 8,
11.     'optimizer': 'Adam',
12.     'lr0': 1e-3,
13.     'device': 0,
14.     'save_period': 10,
15.     'project': 'facedet',
16. }
17.
18. params['name'] = f"yolov8n_b{params['batch']}"\
19.                 f"lr{params['lr0']}opt_{params['optimizer']}"
20.
21. # Train the model
22. results = model.train(**params)
23.
```

　　首先，用 YOLO 的初始化函数定义一个模型，模型的配置文件在 face_yolov8.yaml 文件中，用后缀 n 表示使用的是最小的 nano 模型参数配置，同时调用了 load 函数加载了预训练的 yolov8n.pt 模型作为初始化参数。下面的 params 定义了训练的参数卡，主要包括训练所需的必要设置，例如训练数据文件（用前面已经配置的 facemask_data.yaml 文件路径表示）、训练的轮数（epochs）、输入图像的尺寸（imgsz）、batchsize（batch），以及优化器相关的参数。另外还有训练用的设备和保存周期（每隔几轮保存一次结果）。还可以通过 project 参数为该工程进行命名，这个名称就是后面的训练中间结果存放的文件夹名称，而 name 参数则是 project 名称子文件下的名称，以区分同一个工程下的不同实验。最后，只需要将上述的 params 中的参数传入到 model.train 函数中，即可运行训练过程。我们用下述的脚本启动训练：

```
nohup python train_yolov8n.py > tr_nano.log 2>&1 &
```

　　其中 nohup 表示在后台不挂断地运行命令；">"为重定向符，表示将输出 log 重定向到 tr_nano.log 文件中；2>&1 表示将标准错误输出（用 2 表示）重定向到标准输出（用 1 表示，&符号表示这里的 1 是文件描述符而不是文件名）；"&"表示后台执行。运行该脚本后，就可以在 tr_nano.log 文件夹中通过训练过程中输出的 log 信息查看训练状态了。这里的 log 信息格式和内容大致如下：

```
   from       n params  module                                   arguments
   0  -1      1 464      ultralytics.nn.modules.conv.Conv         [3,16,3,2]
   1  -1      1 4672     ultralytics.nn.modules.conv.Conv         [16,32,3,2]
   2  -1      1 7360     ultralytics.nn.modules.block.C2f         [32,32,1,True]
   3  -1      1 18560    ultralytics.nn.modules.conv.Conv         [32,64,3,2]
   4  -1      2 49664    ultralytics.nn.modules.block.C2f         [64,64,2,True]
   5  -1      1 73984    ultralytics.nn.modules.conv.Conv         [64,128,3,2]
   6  -1      2 197632   ultralytics.nn.modules.block.C2f         [128,128,2,True]
   7  -1      1 295424   ultralytics.nn.modules.conv.Conv         [128, 256, 3, 2]
   8  -1      1 460288   ultralytics.nn.modules.block.C2f         [256,256,1,True]
   9  -1      1 164608   ultralytics.nn.modules.block.SPPF        [256,256,5]
  10  -1      1 0        torch.nn.modules.upsampling.Upsample     [None,2,'nearest']
  11 [-1,6]   1 0        ultralytics.nn.modules.conv.Concat       [1]
```

```
12 -1    1 148224  ultralytics.nn.modules.block.C2f     [384,128,1]
13 -1    1     0   torch.nn.modules.upsampling.Upsample  [None,2,'nearest']
14 [-1,4] 1    0   ultralytics.nn.modules.conv.Concat   [1]
15 -1    1 37248   ultralytics.nn.modules.block.C2f     [192,64,1]
16 -1    1 36992   ultralytics.nn.modules.conv.Conv     [64,64,3,2]
17 [-1,12] 1   0   ultralytics.nn.modules.conv.Concat   [1]
18 -1    1 123648  ultralytics.nn.modules.block.C2f     [192,128,1]
19 -1    1 147712  ultralytics.nn.modules.conv.Conv     [128,128,3,2]
20 [-1,9] 1    0   ultralytics.nn.modules.conv.Concat   [1]
21 -1    1 493056  ultralytics.nn.modules.block.C2f     [384,256,1]
22 [15,18,21] 1 751702 ultralytics.nn.modules.head.Detect [2, [64, 128,
256]]
    face_YOLOv8n summary: 225 layers, 3011238 parameters, 3011222 gradients, 8.1
GFLOPs
    Transferred 319/355 items from pretrained weights
    ......
    optimizer: Adam(lr=0.001, momentum=0.937) with parameter groups 57
weight(decay=0.0), 64 weight(decay=0.0005), 63 bias(decay=0.0)
    Image sizes 640 train, 640 val
    Using 8 dataloader workers
    Logging results to facedet/yolov8n_b8lr0.001opt_Adam
    Starting training for 200 epochs...

    Epoch    GPU_mem   box_loss   cls_loss   dfl_loss  Instances       Size
    1/200     1.47G     1.668      3.334      1.403        9           640:
100%|     | 14/14
    Class     Images  Instances      Box(P        R        mAP50     mAP50-95):
100%|     | 2/2
     all       29        162      0.00534     0.327     0.0599      0.0238

    Epoch    GPU_mem   box_loss   cls_loss   dfl_loss  Instances       Size
    2/200     1.25G     1.58       2.935      1.337        1           640:
100%|     | 14/14
    Class     Images  Instances      Box(P        R        mAP50     mAP50-95):
100%|     | 2/2
     all       29        162      0.00655     0.401      0.2       0.0738
    ......
    Epoch    GPU_mem   box_loss   cls_loss   dfl_loss  Instances       Size
    200/200   1.42G    0.7388     0.4541     0.9151       3          640:   100%|
    |  14/14
    Class     Images  Instances      Box(P        R        mAP50   mAP50-95): 100%|
    |  2/2
     all       29        162       0.933      0.666      0.83      0.503

    200 epochs completed in 0.061 hours.
    Optimizer stripped from facedet/yolov8n_b8lr0.001opt_Adam/weights/last. pt,
6.3MB
    Optimizer stripped from facedet/yolov8n_b8lr0.001opt_Adam/weights/best. pt,
6.3MB

    Validating facedet/yolov8n_b8lr0.001opt_Adam/weights/best.pt...
    Ultralytics YOLOv8.0.188 Python-3.8.18
```

```
    face_YOLOv8n summary (fused): 168 layers, 3006038 parameters, 0 gradients,
8.1 GFLOPs
    Class     Images    Instances    Box(P     R    mAP50  mAP50-95): 100%|████| 2/2
    all        29         162        0.749    0.785    0.822     0.508
    mask       29         142        0.866    0.819    0.873     0.55
    no-mask    29          20        0.632    0.75     0.771     0.467
    Speed: 0.6ms preprocess, 0.8ms inference, 0.0ms loss, 0.3ms postprocess per
image
    Results saved to facedet/yolov8n_b8lr0.001opt_Adam
```

开始的 log 内容展示了网络模型的基本情况，中间是每个 epoch 训练的输出结果，包括损失函数、当前准确率等信息。最后用 best.pt 进行验证，得到当前训练的模型在验证集上的效果，并将结果保存在对应的文件夹中。保存结果的文件夹结构如下：

```
yolov8n_b8lr0.001opt_Adam
├── F1_curve.png
├── PR_curve.png
├── P_curve.png
├── R_curve.png
├── args.yaml
├── confusion_matrix.png
├── confusion_matrix_normalized.png
├── events.out.tfevents.xxxx
├── labels.jpg
├── labels_correlogram.jpg
├── results.csv
├── results.png
├── train_batch0.jpg
├── train_batch1.jpg
├── train_batch2.jpg
├── train_batch2660.jpg
├── train_batch2661.jpg
├── train_batch2662.jpg
├── val_batch0_labels.jpg
├── val_batch0_pred.jpg
├── val_batch1_labels.jpg
├── val_batch1_pred.jpg
└── weights
    ├── best.pt
    ├── ...
    └── last.pt
```

其中，训练保存的各 epoch 的网络权重被默认保存到 weights 文件夹中，其中带有 epoch 数字的表示的是对应 epoch 下的中间结果，best.pt 是训练过程中的最优结果权重，last.pt 是最后一次的模型权重。其他文件提供了丰富的用于分析和可视化的统计结果，比如目标检测中常见的 F_1 曲线、PR 曲线、混淆矩阵、标签分布，以及不同批次的可视化结果等。这些内容可以方便我们对当前任务和数据集的基本情况和难度进行分析，以及对于当前模型的表现进行评估。

首先，我们看 P_curve.png、R_curve.png 以及 PR_curve.png 三个可视化结果，如图 6.2 所示。

在上面三个中间结果中，P_curve.png 展示的是准确率—置信度（precision-confidence）的曲线。随着置信度提高，大于该置信度的预测结果自然准确率会更高，置信度越高相当于对于预测结果要求越强，只有把握特别大的 bbox 才被输出，从而保证了对于目标物体预测的准确性。然而，对于那些把握相对不太高的识别结果，高置信度会有一定的遗漏，并且置信度设置得越高，遗漏的就越多，因此召回率就越低，这正是 R_curve.png 所展示的曲线结果，即召回率—置信度曲线。将不同置信度下的准确率和召回率对应花在一张图上，就得到了 P-R 曲线，即 RP_curve.png 中的曲线。这个曲线反映了模型整体的预测能力，曲线越靠近右上角，说明模型的效果越好（其本质含义是可以用最小的牺牲召回率的代价来维持一个较高的准确率）。图中的这条 P-R 曲线相对已经比较靠近右上角，说明模型预测结果比较有效。

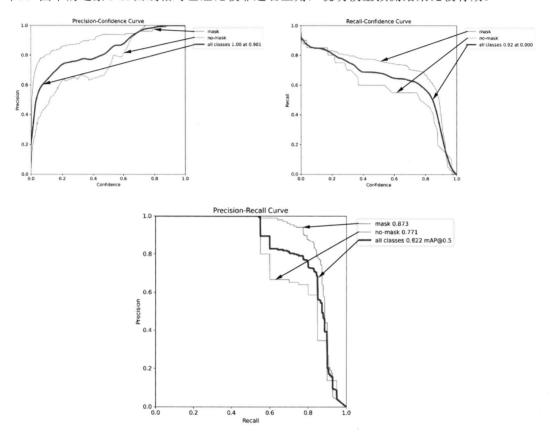

图 6.2　ultralytics 框架训练 YOLOv8n 得到的 P_curve、R_curve 和 PR_curve

下面来看 confusion_matrix.png 和 confusion_matrix_normalized.png 这两个结果图，如图 6.3 所示。

前面我们介绍过，对于多分类问题，混淆矩阵表示的就是不同类别之间正确分类和误分类的状况和比例关系。对于目标检测问题，每个预测框都有如下几种可能：预测为了正确类别，预测为其他类别（错误类别）以及没有目标类别（即真实值为背景）。从 GT bbox 的角度来说，还有一种可能是本身为某个类别的 bbox，但是没有被预测出来（可以认为被预测为了背景），因此，在混淆矩阵上需要再增加背景的行和列，用来统计对于无目标的误预测及对于目标类别 GT bbox 的漏检。另外，对于目标检测任务来说，没有预测框的都可以认为是背景，没有特定的对于背景的预测，因此，行列都为背景的统计是没有太大意义的（本身是背景且被预测为了背景）。对于图 6.3 中的混淆矩阵来说，由于有两个目标类别，加上背景共有 3 行 3 列，左边的未进行归一化的矩阵表示的是具体的预测示例的个数，而右边进行归一化后表示的是各个预测所占的比例。对于归一化的混淆矩阵的评价指标，最优的检测器应该是在目标类别对角线上取值为 1，其他均取值为 0，这表明所有的 GT bbox 都被检出且被正确分类。对实际的检测器来说，其效果越接近于最优效果，说明检测器的表现越好。通过这两个结果图，可以对训练得到的检测器效果进行简单评估。

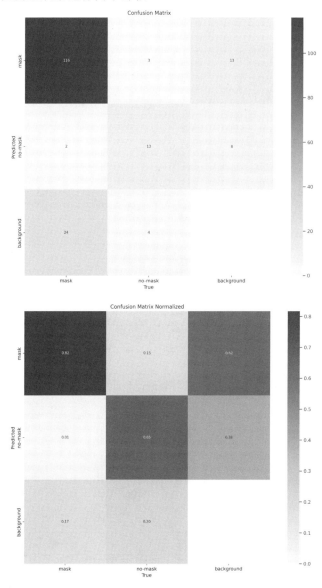

图 6.3　混淆矩阵与归一化的混淆矩阵图示

　　除了对于训练结果的评估指标进行可视化以外，ultralytics 还在加载数据集后对数据集中的标签情况进行了统计和可视化，结果描绘在 labels.png 中，如图 6.4 所示。

　　图 6.4 中左上角的直方图统计了各个目标类别的实例数量，从该图可以看出不同类别的实例占比，从而可以作为参考调整训练中的采样策略、损失函数中的样本平衡等设置，以获得更好的训练效果。右上方绘制了不同的标签中的 GT bbox 的形状，这个图与右下角的 GT bbox 宽

一高（width-height）散点图可以用来分析图像标签的形状特征。由于本项目中目标类别是人脸，通常可以认为是具有较统一的形状，因此长宽比较为一致。左下角表示的是目标在图像中的位置，可以看出在当前数据集上，目标主要分布在 y 较小的区域，而对 x 分布较为均匀。

在 results.png 图像中，整个训练过程被可视化，主要包括了训练集和验证集上的各损失函数数值的变化，以及评估指标的变化过程，如图 6.5 所示。

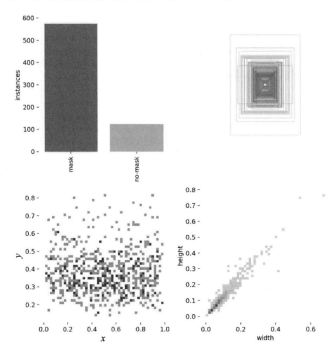

图 6.4　数据集标签统计和可视化结果

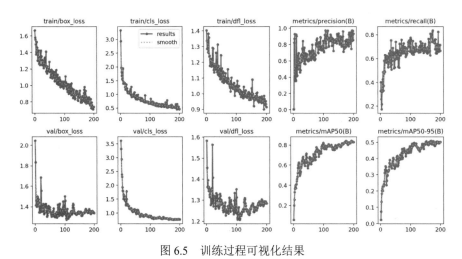

图 6.5　训练过程可视化结果

最后，train_batch 和 val_batch 为前缀的图像展示了训练和测试的检测结果，更加便于对模型在各个数据集样本图像的处理结果进行具体分析，其效果图如图 6.6 所示。

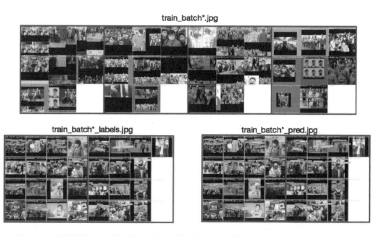

图 6.6 训练集/验证集各个批次检测结果可视化（包括验证集标签）

下面，我们用同样的参数训练一个 YOLOv8l（l 后缀表示 large 模型，相对于 YOLOv8n（nano）参数和计算量更大，nano 的参数量约为 3M，GFLOPs 为 8.1；而 large 的参数量约为 43M，GFLOPs 为 165.1）。YOLOv8l 的模型效果评估与 YOLOv8n 的对比如下：

```
face_YOLOv8n summary (fused): 168 layers, 3006038 parameters, 0 gradients,
8.1 GFLOPs
  Class    Images  Instances  Box(P    R        mAP50    mAP50-95): 100%|███| 2/2
   all      29      162        0.749    0.785    0.822    0.508
   mask     29      142        0.866    0.819    0.873    0.55
   no-mask  29      20         0.632    0.75     0.771    0.467

face_YOLOv8l summary (fused): 268 layers, 43608150 parameters, 0 gradients,
165.0 GFLOPs
  Class    Images  Instances  Box(P    R        mAP50    mAP50-95): 100%|███| 2/2
   all      29      162        0.948    0.686    0.834    0.534
   mask     29      142        0.969    0.732    0.905    0.587
   no-mask  29      20         0.927    0.64     0.763    0.481
```

从结果上看，large 模型整体预测准确率相对更高，mAP50 和 mAP50-95 两个指标相对于 nano 模型均有提升。但是考虑到 large 模型的参数量和计算量相比于 nano 要大很多，因此在实际项目中需要对效果与效率进行权衡，根据效果带来的增益与参数量增加带来的效率下降的成本之间的关系选择合适的模型。

6.2 实战二：Faster R-CNN 交通车辆检测识别

接下来实现另一个任务，即基于 Faster R-CNN 的交通车辆检测识别。Faster R-CNN 的基本原理本书前面已经详细介绍过，作为一个经典的两阶段检测算法，Faster R-CNN 需要先通过 RPN 网络进行候选框生成，然后对这些候选框进行后续的分类和回归。在该任务中我们利用目标检测框架 MMDetection 框架中的 Faster R-CNN 模型实现对各类交通工具的检测和识别，下面分别对任务数据集、MMDetection 代码库的结构，以及训练验证的相关流程进行介绍。

6.2.1 任务与数据集概述

本项目的任务是对不同的交通工具进行检测，对于街景图像的交通工具检测是一项比较重要的任务，在自动驾驶、道路安全监控等领域都有所应用。本实验训练数据采用 Roboflow 公开数据集（下载链接：https://public.roboflow.com/object-detection/vehicles-openimages）。该数据集来自 OpenImages 开源数据集，共包括了五个目标类别，分别是：car（汽车）、bus（公共汽车）、motorcycle（摩托车）、ambulance（救护车）和 truck（卡车）。下载时可以选择标签类别为 COCO 格式，即可得到训练数据集。数据集样本示例如图 6.7 所示。

图 6.7　Vehicles-OpenImages Dataset 数据集样本与标注示例

下面，利用 MMDetection 框架对该数据集进行训练和验证，从而学习出一个对于上述几类目标车辆的检测器。

6.2.2 MMDetection 代码库简介与配置

MMDetection 是由商汤和香港中文大学联合开源的一个基于 PyTorch 的目标检测项目，属于 OpenMMLab 项目的一部分，其中预置了多种目标检测、实例分割类任务相关经典模型的代码，以及其中用到的各种子模块，包括网络组件、损失函数等。MMDetection 的主要特点在于模块化、多任务和高效率，并且对于 SOTA 方案也一直都有跟进，具有比较好的时效性。

首先，对于任何一个目标检测框架来说，都会包含有各种相对独立的部件和流程，比如数据的预处理和数据增强、用来提取特征的主干网络结构、用于特征融合与增强的检测颈结构、用于输出预测的检测头、标签分配策略等等。MMDetection 将这些子模块进行了拆分与封装，从而可以使用户更方便地对于特定的需求进行局部的自定义，比如训练自己的数据集，或者实验自己设计的标签分配方法，以及替换自定义的检测颈模块等。对于 MMDetection 框架各个部分的拆分和对应的路径我们将在后面详细讲解。

从可用任务上说，MMDetection 除了支持常规目标检测任务以外，还可以支持实例分割、全景分割、半监督目标检测等相关任务，并且支持了多种不同的检测和实例分割流程，比如 Faster RCNN、Mask R-CNN、DETR、SOLO 等。同时，其训练速度也相对于其他目标检测框架更高，从而可以提高实验效率。

下面我们根据官网示例安装 MMDetection。官方文档中提供了多种不同的安装方式（https://mmdetection.readthedocs.io/zh-cn/latest/get_started.html#installation），我们采用最佳实践的 MIM 和 Git 进行安装。首先，安装 MIM，并通过它安装 MMEngine 和 MMCV（旧版的

mmcv-full），见代码 6.6。

代码 6.6　通过 MIM 安装 MMEngine 和 MMCV

```
1.  pip install -U openmim
2.  mim install mmengine
3.  mim install "mmcv>=2.0.0"
```

接下来，通过 git clone 命令实现本地源码安装 MMDetection。这样安装的好处在于可以自定义安装的位置，方便查看和改动 MMDetection 的内部代码，更好地支持我们对于数据、模型、训练流程等内容进行自定义修改和定义。安装 MMDetection 的方法见代码 6.7。

代码 6.7　安装 MMDetection

```
1.  git clone https://github.com/open-mmlab/mmdetection.git
2.  cd mmdetection
3.  pip install -v -e .
```

其中 pip install 的参数-v 表示 verbose，即输出安装的详细信息，而-e 表示 editable，即可编辑，以该参数安装的代码对于本地的修改无须再次安装即可生效，便于调整代码的自适应。

安装好之后的根目录为./mmdetection，其中 MMDetection 的核心代码在 mmdet 子文件夹中，该文件夹中包含有如下几个子目录，对应于目标检测流程的几个重要模块，包括训练测试数据的加载器、模型结构及其组件、优化器和学习率下降策略，以及评估与可视化相关模块。下面是包含的主要子目录的基本内容：

```
apis 模型推理相关的 API 借口
structures 目标检测相关数据结构，包括 bbox、mask 等
datasets 各种常规数据集格式的加载、变换增强、采样等操作
 transforms 数据增强方法
 samplers 数据采样器
models 目标检测模型的各个组件，包括预处理、损失函数和网络结构各部分等
 detectors 目标检测模型类的定义，比如 retinanet、yolo、faster_rcnn 等
 data_preprocessors 数据预处理相关内容
 backbones 用于特征提取的骨干网络，比如 resnet、hrnet、darknet 等
 necks 常用检测颈模块，比如 fpn、bfp 等
 dense_heads 密集预测的检测头模块，比如 centernet 等
 roi_heads 基于 RoI 预测的各种检测头模块
 test_time_augs 测试时增强相关模块
 losses 损失函数模块
 task_modules 目标检测任务中用到的标签分配、采样、锚框生成等模块
 layers 基本网络层
engine 任务执行时的相关模块，包括优化器、训练策略等
evaluation 模型评估相关模块
visualization 检测结果可视化模块
```

MMDetection 采用 config 配置文件的方式进行所有模块的配置，config 采用了 Python 中的 dict 类型根据参数名传入指定参数。MMDetection 中的 config 配置的特点在于模块化和可继承。代码库中的 configs/_base_ 预定义了一些基础的配置文件，该文件夹下主要分了 4 个不同的子模块，其中包括三个文件夹形式的 datasets、models 和 schedules，以及一个 default_runtime.py 文件。其中前三个文件夹中的 config 分别对应不同的数据集配置、模型配置及训练策略配置，最后的 default_runtime.py 文件包含了运行时的默认配置。

有了模块化的配置文件，对于一个完整的训练流程来说，指定数据集、模型结构，以及训练策略的工作就可以通过对原始配置（即 base 文件夹）中的不同 config 文件进行继承来实现。以我们后面需要用到的 Faster R-CNN 为例，faster-rcnn_r50_fpn_1x_coco.py 是 faster_rcnn 文件夹中的一个直接由对于原始配置进行继承得到的配置文件，其他的若干 config 配置文件由它进行修改得到。该配置文件的内容见代码 6.8。

代码 6.8　faster-rcnn_r50_fpn_1x_coco.py

```
1.  _base_ = [
2.    '../_base_/models/faster-rcnn_r50_fpn.py',
3.    '../_base_/datasets/coco_detection.py',
4.    '../_base_/schedules/schedule_1x.py', '../_base_/default_runtime.py'
5.  ]
```

可以看出，该 config 直接对不同子模块已定义好的原始配置进行了继承，包括网络结构、数据集格式，以及训练策略和默认运行时配置。如果需要对其中的某些部分进行修改，可以对该 config 进行再次继承，并修改其中的部分参数即可，比如 faster-rcnn_r50_ fpn_iou_1x_coco.py，配置文件见代码 6.9。

代码 6.9　faster-rcnn_r50_fpn_iou_1x_coco.py

```
1.  _base_ = './faster-rcnn_r50_fpn_1x_coco.py'
2.  model = dict(
3.    roi_head=dict(
4.      bbox_head=dict(
5.        reg_decoded_bbox=True,
6.        loss_bbox=dict(type='IoULoss', loss_weight=10.0))))
```

由于只修改了 bbox 的损失函数，因此该 config 可以直接继承前面的 config，并对 model 中的 bbox_head 重新定义即可。这种特性对于先建立 baseline 再进行模块化的改进和迭代任务来说是非常高效的。不过，由于这种继承加修改的模式导致很难直接看到整体的 config 的内容，因此可以使用 tools/misc/print_config.py 脚本打印指定的 config 文件的所有内容，命令见代码 6.10。

代码 6.10　打印查看 config 文件内容

```
1.  python3 tools/misc/print_config.py configs/faster_rcnn/faster-rcnn_r50
_fpn_1x_coco.py
```

输出结果如下（这里的数据集已经被修改为本项目的数据集位置）：

```
Config:
auto_scale_lr = dict(base_batch_size=16, enable=False)
backend_args = None
data_root = '../../datasets/vehicle/'
dataset_type = 'CocoDataset'
default_hooks = dict(
    checkpoint=dict(interval=1, type='CheckpointHook'),
    logger=dict(interval=50, type='LoggerHook'),
    param_scheduler=dict(type='ParamSchedulerHook'),
    sampler_seed=dict(type='DistSamplerSeedHook'),
    timer=dict(type='IterTimerHook'),
    visualization=dict(type='DetVisualizationHook'))
```

```
default_scope = 'mmdet'
env_cfg = dict(
    cudnn_benchmark=False,
    dist_cfg=dict(backend='nccl'),
    mp_cfg=dict(mp_start_method='fork', opencv_num_threads=0))
load_from = None
log_level = 'INFO'
log_processor = dict(by_epoch=True, type='LogProcessor', window_size=50)
model = dict(
    backbone=dict(
        depth=50,
        frozen_stages=1,
        init_cfg=dict(checkpoint='torchvision://resnet50',type='Pretra ined'),
        norm_cfg=dict(requires_grad=True, type='BN'),
        norm_eval=True,
        num_stages=4,
        out_indices=(
            0,
            1,
            2,
            3,
        ),
        style='pytorch',
        type='ResNet'),
    data_preprocessor=dict(
        bgr_to_rgb=True,
        mean=[
            123.675,
            116.28,
            103.53,
        ],
        pad_size_divisor=32,
        std=[
            58.395,
            57.12,
            57.375,
        ],
        type='DetDataPreprocessor'),
    neck=dict(
        in_channels=[
            256,
            512,
            1024,
            2048,
        ],
        num_outs=5,
        out_channels=256,
        type='FPN'),
    roi_head=dict(
        bbox_head=dict(
            bbox_coder=dict(
                target_means=[
```

```
                    0.0,
                    0.0,
                    0.0,
                    0.0,
                ],
                target_stds=[
                    0.1,
                    0.1,
                    0.2,
                    0.2,
                ],
                type='DeltaXYWHBBoxCoder'),
            fc_out_channels=1024,
            in_channels=256,
            loss_bbox=dict(loss_weight=1.0, type='L1Loss'),
            loss_cls=dict(
                loss_weight=1.0, type='CrossEntropyLoss', use_sigmoid=Fal se),
            num_classes=5,
            reg_class_agnostic=False,
            roi_feat_size=7,
            type='Shared2FCBBoxHead'),
        bbox_roi_extractor=dict(
            featmap_strides=[
                4,
                8,
                16,
                32,
            ],
            out_channels=256,
            roi_layer=dict(output_size=7, sampling_ratio=0, type='RoIAl ign'),
            type='SingleRoIExtractor'),
        type='StandardRoIHead'),
    rpn_head=dict(
        anchor_generator=dict(
            ratios=[
                0.5,
                1.0,
                2.0,
            ],
            scales=[
                8,
            ],
            strides=[
                4,
                8,
                16,
                32,
                64,
            ],
            type='AnchorGenerator'),
        bbox_coder=dict(
            target_means=[
```

```
            0.0,
            0.0,
            0.0,
            0.0,
          ],
          target_stds=[
            1.0,
            1.0,
            1.0,
            1.0,
          ],
          type='DeltaXYWHBBoxCoder'),
        feat_channels=256,
        in_channels=256,
        loss_bbox=dict(loss_weight=1.0, type='L1Loss'),
        loss_cls=dict(
          loss_weight=1.0, type='CrossEntropyLoss', use_sigmoid=True),
        type='RPNHead'),
    test_cfg=dict(
        rcnn=dict(
          max_per_img=100,
          nms=dict(iou_threshold=0.5, type='nms'),
          score_thr=0.05),
        rpn=dict(
          max_per_img=1000,
          min_bbox_size=0,
          nms=dict(iou_threshold=0.7, type='nms'),
          nms_pre=1000)),
    train_cfg=dict(
        rcnn=dict(
          assigner=dict(
            ignore_iof_thr=-1,
            match_low_quality=False,
            min_pos_iou=0.5,
            neg_iou_thr=0.5,
            pos_iou_thr=0.5,
            type='MaxIoUAssigner'),
          debug=False,
          pos_weight=-1,
          sampler=dict(
            add_gt_as_proposals=True,
            neg_pos_ub=-1,
            num=512,
            pos_fraction=0.25,
            type='RandomSampler')),
        rpn=dict(
          allowed_border=-1,
          assigner=dict(
            ignore_iof_thr=-1,
            match_low_quality=True,
            min_pos_iou=0.3,
            neg_iou_thr=0.3,
```

```
                    pos_iou_thr=0.7,
                    type='MaxIoUAssigner'),
                debug=False,
                pos_weight=-1,
                sampler=dict(
                    add_gt_as_proposals=False,
                    neg_pos_ub=-1,
                    num=256,
                    pos_fraction=0.5,
                    type='RandomSampler')),
            rpn_proposal=dict(
                max_per_img=1000,
                min_bbox_size=0,
                nms=dict(iou_threshold=0.7, type='nms'),
                nms_pre=2000)),
        type='FasterRCNN')
optim_wrapper = dict(
    optimizer=dict(lr=0.02, momentum=0.9, type='SGD', weight_decay=0. 0001),
    type='OptimWrapper')
param_scheduler = [
    dict(
        begin=0, by_epoch=False, end=500, start_factor=0.001, type='Line
arLR'),
    dict(
        begin=0,
        by_epoch=True,
        end=12,
        gamma=0.1,
        milestones=[
            8,
            11,
        ],
        type='MultiStepLR'),
]
resume = False
test_cfg = dict(type='TestLoop')
test_dataloader = dict(
    batch_size=1,
    dataset=dict(
        ann_file='annotations/valid_annotations.coco.json',
        backend_args=None,
        data_prefix=dict(img='valid/'),
        data_root='../../datasets/vehicle/',
        pipeline=[
            dict(backend_args=None, type='LoadImageFromFile'),
            dict(keep_ratio=True, scale=(
                1333,
                800,
            ), type='Resize'),
            dict(type='LoadAnnotations', with_bbox=True),
            dict(
                meta_keys=(
```

```
                    'img_id',
                    'img_path',
                    'ori_shape',
                    'img_shape',
                    'scale_factor',
                ),
                type='PackDetInputs'),
        ],
        test_mode=True,
        type='CocoDataset'),
    drop_last=False,
    num_workers=2,
    persistent_workers=True,
    sampler=dict(shuffle=False, type='DefaultSampler'))
test_evaluator = dict(
    ann_file='../../datasets/vehicle/annotations/valid_annotations.coco.json',
    backend_args=None,
    format_only=False,
    metric='bbox',
    type='CocoMetric')
test_pipeline = [
    dict(backend_args=None, type='LoadImageFromFile'),
    dict(keep_ratio=True, scale=(
        1333,
        800,
    ), type='Resize'),
    dict(type='LoadAnnotations', with_bbox=True),
    dict(
        meta_keys=(
            'img_id',
            'img_path',
            'ori_shape',
            'img_shape',
            'scale_factor',
        ),
        type='PackDetInputs'),
]
train_cfg=dict(max_epochs=12,type='EpochBasedTrainLoop', val_interval=1)
train_dataloader = dict(
    batch_sampler=dict(type='AspectRatioBatchSampler'),
    batch_size=2,
    dataset=dict(
        ann_file='annotations/train_annotations.coco.json',
        backend_args=None,
        data_prefix=dict(img='train/'),
        data_root='../../datasets/vehicle/',
        filter_cfg=dict(filter_empty_gt=True, min_size=32),
        pipeline=[
            dict(backend_args=None, type='LoadImageFromFile'),
            dict(type='LoadAnnotations', with_bbox=True),
            dict(keep_ratio=True, scale=(
                1333,
```

```
                800,
            ), type='Resize'),
            dict(prob=0.5, type='RandomFlip'),
            dict(type='PackDetInputs'),
        ],
        type='CocoDataset'),
    num_workers=2,
    persistent_workers=True,
    sampler=dict(shuffle=True, type='DefaultSampler'))
train_pipeline = [
    dict(backend_args=None, type='LoadImageFromFile'),
    dict(type='LoadAnnotations', with_bbox=True),
    dict(keep_ratio=True, scale=(
        1333,
        800,
    ), type='Resize'),
    dict(prob=0.5, type='RandomFlip'),
    dict(type='PackDetInputs'),
]
val_cfg = dict(type='ValLoop')
val_dataloader = dict(
    batch_size=1,
    dataset=dict(
        ann_file='annotations/valid_annotations.coco.json',
        backend_args=None,
        data_prefix=dict(img='valid/'),
        data_root='../../datasets/vehicle/',
        pipeline=[
            dict(backend_args=None, type='LoadImageFromFile'),
            dict(keep_ratio=True, scale=(
                1333,
                800,
            ), type='Resize'),
            dict(type='LoadAnnotations', with_bbox=True),
            dict(
                meta_keys=(
                    'img_id',
                    'img_path',
                    'ori_shape',
                    'img_shape',
                    'scale_factor',
                ),
                type='PackDetInputs'),
        ],
        test_mode=True,
        type='CocoDataset'),
    drop_last=False,
    num_workers=2,
    persistent_workers=True,
    sampler=dict(shuffle=False, type='DefaultSampler'))
val_evaluator = dict(
    ann_file='../../datasets/vehicle/annotations/valid_annotations.coco.json',
```

```
    backend_args=None,
    format_only=False,
    metric='bbox',
    type='CocoMetric')
vis_backends = [
    dict(type='LocalVisBackend'),
]
visualizer = dict(
    name='visualizer',
    type='DetLocalVisualizer',
    vis_backends=[
        dict(type='LocalVisBackend'),
    ])
```

可以看出，Faster R-CNN（ResNet-50 主干网络+FPN）的整个 config 中主要包括：

（1）model 字典配置中包括了网络所用的主干网络配置（即 backbone 中的内容），以及对应的检测颈和检测头，分别定义在 neck、roi_head、rpn_head 中。

（2）数据预处理模块（data_preprocessor），包括了 BGR2RGB、归一化等操作的参数。

（3）train_cfg 和 test_cfg 对于网络在训练和测试过程中的相关参数进行了配置，比如标签分配的相关阈值、NMS 相关参数等，由于 Faster R-CNN 通过 RPN 网络生成候选框，因此对于 RPN 网络和 R-CNN 网络分别进行参数配置。optim_wrapper 和 param_scheduler 分别定义了优化器和学习率下降策略。最后是 test/train/val 三个阶段的参数设置（比如总的训练轮数、验证间隔等），以及对应的 dataloader 和 pipline 的配置。

上述配置文件中已经将 dataloader 中的路径对应到本项目的数据集，由于项目数据集已经被整理成 COCO 格式，因此数据集格式配置上可以直接复用 CocoDataset 模块。下面我们就基于这个配置文件所定义的模型和训练流程，对 Faster R-CNN 模型进行训练和效果验证。

6.2.3　Faster R-CNN 训练与结果验证

我们通过代码 6.11 启动 Faster R-CNN 在交通工具数据集上的训练。

代码 6.11　MMDetection 启动训练 Faster R-CNN

```
1.  nohuppythontools/train.py./configs/faster_rcnn/faster-rcnn_r50_fpn_1x
    _coco. py > tr.log 2>&1 &
```

其中训练采用了 tools/train.py 中的代码，训练过程的日志被重定向到 tr.log 文件中，其中的主要内容如下：

```
......
mmengine - INFO - Epoch(train) [1][ 50/374] lr: 1.9820e-03 eta: 0:09:10 time: 0.1241
data_time: 0.0039 memory: 2278 loss: 0.8744 loss_rpn_cls: 0.3939 loss_rpn_bbox:
0.0304 loss_cls: 0.4040 acc: 98.2422 loss_bbox: 0.0462
    mmengine - INFO - Epoch(train) [1][100/374] lr: 3.9840e-03 eta: 0:09:04 time:
0.1241  data_time: 0.0020  memory: 2278  loss: 0.3949  loss_rpn_cls: 0.0750
loss_rpn_bbox: 0.0217 loss_cls: 0.1668 acc: 94.2383 loss_bbox: 0.1315
    mmengine - INFO - Epoch(train) [1][150/374] lr: 5.9860e-03 eta: 0:08:57 time:
0.1234  data_time: 0.0020  memory: 2278  loss: 0.4147  loss_rpn_cls: 0.0584
loss_rpn_bbox: 0.0203 loss_cls: 0.1840 acc: 91.6992 loss_bbox: 0.1520
```

```
    mmengine - INFO - Epoch(train) [1][200/374] lr: 7.9880e-03 eta: 0:08:49 time:
0.1226  data_time: 0.0020  memory: 2278  loss: 0.5051  loss_rpn_cls: 0.0587
loss_rpn_bbox: 0.0255 loss_cls: 0.2210 acc: 93.8477 loss_bbox: 0.1999
    mmengine - INFO - Epoch(train) [1][250/374] lr: 9.9900e-03 eta: 0:08:35 time:
0.1145  data_time: 0.0018  memory: 2278  loss: 0.4211  loss_rpn_cls: 0.0578
loss_rpn_bbox: 0.0205 loss_cls: 0.1843 acc: 97.1680 loss_bbox: 0.1584
    mmengine - INFO - Epoch(train) [1][300/374] lr: 1.1992e-02 eta: 0:08:24 time:
0.1145  data_time: 0.0018  memory: 2278  loss: 0.4126  loss_rpn_cls: 0.0468
loss_rpn_bbox: 0.0218 loss_cls: 0.1819 acc: 91.5039 loss_bbox: 0.1621
    mmengine - INFO - Epoch(train) [1][350/374] lr: 1.3994e-02 eta: 0:08:15 time:
0.1158  data_time: 0.0018  memory: 2278  loss: 0.4581  loss_rpn_cls: 0.0582
loss_rpn_bbox: 0.0245 loss_cls: 0.2095 acc: 98.0469 loss_bbox: 0.1659
    mmengine - INFO - Exp name: faster-rcnn_r50_fpn_1x_coco
    mmengine - INFO - Saving checkpoint at 1 epochs
    mmengine - INFO - Epoch(val) [1][ 50/250] eta: 0:00:05 time: 0.0259 data_time:
0.0026 memory: 2278
    mmengine - INFO - Epoch(val) [1][100/250] eta: 0:00:03 time: 0.0243 data_time:
0.0010 memory: 699
    mmengine - INFO - Epoch(val) [1][150/250] eta: 0:00:02 time: 0.0243 data_time:
0.0009 memory: 699
    mmengine - INFO - Epoch(val) [1][200/250] eta: 0:00:01 time: 0.0243 data_time:
0.0009 memory: 699
    mmengine - INFO - Epoch(val) [1][250/250] eta: 0:00:00 time: 0.0243 data_time:
0.0010 memory: 699
    mmengine - INFO - Evaluating bbox...
    Loading and preparing results...
    DONE (t=0.00s)
    creating index...
    index created!
    Running per image evaluation...
    Evaluate annotation type *bbox*
    DONE (t=0.10s).
    Accumulating evaluation results...
    DONE (t=0.06s).
    Average Precision  (AP) @[ IoU=0.50:0.95 | area=  all | maxDets=100 ] = 0.028
    Average Precision  (AP) @[ IoU=0.50      | area=  all | maxDets=1000 ] = 0.120
    Average Precision  (AP) @[ IoU=0.75      | area=  all | maxDets=1000 ] = 0.002
    Average Precision  (AP) @[ IoU=0.50:0.95 | area= small | maxDets=1000 ] = 0.000
    Average Precision  (AP) @[ IoU=0.50:0.95 | area=medium | maxDets=1000 ] = 0.005
    Average Precision  (AP) @[ IoU=0.50:0.95 | area= large | maxDets=1000 ] = 0.036
    Average Recall     (AR) @[ IoU=0.50:0.95 | area=  all | maxDets=100 ] = 0.182
    Average Recall     (AR) @[ IoU=0.50:0.95 | area=  all | maxDets=300 ] = 0.182
    Average Recall     (AR) @[ IoU=0.50:0.95 | area=  all | maxDets=1000 ] = 0.182
    Average Recall     (AR) @[ IoU=0.50:0.95 | area= small | maxDets=1000 ] = 0.000
    Average Recall     (AR) @[ IoU=0.50:0.95 | area=medium | maxDets=1000 ] = 0.014
    Average Recall     (AR) @[ IoU=0.50:0.95 | area= large | maxDets=1000 ] = 0.226
    mmengine - INFO - bbox_mAP_copypaste: 0.028 0.120 0.002 0.000 0.005 0.036
    mmengine - INFO - Epoch(val) [1][250/250]       coco/bbox_mAP: 0.0280
coco/bbox_mAP_50: 0.1200  coco/bbox_mAP_75: 0.0020  coco/bbox_mAP_s: 0.0000
coco/bbox_mAP_m: 0.0050 coco/bbox_mAP_l: 0.0360 data_time: 0.0013 time: 0.0246
    ......
```

训练日志中除了训练的基本参数信息和运行环境信息以外，主要内容就是训练过程的每个 epoch 的信息，包括当前的学习率、各项损失函数值、精度（acc），以及在每个验证阶段的基本情况，包括不同评估标准下的 AP（Average Precision）和 AR（Average Recall），并且对不同大小的（small/medium/large）的模型效果分别进行评价。训练完成后，可以用代码 6.12 调用测试脚本，用训练好的模型进行预测推理。

代码 6.12　MMDetection 用训练好的 Faster R-CNN 模型进行预测

```
1.  nohup python tools/test.py ./configs/faster_rcnn/faster-rcnn_r50_ fpn_1x_
    coco.py work_dirs/faster-rcnn_r50_fpn_1x_coco/epoch_12.pth --show- dirimg
    s/ > te.log 2>&1 &
```

测试日志被重定向到 te.log 文件中，其基本内容如下：

```
......
Loads checkpoint by local backend from path: work_dirs/faster-rcnn_r50_fpn
_1x_coco/epoch_12.pth
mmengine-INFO-Loadcheckpointfromwork_dirs/faster-rcnn_r50_fpn_1x_
coco/epoch_12.pth
mmengine - INFO - Epoch(test) [ 50/250]    eta: 0:00:16 time: 0.0818 data_time:
0.0553 memory: 379
mmengine - INFO - Epoch(test) [100/250]    eta: 0:00:12 time: 0.0803 data_time:
0.0543 memory: 379
mmengine - INFO - Epoch(test) [150/250]    eta: 0:00:08 time: 0.0790 data_time:
0.0530 memory: 379
mmengine - INFO - Epoch(test) [200/250]    eta: 0:00:04 time: 0.0813 data_time:
0.0546 memory: 379
mmengine - INFO - Epoch(test) [250/250]    eta: 0:00:00 time: 0.0795 data_time:
0.0534 memory: 379
mmengine - INFO - Evaluating bbox...
Loading and preparing results...
DONE (t=0.00s)
creating index...
index created!
Running per image evaluation...
Evaluate annotation type *bbox*
DONE (t=0.07s).
Accumulating evaluation results...
DONE (t=0.03s).
 Average Precision  (AP) @[ IoU=0.50:0.95 | area=  all | maxDets=100 ] = 0.355
 Average Precision  (AP) @[ IoU=0.50      | area=  all | maxDets=1000 ] = 0.587
 Average Precision  (AP) @[ IoU=0.75      | area=  all | maxDets=1000 ] = 0.374
 Average Precision  (AP) @[ IoU=0.50:0.95 | area= small | maxDets=1000 ] = 0.028
 Average Precision  (AP) @[ IoU=0.50:0.95 | area=medium | maxDets=1000 ] = 0.043
 Average Precision  (AP) @[ IoU=0.50:0.95 | area= large | maxDets=1000 ] = 0.440
 Average Recall     (AR) @[ IoU=0.50:0.95 | area=  all | maxDets=100 ] = 0.510
 Average Recall     (AR) @[ IoU=0.50:0.95 | area=  all | maxDets=300 ] = 0.510
 Average Recall     (AR) @[ IoU=0.50:0.95 | area=  all | maxDets=1000 ] = 0.510
 Average Recall     (AR) @[ IoU=0.50:0.95 | area= small | maxDets=1000 ] = 0.090
 Average Recall     (AR) @[ IoU=0.50:0.95 | area=medium | maxDets=1000 ] = 0.106
 Average Recall     (AR) @[ IoU=0.50:0.95 | area= large | maxDets=1000 ] = 0.582
mmengine - INFO - bbox_mAP_copypaste: 0.355 0.587 0.374 0.028 0.043 0.440
mmengine - INFO - Epoch(test) [250/250]    coco/bbox_mAP: 0.3550 coco/bbox_mAP_50:
0.5870 coco/bbox_mAP_75: 0.3740 coco/bbox_mAP_s: 0.0280 coco/bbox_mAP_m: 0.0430
```

```
coco/bbox_mAP_l: 0.4400 data_time: 0.0541 time: 0.0804
```

由于在预测命令中加入了 --show-dir 选项,因此检测结果会被绘制在图像上,并保存在指定目录中(这里是 imgs/目录),保存的检测结果如图 6.8 所示,每个可视化结果左边为 GT bbox,右边为预测结果。图中分别展示了一些成功案例和失败案例(failure cases,包括误检、漏检、边界错误等)。

图 6.8   Faster R-CNN 检测结果示意图

6.3   实战三:实时手势检测识别流程搭建实验

接下来的项目实战中,通过一个简单的手势识别任务,来熟悉一个目标检测项目的整体流程。相比前面利用已有的公开数据集进行训练和测试的算法项目实验来说,本项目从数据的采集、标注开始做起,最终输出一个可以跨平台部署的 onnx 模型,并通过一个 demo 测试其效果。实际上这个流程不仅限于目标检测任务,其他的基于标注数据和神经网络模型训练的计算机视觉任务也是类似的过程。

6.3.1   任务目标与整体流程

本项目的任务目标是完成一个程序来实现对"剪刀—石头—布"三种手势的检测,我们希望可以通过摄像头获取当前帧图像,并通过一个目标检测模型进行识别,如果检测到了目标的手势类型,就在对应位置绘制标注,并写明其手势类型和对应的置信度。

基于这个任务目标,可以对所需要的完成的工作进行拆解。可以看出,这个任务的最终展示形式为一个实时检测的 demo,因此需要完成一个脚本从摄像头读入数据,并送给模型检测,返回检测结果并在屏幕上进行显示。这个过程的流程如图 6.9 所示。

在这个过程中，核心工作在于目标检测模型的获取和运行。为了得到一个可以完成目标任务的模型，首先需要根据要求完成模型选型，然后对该模型进行训练和效果验证。模型选型是整个流程中的第一个主要步骤，对于一些较为通用的任务，通常需要基于一个较为成熟的模型和方案作为初始结果进行迭代，这个成熟模型需要根据需求进行判断和选择。比如对于本任务来说，由于需要实时预测，并且目标类别之间的区别比较明显，对于常规目标检测模型来说任务相对较为简单，因此我们倾向于选择一个比较轻量化的模型作为基准模型，这里作为示例，我们采用 YOLOv8n 作为开发模型。关于 YOLOv8（ultralytics

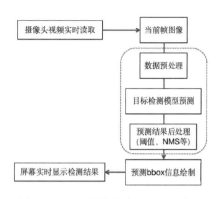

图 6.9　demo 的整体流程设计示意图

框架）的基本操作在第一个项目中已经讲过，这里就不再详述。对于更加复杂的任务，有时候需要对若干不同类型的模型或者方案（比如目标检测中的单阶段还是两阶段模型，或者基于锚框还是密集预测等）都进行初步实验和验证，并在各个角度对比不同方案的优点和局限，从而选择一个最合适的方案进行后续开发。

完成模型选型后，就需要针对任务完成数据采集和标注，以及模型的训练调优等步骤了。对于训练好的模型，由于任务运行的设备、平台等具体环境的不同，通常还需要进行部署和平台适配等工作。另外，初版模型完成后，还需要根据实测的效果进行分析和评估，从而确定后续优化方向并对模型进行迭代调优，这个过程可能还需要继续重复数据采集、模型优化等步骤。整体的工作流程如图 6.10 所示。

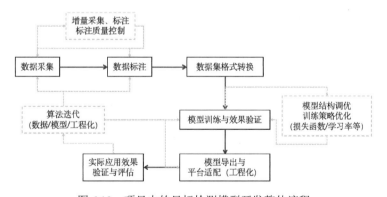

图 6.10　项目中的目标检测模型开发整体流程

下面我们就分别来对各个步骤进行示例和介绍。首先是流程中的第一步：数据采集与标注。

6.3.2　数据采集标注与数据集准备

首先，进行简单的数据采集工作，对于 3 类目标（剪刀、石头、布），每个类别分别采集 40 个图像样例，共 120 张图像，如图 6.11 所示。由于本项目主要为示例，因此采集的数量较少。对于实际生产中的项目来说，通常需要更多且更复杂场景下的数据样本。

接下来，需要对采集到的手势数据进行分类标注。由于这里将数据应用于目标检测任务，因此需要标注其类别和 bbox 框的坐标。不同项目和数据格式可能需要不同的标注手段，包括标注工具和标注人员。通用图像的标注（比如本例）可以采用一些公开的图像标注软件，而一些特殊类型的数据（比如医疗影像、遥感数据等）通常需要专用的商业软件进行读取和标注。对于常见的物体检测任务的标注，经过训练的普通标注员即可完成，而对于专业性较强的任务（比如医学影像中的病灶或者异常标注），通常需要专业人员来完成。对于主观性较强的标注任务往往还需要多人标注并核验标注的一致性。

对于本任务，我们采用一个图像领域常用的标注工具 labelme 进行标注。labelme 是一个基于 Python 的免费标注软件（项目主页：https://plzhai.github.io/labelme，GitHub 代码主页：https://github.com/wkentaro/labelme），并通过 Qt 实现图像界面交互。labelme 支持多种不同的标注类型，包括多边形标注（比如语义分割和实例分割 mask）、矩形框标注、圆形标注等，并可以将标注结果保存为 json 格式的文件。首先，我们根据主页提示安装 labelme 并启动。以 macOS 和 Ubuntu 为例，安装和启动程序命令见代码 6.13。

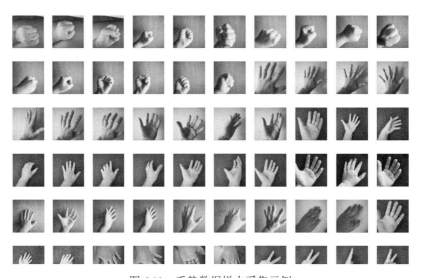

图 6.11　手势数据样本采集示例

代码 6.13　标注软件 labelme 安装（macOS 和 Ubuntu 系统）与启动

```
1.  # macOS 安装 labelme
2.  brew install pyqt
3.  pip install labelme
4.
5.  # Ubuntu 安装 labelme
6.  sudo apt-get install python3-pyqt5
7.  sudo pip3 install labelme
8.
9.  # 启动 labelme 进行标注
10. labelme rps_dataset --labels labels.txt --nodata --autosave
```

最后的启动命令中的 rps_dataset 目录为存放待标注数据的路径；--labels 参数指定类别信息文件；--nodata 表示标注文件 json 中不保存原始数据；--autosave 是自动保存（由于我们是批量处理，用自动保存可以避免每标注一张图像都要保存一下得到的 json 文件）；labels.txt 是类别信息文件，定义了各类别的名称，用于后续标注的时候的类别选择。具体内容见代码 6.14。

代码 6.14　labels.txt 文件内容

```
1.  __ignore__
2.  _background_
3.  rock
4.  paper
5.  scissors
```

启动标注后，交互界面如图 6.12 所示，我们对每张图的手的位置及手势的类别进行标注，即可得到每个样本的 bbox 标签。

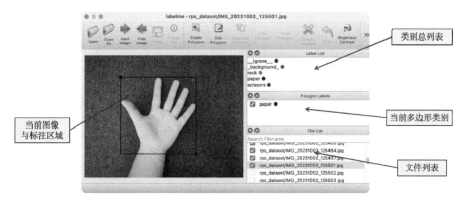

图 6.12　labelme 标注的交互界面

通过鼠标拖动绘制 bbox 及类别选择，我们即可完成一次样本标注（如果样本中有多个实例，需要多次进行标注并分别选择）。由于 autosave 选项为我们自动保存了标注结果，因此可以直接在图像文件夹下看到对应的 json 文件。json 文件内容见代码 6.15。

代码 6.15　labelme 标注 json 文件示例

```
1.  {
2.    "version": "5.3.1",
3.    "flags": {},
4.    "shapes": [
5.      {
6.        "label": "rock",
7.        "points": [
8.          [
9.            343.0,
10.           854.0
11.         ],
12.         [
13.           2293.0,
14.           2784.0
15.         ]
16.       ],
17.       "group_id": null,
18.       "description": "",
19.       "shape_type": "rectangle",
20.       "flags": {}
```

```
21.        }
22.     ],
23.     "imagePath": "IMG_20231002_125153.jpg",
24.     "imageData": null,
25.     "imageHeight": 3648,
26.     "imageWidth": 2736
27.  }
28.
```

其中的 points 表示的就是标注 bbox 的两个点的坐标，shape_type 为 rectangle 表示为矩形框标注。下面的 imagePath 为图像路径，imageData 为图像内容，由于设置了 --nodata 选项，因此该项为 null。最后的 imageHeight 和 imageWidth 为原图的尺寸。

由于我们需要利用 ultralytics 进行训练，因此需要将 labelme 格式的 json 标注文件转为 YOLOv8 的 txt 类型的标注文件。根据两种标注文件的定义与格式进行转换，标签转换脚本见代码 6.16。

代码 6.16　labelme 的 json 标注转为 YOLOv8 的 txt 标注脚本

```
1.   import os
2.   import os.path as osp
3.   import json
4.   from glob import glob
5.
6.   _label_dict = {
7.       'rock': 0,
8.       'paper': 1,
9.       'scissors': 2
10.  }
11.
12.  target_dir = './rps_yolov8_format/labels'
13.  os.makedirs(target_dir, exist_ok=True)
14.
15.  json_dir = './rps_dataset/labels' # 预先将 json 整理到 labels 子文件夹
16.  json_ls = glob(osp.join(json_dir, '*.json'))
17.  for json_path in json_ls:
18.      with open(json_path) as f:
19.          anno = json.load(f)
20.      imname = osp.basename(json_path)[:-5]
21.      # print(imname, anno)
22.      txt_path = osp.join(target_dir, f'{imname}.txt')
23.
24.      img_h, img_w = anno['imageHeight'], anno['imageWidth']
25.      shapes = anno['shapes']
26.      rect_ls = list()
27.      for shape in shapes:
28.          cur_label = shape['label']
29.          label_idx = _label_dict[cur_label]
30.          (x1, y1), (x2, y2) = shape['points']
31.          x_c = round((x1 + x2) / (2 * img_w), 12)
32.          y_c = round((y1 + y2) / (2 * img_h), 12)
33.          h = round((y2 - y1) / img_h, 12)
34.          w = round((x2 - x1) / img_w, 12)
35.          rect_ls.append(f'{label_idx} {x_c} {y_c} {w} {h}\n')
```

```
36.
37.     with open(txt_path, 'w') as fto:
38.         fto.writelines(rect_ls)
```

最后整理得到的用于 YOLOv8 训练的数据集结构如下：

```
rps_yolov8_format
├── images
│   ├── IMG_20231002_125153.jpg
│   ├── IMG_20231002_125155.jpg
│   ├── ......
└── labels
    ├── IMG_20231002_125153.txt
    ├── IMG_20231002_125155.txt
    ├── ......
```

6.3.3　模型训练与导出

下面我们利用自定义的数据集，对 YOLOv8n 模型进行训练。训练过程和脚本与上面的口罩人脸检测类似，这里不再详述。训练过程及最终的验证集预测效果如图 6.13 所示。由于数据集较少且场景较为单一，因此在训练集和验证集上都取得了较高的指标。在真实项目场景中，一般来说，如果训练集和验证集同分布且指标过高，通常需要扩充数据数量，并增加数据多样性，以避免过拟合到自采数据集，从而在真实测试场景性能下降。

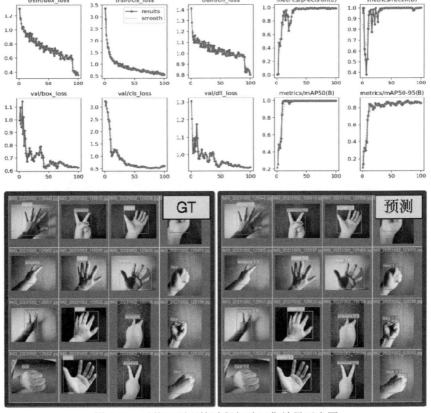

图 6.13　手势识别训练过程与验证集效果示意图

下面将得到的模型导出为 ONNX 格式。这里实际上省略了模型迭代调优的过程，在复杂的真实项目中，通常需要对网络结构和训练方式等方面进行反复优化迭代，从而得到一个当前数据和方案下的最优结果，并对其进行后续的导出与部署等操作。在这里我们直接将上面训练得到的模型作为优化后的最终定版模型，对其进行格式转换与应用。ONNX 格式全称为 Open Neural Network Exchange，即开放神经网络交换格式，它是一种中间格式，用于将不同的训练框架（比如 TensorFlow、PyTorch 等）下得到的模型转换为与平台无关的统一表示，并支持转换到各种推理框架（比如 ncnn、TensorRT 等）中进行部署。关于 ONNX 的详细信息可以从其官网查看（https://onnx.ai）。在 ultralytics 的 YOLOv8 模型中支持了直接将训练好的模型导出为 ONNX 格式的功能，见代码 6.17。

代码 6.17　YOLOv8 模型导出为 ONNX 格式

```
1.  from ultralytics import YOLO
2.
3.  exp_name = 'yolov8n_b16lr0.001opt_Adam'
4.  model = YOLO(f'./gesture_det/{exp_name}/weights/best.pt')
5.  model.export(format='onnx')
```

得到的 ONNX 模型名为 best.onnx，我们可以通过 https://netron.app 网站对其进行可视化查看其网络结构及各层的情况，局部示意如图 6.14 所示。

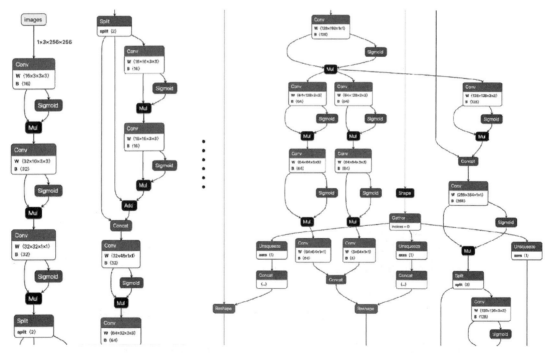

图 6.14　best.onnx 可视化结果示意图

6.3.4　实时手势监测与识别 demo 测试

最后，我们直接利用 ONNX 模型，对摄像头设备读取的实时视频帧中的手势进行检测和识别。这个过程只需要按照 YOLOv8 的方式进行数据的预处理和后处理即可，因此可以不再调用

ultralytics 框架。ONNX 模型直接处理图像的代码参考了 ultralytics 中的示例脚本
（https://github.com/ultralytics/ultralytics/blob/main/examples/YOLOv8-ONNXRuntime/main.py）。读
取摄像头采用了 OpenCV 中的 cv2.VideoCapture 函数，并通过 cv2.imshow 进行显示，见代码 6.18。

代码 6.18　"剪刀—石头—布"手势检测示例 demo

```
1.  import cv2
2.  import numpy as np
3.  import onnxruntime as ort
4.
5.  # 参考:https://github.com/ultralytics/ultralytics/blob/main/examples/YOLO
    v8-ONNXRuntime/main.py
6.
7.  def preprocess(img, input_width=256, input_height=256):
8.      """
9.      图像预处理（用于后续的 onnx 模型读取和处理）
10.     """
11.     img = cv2.cvtColor(img, cv2.COLOR_BGR2RGB)
12.     img = cv2.resize(img, (input_width, input_height))
13.     image_data = np.array(img) / 255.0
14.     image_data = np.transpose(image_data, (2, 0, 1))  # Channel first
15.     image_data = np.expand_dims(image_data, axis=0).astype(np.float32)
16.     return image_data
17.
18. def draw_detections(img, box, score, class_id, classes, color_palette):
19.     """
20.     将预测的 bbox 及其信息（类别和分数）标注到图像中
21.     """
22.     x1, y1, w, h = box
23.     color = color_palette[class_id]
24.     cv2.rectangle(img, (int(x1), int(y1)), (int(x1 + w), int(y1 + h)), color,
    20)
25.     label = f'{classes[class_id]}: {score:.2f}'
26.     (label_width, label_height), _ = cv2.getTextSize(label,
27.                             cv2.FONT_HERSHEY_SIMPLEX, 0.5, 1)
28.     label_x = x1
29.     label_y = y1 - 10 if y1 - 10 > label_height else y1 + 10
30.     cv2.rectangle(img, (label_x, label_y - label_height),
31.             (label_x + label_width, label_y + label_height),
32.             color, cv2.FILLED)
33.
34.     cv2.putText(img, label, (label_x, label_y),
35.             cv2.FONT_HERSHEY_SIMPLEX, 2, (0, 0, 0), 2, cv2.LINE_AA)
36.
37. def postprocess(input_image, output,
38.             img_width, img_height,
39.             confidence_thres, iou_thres,
40.             classes, color_palette):
41.     """
42.     onnx 模型输出结果后处理,提取 bbox 坐标和分数并绘制到输入图像上
```

```
43.         """
44.         outputs = np.transpose(np.squeeze(output[0]))
45.         rows = outputs.shape[0]
46.         boxes = []
47.         scores = []
48.         class_ids = []
49.
50.         x_factor = img_width / input_width
51.         y_factor = img_height / input_height
52.
53.         for i in range(rows):
54.             classes_scores = outputs[i][4:]
55.             max_score = np.amax(classes_scores)
56.             if max_score >= confidence_thres:
57.                 class_id = np.argmax(classes_scores)
58.                 x, y, w, h = outputs[i][0], outputs[i][1], \
59.                                 outputs[i][2], outputs[i][3]
60.                 left = int((x - w / 2) * x_factor)
61.                 top = int((y - h / 2) * y_factor)
62.                 width = int(w * x_factor)
63.                 height = int(h * y_factor)
64.                 class_ids.append(class_id)
65.                 scores.append(max_score)
66.                 boxes.append([left, top, width, height])
67.
68.         indices=cv2.dnn.NMSBoxes(boxes,scores,confidence_thres, iou_thres)
69.         for i in indices:
70.             box = boxes[i]
71.             score = scores[i]
72.             class_id = class_ids[i]
73.             draw_detections(input_image,box,score,class_id,classes,color_palette)
74.     return input_image
75.
76.
77. ###########################################
78. onnx_model = 'best.onnx'
79. session = ort.InferenceSession(onnx_model, providers=['CUDAExecutionP rovi
    der', 'CPUExecutionProvider'])
80.
81. model_inputs = session.get_inputs()
82. input_shape = model_inputs[0].shape
83. input_width = input_shape[2]
84. input_height = input_shape[3]
85.
86. cap = cv2.VideoCapture(0)
87. if not cap.isOpened():
88.     print("cannot use camera! please check your device")
89.     exit()
90. cv2.namedWindow("demo", cv2.WINDOW_NORMAL)
91.
```

```
92. classes = ['rock', 'paper', 'scissors']
93. color_palette = np.random.uniform(0, 255, size=(len(classes), 3))
94. confidence_thr = 0.6
95. iou_thr = 0.5
96.
97. while True:
98.     ret, frame = cap.read()
99.     if not ret:
100.        break
101.    if cv2.waitKey(1) == ord('q'):
102.        break
103.    frame = frame[:720, :720, :]
104.    frame = frame[:, ::-1, :].copy()
105.    img = preprocess(frame)
106.    outputs = session.run(None, {model_inputs[0].name: img})
107.    img_height, img_width = frame.shape[:2]
108.    out_img = postprocess(frame, outputs, img_width, img_height,
109.                    confidence_thr, iou_thr, classes, color_palette)
110.    cv2.imshow("demo", out_img)
111.    key = cv2.waitKey(1) & 0xFF
112.    if key == 27:
113.        break
114.
115.cap.release()
116.cv2.destroyAllWindows()
```

上述 demo 示例的显示效果如图 6.15 所示。

从图 6.15 可以看出，该模型可以在一定准确度下检测出"剪刀—石头—布"的不同手势。后续还可以通过增加不同场景的样本数据，以及更加精细的模型训练来实现更高精度的检测效果。

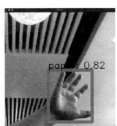

图 6.15　手势检测示例 demo 界面效果

后　记

回顾本书的内容，首先对深度学习与计算机视觉的基本概念和原理进行了介绍，包括神经网络的基础知识、图像处理与计算机视觉的基本任务定义，以及可能用到的基本数学知识等内容。随后，分别详细讨论了语义分割和目标检测的定义与经典模型。对于语义分割和目标检测任务，分别结合几个实战案例，讲解了实际完成一个计算机视觉类任务的具体方案与代码设计方法，展示了分割和检测技术在实际场景中的应用。

作为一名计算机视觉算法工程师，不管是即将加入该行业的准从业人员，还是已经有一定的工作经验的工程师，计算机视觉的研究和开发都需要我们掌握一系列复合的技术和能力，以应对行业风起云涌、不断变化的各种任务和挑战。随着深度学习的兴起，作为人工智能领域中非常基础的一个组成部分，基于神经网络模型的计算机视觉不仅仅是传统图像处理算法的衍生产物，其自身也已经发展出了不同的子领域，并初步形成了一些基本范式。而近年来大模型、AIGC、自动驾驶等行业的进一步发展，也为计算机视觉领域带来了更多的新问题和新机遇，从而推动了这项技术的快速发展。对于计算机视觉工程师来说，需要具备的基本素质主要包括如下几个方面：

首先，数学知识和传统数据结构与算法的基础知识是基础也是核心的素质。这里的数学基础主要指的是线性代数和矩阵论、概率统计，以及一些基本的频率分析等内容。这些数学内容是深度理解机器学习中的一些设计原则和理论原理的必要条件。另外，传统的数据结构和算法思想也可以帮助我们更好地理解基于深度学习的新算法，比如目标检测中用到的匈牙利匹配算法，以及小样本分割中的 EM 算法等，同时也是我们在视觉算法研究或者实际应用中设计新算法的灵感来源。

其次，对于不同计算机视觉任务也都应该广泛了解和熟悉，而不是局限于某一个小方向。本书中介绍的分割和检测虽然是计算机视觉中相对重要的两个任务，但是也有很多其他的方向，比如图像生成、图像超分辨率、3D 视觉（识别、分割、重建等）。尽管不同任务的目标不同，但是在设计思路上有很多相同之处。因此，除了保持对从事的领域的深度，对于广度的要求也是必不可少的。

此外，编程也是一名计算机视觉算法工程师不可或缺的技能。因此，需要熟悉常用的编程语言和工具，如 Python、C++，以及各种深度学习框架（包括 PyTorch、TensorFlow、caffe 等）。计算机视觉中的大部分任务都是复杂的系统性工程，除了要有合理靠谱的算法优化思路，如何将其编程实现，并调试到最佳状态也是极其重要的。在实际工程产品的算法研发中，算法原型设计与工程化部署密不可分，算法设计时需要考虑平台和工程化方案的限制，而工程化过程也需要参考算法的限度和各个模块的功能。因此，作为算法工程师，对于代码开发的一些问题也需要有比较准确的把握，才能实现。

最后，计算机视觉领域的技术迭代日新月异，因此需要时刻关注最新的领域论文和开源项目。对于算法的学习不能只停留在理论和经典模型的学习中，它需要我们多动手多实践，多阅读开源代码和编写代码，将所学到的技能应用到工作任务或者兴趣爱好中。编码实践一方面能够让我们切实感受到技术学习带来的成就感，同时也可以发现算法的一些实际问题，加深对于算法的可能性和局限性的认知，从而积累丰富的行业经验，这些经验很多时候无法从书本上获得，只能通过大量的实践揣摩和体会。

以上就是一个计算机视觉算法从业者的一些心得体会。写作本书是一项艰巨的任务，但也是一次宝贵的学习和成长的机会，希望本书能够为大家在这个领域的工作或学习提供有益的启发。

参 考 文 献

[1] Hu J，Shen L，Sun G. Squeeze-and-excitation networks[C]//Proceedings of the IEEE confere nce on computer vision and pattern recognition. 2018：7132-7141.

[2] Woo S，Park J，Lee J Y，et al. Cbam：Convolutional block attention module[C]//Proceedings of the European conference on computer vision（ECCV）. 2018：3-19.

[3] Vaswani A，Shazeer N，ParmarN，et al. Attention is all you need[J]. Advances in neural information processing systems，2017，30.

[4] Dosovitskiy A，Beyer L，Kolesnikov A，et al. An image is worth 16×16 words：Transformers for image recognition at scale[J]. arXiv preprint arXiv：2010. 11929，2020.

[5] Long J，Shelhamer E，Darrell T. Fully convolutional networks for semantic segmentation[C]//Proceedings of the IEEE conference on computer vision and pattern recognition. 2015：3431-3440.

[6] Ronneberger O，Fischer P，Brox T. U-net：Convolutional networks for biomedical image segmentation [C]//Medical Image Computing and Computer-Assisted Intervention-MICCAI 2015：18th International Conference，Munich，Germany，October5-9，2015，Proceedings，Part III 18. Springer Interational Publishing，2015：234-241.

[7] Zhou Z，Rahman Siddiquee M M，Tajbakhsh N，et al. Unet++：A nested u-net architecture for medical image segmentation[C]//Deep Learning in Medical Image Analysis and Multimodal Learning for Clinical Decision Support：4th International Workshop，DLMIA 2018，and 8th International Workshop，ML-CDS 2018，Held in Conjunction with MICCAI 2018，Granada，Spain，September 20，2018，Proceedings 4. Springer International Publishing，2018：3-11.

[8] Chen L C，Papandreou G，Kokkinos I，et al. Semantic image segmentation with deep convolutional nets and fully connected crfs[J]. arXiv preprint arXiv：1412. 7062，2014.

[9] Chen L C，Papandreou G，Kokkinos I，et al. Deeplab：Semantic image segmentation with deep convolutional nets，atrous convolution，and fully connected crfs[J]. IEEE transactions on pattern analysis and machine intelligence，2017，40（4）：834-848.

[10] Chen L C，Papandreou G，Schroff F，et al. Rethinking atrous convolution for semantic image segmentation[J]. arXiv preprint arXiv：1706. 05587，2017.

[11] Chen L C，Zhu Y，Papandreou G，et al. Encoder-decoder with atrous separable convolution for semantic image segmentation [C]//Proceedings of the European conference on computer vision（ECCV）. 2018：801-818.

[12] Zhao H，Shi J，Qi X，et al. Pyramid scene parsing network[C]//Proceedings of the IEEE conference on computer vision and pattern recognition. 2017：2881-2890.

[13] Yuan Y，Chen X，Wang J. Object-contextual representations for semantic segmentation[C]//Computer Vision-ECCV 2020：16th European Conference，Glasgow，UK，August23-28，2020，Proceedings，Part VI 16. Springer International Publishing，2020：173-190.

[14] Strudel R，Garcia R，Laptev I，et al. Segmenter：Transformer for semantic segmentation[C]// Proceedings of the IEEE/CVF international conference on computer vision. 2021：7262-7272.

[15] Kirillov A，Wu Y，He K，et al. Pointrend：Image segmentation as rendering[C]// Proceedings of the IEEE/CVF conference on computer vision and pattern recognition．2020：9799-9808．

[16] Kirillov A，Mintun E，Ravi N，et al. Segment anything[J]. arXiv preprint arXiv：2304. 02643，2023．

[17] Shaban A，Bansal S，Liu Z，et al. One-shot learning for semantic segmentation [J]. arXiv preprint arXiv：1709. 03410，2017．

[18] Zhang X，Wei Y，Yang Y，et al. Sg-one：Similarity guidance network for one-shot semantic segmentation[J]. IEEE transactions on cybernetics，2020，50（9）：3855-3865．

[19] Wang K，Liew J H，Zou Y，et al. Panet：Few-shot image semantic segmentation with prototype alignment[C]//proceedings of the IEEE/CVF international conference on computer vision．2019：9197-9206．

[20] Yang B，Liu C，Li B，et al. Prototype mixture models for few-shot semantic segmentation [C]// Computer Vision-ECCV 2020：16th European Conference，Glasgow，UK，August 23-28，2020，Proceedings，Part VIII 16. Springer International Publishing，2020：763-778．

[21] MinJ，KangD，ChoM. Hypercorrelation squeeze for few-shot segmentation[C]//Proceedings of the IEEE/CVF international conference on computer vision．2021：6941-6952．

[22] Zhou B，Khosla A，Lapedriza A，et al. Learning deep features for discriminative localization [C]//Proceedings of the IEEE conference on computer vision and pattern recognition．2016：2921-2929．

[23] Ahn J，Kwak S. Learning pixel-level semantic affinity with image-level supervision for weakly supervised semantic segmentation[C]//Proceedings of the IEEE conference on computer vision and pattern recognition．2018：4981-4990．

[24] Xu N，Price B，Cohen S，et al. Deep interactive object selection[C]//Proceedings of the IEEE conference on computer vision and pattern recognition．2016：373-381．

[25] Jang W D，Kim C S. Interactive image segmentation via backpropagating refinement scheme [C]//Proceedings of the IEEE/CVF Conference on Computer Vision and Pattern Recognition．2019：5297-5306．

[26] Sofiiuk K，PetrovI，BarinovaO，et al. f-brs：Rethinking backpropagating refinement for interactive segmentation[C]//Proceedings of the IEEE/CVF Conference on Computer Vision and Pattern Recognition．2020：8623-8632．

[27] Felzenszwalb P F，Girshick R B，McAllester D，et al. Object detection with discriminatively trained part-based models[J]. IEEE transactions on pattern analysis and machine intelligence，2009，32（9）：1627-1645．

[28] Girshick R，Donahue J，Darrell T，et al. Rich feature hierarchies for accurate object detection and semantic segmentation[C]//Proceedings of the IEEE conference on computer vision and pattern recognition．2014：580-587．

[29] He K，Zhang X，Ren S，et al. Spatial pyramid pooling in deep convolutional networks for visual recognition[J]. IEEE transactions on pattern analysis and machine intelligence，2015，37（9）：1904-1916．

[30] Girshick R. Fast r-cnn[C]//Proceedings of the IEEE international conference on computer vision. 2015：1440-1448.

[31] Ren S，He K，Girshick R，et al. Faster r-cnn：Towards real-time object detection with region proposal networks[J]. Advances in neural information processing systems，2015，28.

[32] Redmon J，Divvala S，Girshick R，et al. You only look once：Unified，real-time object detection [C]//Proceedings of the IEEE conference on computer vision and pattern recognition. 2016：779-788.

[33] Liu W，Anguelov D，Erhan D，et al. Ssd：Single shot multibox detector[C] //Computer Vision-ECCV 2016：14th European Conference，Amsterdam，The Netherlands， October 11-14，2016，Proceedings，Part I 14. Springer International Publishing，2016：21-37.

[34] Lin T Y，Dollár P，Girshick R，et al. Feature pyramid networks for object detection [C]//Proceedings of the IEEE conference on computer vision and pattern recognition. 2017：2117-2125.

[35] Lin T Y，Goyal P，Girshick R，et al. Focal loss for dense object detection[C]//Proceedings of the IEEE international conference on computer vision. 2017：2980-2988.

[36] He K，Gkioxari G，Dollár P，et al. Mask r-cnn[C]//Proceedings of the IEEE international conference on computer vision. 2017：2961-2969.

[37] Law H，Deng J. Cornernet：Detecting objects as paired keypoints[C]//Proceedings of the European conference on computer vision（ECCV）. 2018：734-750.

[38] Zhou X，Wang D，Krähenbühl P. Objects as points[J]. arXiv preprint arXiv：1904. 07850，2019.

[39] Tian Z，Shen C，Chen H，et al. Fcos：Fully convolutional one-stage object detection[C]// Proceedings of the IEEE/CVF international conference on computer vision. 2019： 9627-9636.

[40] Redmon J，Farhadi A. YOLO9000：better，faster，stronger[C]//Proceedings of the IEEE conference on computer vision and pattern recognition. 2017：7263-7271.

[41] Redmon J，Farhadi A. Yolov3：An incremental improvement[J]. arXiv preprint arXiv：1804. 02767，2018.

[42] Bochkovskiy A，Wang C Y，Liao H Y M. YOLOV4：Optimal speed and accuracy of object detection [J]. arXiv preprint arXiv：2004. 10934，2020.

[43] Li C，Li L，Jiang H，et al. YOLOv6：A single-stage object detection framework for industrial applications[J]. arXiv preprint arXiv：2209. 02976，2022.

[44] Wang C Y，Bochkovskiy A，Liao H Y M. YOLOv7：Trainable bag-of-freebies sets new state-of-the-art for real-time object detectors[C]//Proceedings of the IEEE/CVF Conference on Computer Vision and Pattern Recognition. 2023：7464-7475.

[45] Carion N，Massa F，Synnaeve G，et al. End-to-end object detection with transformers[C]// European conference on computer vision. Cham：Springer International Publishing，2020：213-229.

[46] Kisantal M，Wojna Z，Murawski J，et al. Augmentation for small object detection[J]. arXiv preprint arXiv：1902. 07296，2019.

[47] Akyon F C，Altinuc S O，Temizel A．Slicing aided hyper inference and fine-tuning for small object detection[C]//2022 IEEE International Conference on Image Processing（ICIP）．IEEE，2022：966-970.

[48] Wang J，Xu C，Yang W，et al. A normalized Gaussian Wasserstein distance for tiny object detection [J]．arXiv preprint arXiv：2110.13389，2021．

[49] Liu L，Pan Z，Lei B．Learning a rotation invariant detector with rotatable bounding box[J]．arXiv preprint arXiv：1711.09405，2017．

[50] Ding J，Xue N，Long Y，et al. Learning RoI transformer for oriented object detection in aerial images[C]//Proceedings of the IEEE/CVF Conference on Computer Vision and Pattern Recogntion．2019：2849-2858．

[51] Xie X，Cheng G，Wang J，et al. Oriented R-CNN for object detection [C]//Proceedings of the IEEE/CVF international conference on computer vision．2021：3520-3529．